城 市 规 划 专 业 系 列 教 材

历史文化名城保护理论与规划

王景慧
阮仪三

王 林

编著

U0348529

同济大学 出版社
TONGJI UNIVERSITY PRESS
·上海·

图书在版编目（CIP）数据

历史文化名城保护理论与规划/王景慧，阮仪三编著.
—上海：同济大学出版社，1999.8（2023.8 重印）
ISBN 978-7-5608-2089-7

Ⅰ.历...　Ⅱ.①王...②阮...　Ⅲ.①古城—保护—
研究—中国②古城—城市规划—研究—中国　Ⅳ.TU984.2

中国版本图书馆 CIP 数据核字（1999）第 23376 号

历史文化名城保护理论与规划

王景慧　阮仪三　王　林　编著

责任编辑　张　颖　　责任校对　徐春莲　　装帧设计　余　蓝

出版发行	同济大学出版社　　www.tongjipress.com.cn
	（地址：上海市四平路 1239 号　邮编：200092　电话：021-65985622）
经　销	全国各地新华书店
印　刷	常熟市大宏印刷有限公司
开　本	787mm×1092mm　1/16
印　张	11.5
印　数	47 201-49 300
字　数	290 000
版　次	1999 年 8 月第 1 版
印　次	2023 年 8 月第 16 次印刷
书　号	ISBN 978-7-5608-2089-7

定　价　26.00 元

前　言

　　中国是一个具有 5000 年历史的文明古国,有着悠久历史和灿烂的文化,自成体系的文化延续至今,从未间断,在许多领域都反映出历史的传统。城市是社会文明的集中体现,历史城市以其深厚的历史渊源,反映了社会发展的脉络,是人类的宝贵财富。在中国广阔的疆域内,保存了许多历史城市,这是先人给我们留下的宝贵遗产,保护好这些遗产是我们的神圣职责。

　　中国保护历史城市的政策开始于 1982 年,当时国务院把一些保存文物十分丰富、具有重大历史价值和革命意义的历史城市,公布为第一批国家历史文化名城,以后,又公布了第二批和第三批,现在全国共有国家级历史文化名城 99 个。这是国家保护历史文化遗产政策的重要发展,也是中国独特的一项政策,它的要点是:

　　1. 公布历史文化名城不只是赋予荣誉,更重要是明确保护的责任。在这里,保护的要求是严格的,同时,发展也是必不可少的。要处理好保护与发展的关系,既要使历史遗产得到很好的保护,又要使城市经济社会得到发展,不断改善居民工作和生活环境,促进城市的现代化。

　　2. 历史文化名城保护的内容是,保护文物古迹和历史地段,保护和延续古城的传统格局和风貌特色,继承和发扬优秀历史文化传统。即不但有单体的文物保护,还要有整体的街区或风貌的保护;不但要保护有形的建筑、街区等实体内容,还要保护无形的民间艺术、民俗精华等文化内容,把历代的精神财富流传下去。

　　3. 在保护方法上,要通过城市规划确定保护的内容、范围和要求,还可以从城市总体的角度采取综合性、全局性的保护措施,如调整用地布局,开辟新区,缓解古城压力,分区控制建筑高度,保护古城空间秩序,做好城市设计,处理好新老建筑的关系等,这些措施为保护一个个具体的文物创造了外部条件。为此,历史文化名城要做专门的保护规划,作为城市总体规划的一部分,报上级政府审查批准。

　　公布历史文化名城已经十几年了,这期间正是我国改革开放经济快速发展的时期,由于有了这一政策,使许多历史文化名城得到了保护。但是,我们也应清醒地看到,由于经济利益的驱动和认识上的不足,名城保护所受到的冲击也是相当大的。这是一项十分困难的工作,也是一项功在当代、惠及子孙的工作。随着经济的发展和文明程度的提高,历史文化名城的保护将越来越显示出它的重要意义,迸发出灿烂的光辉。

中国城市规划设计研究院总工程师

全国历史文化名城学术委员会主任　王景慧

1999 年 4 月

目 录

第一章　历史文化遗产保护概述

第一节　世界历史文化遗产保护的历程

　　我们的祖先很早以前就认识到历史文化遗物的价值,而有保护和收藏的行为,这是一种对过去时代的纪念和追寻,以及对逝去时代文化代表物品的珍异和欣赏。"古董"这个词汇,中国和外国很早就被运用了。而这些仅是保存和收藏一些器物,主要是可以搬得动的东西。对于历史建筑物以及建筑群,非但不注意爱护,而且把它作为一种过去统治的象征和代表,加以破坏和摧毁。在古代中国就有项羽烧毁秦咸阳城"大火三月不灭"的故事,在以后的改朝换代中,大多把前朝建设的建筑和城市加以毁灭性破坏,这叫做"革故鼎新"。如公元 12 世纪金兵攻入北宋首都汴梁后,就把宏伟的"大内"和"艮岳"即皇宫和苑囿,全部拆毁,并把拆下的大梁木柱和假山石全部运到了北京,修筑金中都城。以后金灭辽,元灭金,那时的辽南京,金中都,都遭到彻底的破坏。在漫长的都城建设史中,仅有两个朝代沿用了前朝的宫殿,即唐继承了隋的皇宫,清继承明的皇宫。在欧洲有罗马帝国摧毁希腊的城市和宫殿,中世纪十字军东征时,沿途破坏掠烧,所过之处全成瓦砾废墟,都是众所周知的历史旧事。

　　近代,产业革命后相当长一段时期,人们忙于发展生产,对古建筑和历史环境的保护既缺乏认识也无力顾及。因此,一批古建筑及其环境在工业化的浪潮中遭到毁灭。今天,当人们在英国考察的时候,不难发现,许多作为产业革命发源地的城市,如谢菲尔德,历史建筑已所剩无几,古城风貌也荡然无存。在德国和奥地利,19 世纪末有许多具有历史意义的世俗建筑被拆除,很多情况下仅仅是为了满足日益增长的交通道路的要求。现代主义建筑思潮崛起的时候,作为对古典复兴和折衷主义的反对,对历史建筑采取了排斥的态度。这也在一定程度上对文物建筑的破坏起到了推波助澜的作用。1925 年在巴黎国际装饰艺术博览会上,著名建筑师勒·柯布西耶曾提出一个巴黎中心的改建规划,按照这一方案,巴黎塞纳河北岸的古都城内的老区全部拆除,而代之以一些现代的高楼和立体交通。他的这个方案虽未实现,但至少说明了在这位近代建筑先驱者的头脑里,直到这时,文物保护的观念还是相当淡薄的。因此,世界各国由于"建设"而造成的对文物古迹的破坏是惊人的。日本千叶大学教授木原启吉在他的《历史的环境》一书中说到日本近代文物古迹所遭到的四次大的劫难,一是明治维新以后,大量佛寺被毁;二是明治及大正初期开放贸易,大量古代文物外流;三是第二次世界大战,文物古迹毁于战火;第四次则是 50 年代后经济高速增长时,不但毁了文物,更破坏了历史环境。其中第四次破坏是最为严重的一次,它远远超过了第二次世界大战的战争破坏。

　　在经过了许多的教训和挫折之后,人们才逐渐认识到了历史建筑具有的种种不可替代的价值和作用。欧洲拥有丰富的历史文化遗产,相应地,其保护思想起源也比较早。广泛而言,对文物建筑和历史纪念物的保护行为至少可以追溯到古罗马时代,到文艺复兴时期又有了进一步的发展。18 世纪中叶,英国的古罗马圆形剧场成为欧洲第一个被立法保护的古建筑,这标志着文物保护的概念已从典籍、艺术品、器物等扩展到建筑的范围。但是那时对文物建筑的价值尚未得到广泛的认同。历史建筑的保护和修复工作于18世纪末开始受到重视，至于这项工作的科学化，它的一些基本概念，理论和原则的形成，则是从19世纪中叶起，近一百多年来发展和演变的结果。尽管经受现代主义建筑运动中一些割裂传统的思想的猛烈冲击，保护古建筑的思想仍然受到社会各阶层不同程度的重视，尤其是在经历了许多教训与挫折之后，在城市生活中历史建筑所具有的种种不可替代的价值与作用逐步得到人们的认识，保护运动由此获得广泛的社会基础。

现代意义的文物古迹的保护，并通过国家立法确定下来，大致是在上世纪与本世纪相交的时候。世界各国有关文物建筑的保护主要立法情况如下：

法国

1840年在古建筑鉴定专家梅里美的倡议下成立了历史建筑管理局，提出《历史性建筑法案》；1913年颁布了《历史古迹法》保护历史性建筑；不论公物或私产，一旦被历史建筑管理局认定为历史性建筑就不得再拆毁，对它的维修费用将由政府资助其一部分或全部；1930年颁布《遗址法》；1943年立法规定在历史性建筑周围500米内改变环境面貌要得到专门批准。

英国

1877年由威廉·莫理斯创建了古建筑保护协会；1882年颁布《古迹保护法》，保护21项古迹，其中主要是遗址；1900年颁布《古迹保护法修正案》，保护的内容扩大到宅邸、庄园、农舍、桥梁等与历史事件有关或有关历史意义的建构筑物；1913年颁布《古建筑加固和改善法》及1931年《古建筑加固和改善法修正案》；1953年制定了保护历史性建筑物的《古建筑及古迹法》。

日本

1897年制定了《古神社寺庙保存法》；1919年制定了《古迹名胜天然纪念物保存法》；1929年制定了《国宝保护法》；1952年综合以上三个法令为《文物保护法》。

美国

1960年制定了《文物保护法》。

《雅典宪章》

1933年国际现代建筑协会制定第一个获国际公认的城市规划纲领性文件《雅典宪章》，其中有一节专门论述"有历史价值的建筑和地区"，指出了保护的意义与基本原则，及保护好代表一个历史时期的历史遗存在教育后代方面的重要意义。充分表明文物建筑的保护运动已成为一股很重要的国际力量。

《雅典宪章》写道：

"有历史价值的古建筑均应妥为保存，不可加以破坏。

（1）真能代表某时期的建筑物，可引起普遍兴趣，可以教育人民者。

（2）保留其不妨害居民健康者。

（3）在所有可能条件下，将所有干路避免穿行古建区，并使交通不增加拥挤，亦不使之妨碍城市有机的新发展。

在古建筑附近的贫民窟，如作有计划的清除后，即可改善附近住宅的生活环境，并保护该地区居民的健康。"

但是随着二次世界大战后的经济复兴,城市建设高潮涌起,致使许多文物建筑及其环境受到了破坏,城市保护与发展的矛盾越来越突出,问题也越来越复杂,《雅典宪章》笼统简单的原则已不能适应形势的需要。在这种背景下,联合国教科文组织在1964年5月于威尼斯召开的第二届历史古迹建筑师及技师国际会议上通过了著名的《国际古迹保护与修复宪章》即通常所称的《威尼斯宪章》。

《威尼斯宪章》

第二次世界大战以后,欧洲许多被战争摧毁的城市的重建,引起了人们的思考。如波兰华沙当时就有两种模式的争论,一是完全建一座新城;一是按历史面貌恢复古城。绝大多数的居民赞成后者,当恢复老华沙城的消息传开后,流浪在外的华沙人一下子归来了30万人,整个国家掀起了爱国建设热潮,这就是战后著名的"华沙速度"。华沙人为自己的古城能重现而引为自豪。华沙城后来作为特例被列入《世界历史文化遗产名录》(因为《名录》一般拒绝重建的东西列入)。这种恢复历史城市风貌的做法,在欧洲影响很大,如德国的波恩、慕尼黑,匈牙利布达佩斯等等被战争破坏的古城都得到很好的维修和恢复。这些国家把恢复历史建筑和保护古城、视为重建民族精神的重要手段,藉此增强人民的自尊和自信,提高民族的文化素质和凝聚力,以致在发扬民族文化,振兴民族经济中起到了明显的效果。

文物保护的对象从个体的文物建筑扩大到历史地段,是本世纪60年代以来国际上兴起的新潮流。这是先从文物建筑周围的环境开始的。如日本1966年颁布的《古都保存法》,主要目的是保护古都文物古迹周围的环境以及文物连片地区的整体环境。之后,历史地段的保护由"文物建筑所在地段"的保护向历史街区逐步拓展。这两者是不同的概念,"历史街区"强调的不是个体建筑,地段内单体建筑并不个个都具有文物价值,但它们所构成的整体环境和秩序却反映了某一历史时期的风貌特色,因而使价值得到了升华。从地段的构成上看,也不仅限于宫殿、庙宇等重要的纪念性建筑物,而是包括了民居、商店、村落等更广泛的内容,逐渐发展到保护历史街区。

《国际古迹保护与修复宪章》又称《威尼斯宪章》是由联合国教科文组织倡导成立的"国际文化财产保护与修复中心"("国际古迹遗址理事会"的前身)于1964年5月31日召开的第二届历史古迹建筑师及技师国际会议上通过的文件,提出了文物古迹保护的基本概念、基本原则与方法。

文件扩大了文物古迹的概念:"不仅包括单个建筑物,而且包括能够从中找出一种独特的文明、一种有意义的发展或一个历史事件见证的城市或乡村环境。这不仅包括伟大的艺术作品,而且亦适用于随时光流逝而获得文化意义的过去一些较为朴实的艺术品"。文件还指出古迹的保护"包含着对一定规模环境的保护","不能与其所见证的历史和其产生的环境分离"。关于保护的宗旨,文件说:"保护和修复古迹的目的旨在把它们既作为历史见证,又作为艺术品予以保护"。还规定要保护文物建筑的全部,从平面、立面,到室内的装饰、雕刻、绘画,强调保护全部历史的信息,保存各个时代的叠加物,修复时添加的部分必须保持整体的和谐一致,但又必须和原来的部分明显地区别。禁止任何重建。《威尼斯宪章》中谈到有关历史地段问题,但它所指的只是文物建筑所在地及其周围环境,其保护与修复的原则与文物建筑相同。

《威尼斯宪章》的制定是国际历史文化遗产保护发展中一个重要的里程碑。它是关于保护文物建筑的第一个国际宪章,意味着世界范围内的共识已经形成。始于18世纪末的文物建筑的保护与修复工作,至19世纪中叶起开始它的科学化历程,经过一百多年的发展与演变,基本概念、理论与原则最终通过《威尼斯宪章》以国际性准则的形式确定下来,其指导意义延续至今。

1962年法国率先颁布了保护历史地段的《马尔罗法令》又称《历史街区保护法令》,这是欧洲保护立法中最重要和最有影响的一个。很多国家效法它纷纷陆续制定自己国家历史地段保护法规,掀起了保护区法规建设的高潮,如丹麦、比利时、荷兰分别于1962年、1963年、1965年在各国《城市规划法》中划定了保护区;英国于1967年颁布的《城市文明法》中将有特别建筑和历史意义的地段划为保护区;以及日本1966年颁布《古都保存法》并于1975年《文物保护法》修改中增加"传统建筑群保存地区"的内容。

历史地段,尤其是历史街区的性质和文物建筑有所不同,保护的原则方法也起了相应的变化,意味着历史文化遗产的保护不仅涉及物质实体环境,还进一步包含了它的人文环境,使之同城市社会经济生活的关系更加紧密。

《内罗毕建议》

1976年11月26日,联合国教科文组织大会在华沙内罗毕通过了《关于历史地区的保护及其当代作用的建议》,简称《内罗毕建议》。文件指出历史地段的保护包括"史前遗址、历史城镇、老城区、老村庄、老村落以及相似的古迹群"的广泛内容;并拓展了"保护"(safeguarding)的内涵,即鉴定(identification)、防护(protection)、保存(conservation)、修缮(restoration)、再生(renovation),维持历史或传统地区及环境,并使它们重新获得活力。

文件是在"注意到整个世界在扩展和现代化的借口之下,拆毁和不合理、不适当重建工程正给这一历史遗产(历史街区)带来严重的损害"的背景下,明确指出了保护历史街区在社会方面、历史和实用方面的普遍价值:"历史地区是各地人类日常环境的组成部分,它们代表着形成其过去的生动见证,提供了与社会多样化相对应所需的生活背景的多样化,并且基于以上各点,它们获得了自身的价值,又得到了人性的一面";"自古以来,历史地区为文化、宗教及社会活动的多样化和财富提供了最确切的见证";"当存在建筑技术和建筑形式的日益普遍化所能造成整个世界的环境单一化的危险时,保护历史地区能对维护和发展每个国家的文化和社会价值作出突出贡献。这也有助于从建筑上丰富世界文化遗产"。

文件还明确指出了在历史街区保护工作的立法及行政、技术、经济和社会等方面应采取的措施:包括历史街区保护制度的建立,街区包括历史、建筑在内的社会、经济、文化和技术数据与结构,以及与之相关的更广泛的城市或地区联系进行全面的研究。

这次会议还将世界各国的历史环境问题归纳为以下五个共同观点:

(1)历史环境是人类日常生活环境的一部分;

(2)历史环境是过去存在的表现;

(3)历史环境给我们的生活带来多样性;

(4)历史环境能将文化、宗教、社会活动的丰富性和多样性最准确如实地传给后人;

(5)保护、保存历史环境与现代生活的统一,是城市规划、国土开发方面的基本要素。

可见,历史文化遗产保护的内容由文物建筑向历史地段、街区不断拓展,保护与城市规划开始走向结合。

欧洲有关城市整体保护的概念,从 70 年代起逐渐成熟起来,1976 年通过的欧洲议会决议案给予有关城市保护最全面的定义,提出"整体保护"(或译"全面保护")的概念,目的是"保证建筑环境中的遗产不被毁坏,主要的建筑和自然地形能得到很好的维护,同时确使被保护的内容符合社会的需要"。

1977 年 12 月建筑师及城市规划师国际会议发表《马丘比丘宪章》,提出"考虑再生和更新历史地区的过程中,应把优秀设计质量的当代建筑物包括在内",同时指出"不仅要保存和维护好城市的历史遗址和古迹,而且还要继承一般的文化传统",保护的范围进一步扩大。

《华盛顿宪章》

1987 年 10 月,国际古迹遗址理事会在美国首都华盛顿通过的《保护历史城镇与城区宪章》或称《华盛顿宪章》,则是继《威尼斯宪章》之后历史上第二个国际性法规文件。这一法规在总结了 20 多年来各国环境保护的理论与实践经验基础上,确定了历史地段以及更大范围的历史城镇、城区的保护意义与作用、保护原则与方法等。

在其"序言与定义"中指出:"一切城市、社区,不论是长期逐渐发展起来的,还是有意创建的,都是历史上各种各样的社会的表现。本宪章涉及的历史地区,不论大小,其中包括城市、城镇以及历史中心或居住区,及其自然、人工的环境,除了它们的历史文献作用之外,这些地区体现着传统的城市文化的价值"。

文件指出,随着各国进行的工业化建设及城市蓬勃发展,形成一股冲击的力量,致使许多历史地区遭到威胁、侵蚀、破坏,甚至面临毁灭的危险。

关于历史地区保护的内容,文件指出以下五点:

(1)地段和街道的格局和空间形式;

(2)建筑物和绿化、旷地的空间关系;

(3)历史性建筑的内外面貌,包括体量、形式、风格、材料、色彩及装饰等;

(4)地段与周围环境的关系,包括自然的和人工的环境的关系;

(5)地段在历史上的功能作用。

提出要保持历史城市的地区活力,适应现代生活之需求,解决保护与现代生活方面等问题,指出:"要寻求促进这一地区私人生活和社会生活的协调方法,并鼓励对这些文化财产的保护,这些文化财产无论其等级多低,均构成人类的记忆";"'保护历史城镇与地区'意味着对这种地区的保护、保存、修复、发展,以及和谐地适应现代生活所需采取的各种步骤";"新的功能和作用应该与历史地区的特征相适应"。

《华盛顿宪章》继《内罗毕建议》、《马丘比丘宪章》之后,再次提到保护与现代生活的矛盾,并明确指出城市的保护必须纳入城市发展政策与规划之中。《华盛顿宪章》作为对《威尼斯宪章》的补充成为世界文化遗产的共同保护准则,同时也标志着城市保护已与城市规划紧密结合。

综上所述,世界历史文化遗产的保护经历了长期的发展与演进。由保护可供人们欣赏的艺术品,保护各种作为社会、文化发展的历史建筑与环境,再进而保护与人们当前生活还休戚相关的历史各地区及至整个城市;由保护物质实体发展到非物质形态的城市传统文化

——愈加深广、复杂的保护领域。这种历史回归的现象反映出人类现代文明发展的必然趋势,保护与发展已成为世界各国共同的目标。

第二节　当今世界保护历史文化遗产的状况

从当今世界各国的情况来看,对历史性城市及古建筑的保护,无论在广度和深度上,都在不断地扩展和深化,内容也在不断地增添和丰富。

一、从保护对象上看,过去只有杰出的、在历史上或艺术史上占有重要地位的所谓伟大的建筑作品和艺术品才得到考虑。而现在,许多由于时光的流逝而获得文化意义的一般建筑、各历史时期的构造物及能作为社会、经济发展的见证物的对象也被列入历史传统建筑的保护范围。

二、从保护范围上看,作为保护的对象已不再限于建筑本身。从大的方面来说,开始扩大到它周围的建筑环境、自然环境;从单纯的建筑艺术作品扩大到与历史文化和人们当前生活密切相关的街区和城市。也就是说从点的保护扩大到地段乃至城市的所谓全面保护。从小的方面说,延伸到环境中的各个组成元素,包括公园和街道的装饰小品和标志物在内。

三、从保护深度上看,文物建筑、历史地段和城市的保护规划,其内容原都限于物质方面,保护历史遗存及其环境。但正如《马丘比丘宪章》所指出的:"一个城市的个性和特征是其形体结构和社会发展的结果",因而,除了物质环境以外,现在人们也开始认识到还需要保护具有浓郁地方民俗特色的典型社会环境和历史文化传统,保护和发掘城市精神文明方面更广泛的内容。也就是说,从单纯建筑实体的保护演进到对自然环境、人文环境、文化特色都加以保护的综合概念。

此外,在保护方法及手段上,亦由过去单纯文物考古和建筑修复,演进为多学科共同参与的综合行为,采用各种的技术手段,更具有多学科、综合性和多样化的特点。城市传统文化的保护也从建筑师、规划师、文物保护者单方面的参与行为转化为更广泛的社会调查和群众参与。

第三节　国际保护宪章与世界文化遗产

文化遗产是全人类的财富,保护文化遗产不仅是每个国家的重要职责,也是整个国际社会的共同义务。因此联合国教育、科学及文化组织和其他国际组织为此起草和通过了一系列世界历史文化遗产保护的重要法律文件,其目的旨在促进国际社会对这些人类文化遗产的保护。从雅典宪章有关历史文化遗产保护的描述到后来的威尼斯宪章、马丘比丘宪章,以至华盛顿宪章,它基本上是同期西方历史古城保护与发展的概略。

以下为本世纪以来,有关国际组织制定的有关历史文化遗产保护的主要国际公约和章程等的名录:

(1)《雅典宪章》

国际现代建筑学会

1933 年 5 月 14 日,在雅典通过

(2)《国际古迹保护与修复宪章》又称《威尼斯宪章》

第二届历史古迹建筑师及技师国际会议

1964 年 5 月,在威尼斯通过

(3)《保护世界文化和自然遗产公约》

　《文化遗产及自然遗产保护的国际建议》

联合国教育、科学及文化组织大会第十七届会议

1972 年 11 月 16 日,在巴黎通过

(4)《关于历史地区的保护及其当代作用的建议》简称《内罗毕建议》

联合国教育、科学及文化组织大会第十九届会议

1976 年 11 月 26 日,在内罗毕通过

(5)《马丘比丘宪章》

建筑师及城市规划师国际会议

1977 年 12 月,在秘鲁通过

(6)《佛罗伦萨宪章》

国际古迹理事会全体大会第八届会议

1981 年 5 月 21 日,在佛罗伦萨通过

1982 年 12 月 15 日,登记为《威尼斯宪章》附件

(7)《保护历史城镇与城区宪章》又称《华盛顿宪章》

国际古迹遗址理事会全体大会第八届会议

1987 年 10 月,在华盛顿通过

联合国教科文组织根据《保护世界文化和自然遗产公约》编制世界遗产特别是不动产遗产清单,又称《世界遗产名录》,并利用从世界各国募集来的资金对世界遗产进行鉴定与保护,尤其是那些濒危遗产的保护。

截止 1997 年 12 月止,世界文化与自然遗产名录共有 552 项,其中文化遗产 418 项,自然遗产 114 项,文化与自然双重遗产 20 处。

1．文化和自然遗产定义

(1) 文化遗产

文物:从历史、艺术或科学角度看,具有突出的普遍价值的建筑物、碑雕和碑画,具有考古性质成分或结构、铭文、窟洞以及联合体;

建筑群:从历史、艺术或科学角度看,在建筑式样、分布均匀或与环境景色方面,具有突出的普遍价值的独立或连接的建筑群;

遗址:从历史、审美、人种学或人类学角度看,具有突出的普遍价值的人类工程或人与自然的联合工程以及考古遗址地带。

(2) 自然遗产

从审美或科学角度看具有突出的普遍价值的地质和自然地理结构以及明确划为受威胁的动物和植物生存区;

从科学、保护或自然美角度具有突出的普遍价值的天然名胜或明确划分的自然区域。

2．列入《世界遗产名录》标准

（1）文化遗产的选定标准

凡被推荐列入《世界遗产》的文化遗产,须至少符合下列一项标准,并同时符合真实性标准：

① 能代表一项独特的艺术或美学成就,构成一项创造性的天才杰作；

② 在相当一段时间或世界某一文化区域内,对于建筑艺术、文物性雕刻、园林和风景设计、相关的艺术或人类住区的发展已产生重大影响的；

③ 独特、珍稀或历史悠久的；

④ 构成某一类型结构的最富特色的例证,这一类型代表了文化、社会、艺术、科学、技术或工业的某项发展；

⑤ 构成某一传统风格的建筑物、建造方针或人类住区的典型例证,这些建筑或住区本身是脆弱的,或在不可逆转的社会文化、经济变动影响下已变得易于损坏；

⑥ 与有重大历史意义的思想、信仰、事件或人物有十分重要的关系。

真实性标准：

在设计、材料、施工或环境方面符合真实性标准(重建只有根据原物的完整和详细的资料并且毫无臆测成分时,才可以接受)。

（2）自然遗产的选定标准

凡被推荐列入《世界遗产》的自然遗产,须至少符合下列一项标准,并同时符合真实性标准：

① 代表地球演化的各主要发展阶段的典型范例,包括生命的记载、地形发展中主要的地质演变过程或具有主要的地貌或地文特征。

② 代表陆地、淡水、沿海和海上生态系统植物和动物群的演变及发展中的重要过程的典型范例。

③ 具有绝妙的自然和物种多样性的栖息地,包括有珍贵价值的濒危物种。

3．我国世界遗产名录

1985 年 11 月,我国全国人大常委会批准了《保护世界文化与自然遗产公约》,使我国成为该《公约》的缔约国之一。从 1987 年始向联合国教科文组织推荐世界遗产名单。到 1997 年 12 月止,我国已列入世界遗产名录的项目共 19 项,其中文化遗产 13 项,自然遗产 3 项,自然和文化双重遗产 3 项,即

文化遗产：万里长城、北京故宫、周口店北京人遗址、莫高窟、秦始皇陵及兵马俑坑、布达拉宫、承德避暑山庄及周围寺庙、曲阜孔庙、孔府孔林、武当山古建筑、苏州古典园林、平遥古城、丽江古城、庐山风景区。

自然遗产：武陵源、九寨沟、黄龙。

自然和文化双重遗产：泰山、黄山。

第四节 中国历史文化遗产保护的发展历程

我国现代意义上的文物保护始于本世纪 20 年代的考古科学研究。北京大学于 1922 年设立了考古学研究所,后又设立考古学会,这是我国历史上最早的文物保护学术研究机构。1926 年中国学者首次考古发掘,在山西夏县西阴村发现了与仰韶文化同期的历史遗存。1929 年中国营造学社成立,开始系统地运用现代科学方法研究中国古代建筑,对不可移动文物保护工作为迈向其科学化、系统化打下了坚实的理论与实践基础。

1930 年 6 月国民政府颁布了《古物保存法》,共 14 条,明确考古学、历史学、古生物学等方面有价值的古物为保护对象;1931 年 7 月又相继颁布了《古物保存法细则》;1932 年国民政府设立"中央古物保管委员会",并制定了《中央古物保管委员会组织条例》。这些法令和机构成为中国历史上第一批由中央政府公布的文物保护政策性法规和第一个由国家设立的专门保护和管理文物的机构,开始了国家对文物实施保护与管理的历史。然而,尽管中央古物保管委员会在文物保护方面做了一些有益的工作,但是由于政局动荡,没有形成一个长期稳定的管理体制,各级地方政府也没有设置相应的文物管理机构,法规基本没有得到执行,各地各类大量文物仍处于无人管理的状态。随着战争的爆发,大量的文物遭到破坏,珍贵文物流失现象严重。

1949 年以后,新中国的历史文化遗产保护制度就是在这样的历史背景和基础上逐步建立起来的,历史文化遗产保护体系的建立经历了形成、发展与完善三个历史阶段,即:以文物保护为中心内容的单一体系的形成阶段,增添历史文化名城保护为重要内容的双层次保护体系的发展阶段,以及重心转向历史文化保护区的多层次保护体系的成熟阶段。

一、以文物保护为中心内容的单一体系

建国后,国家针对战争造成的大量文物被破坏及文物流失现象,中央人民政府从 1950 年始通过颁布一系列有关法令、法规,设置中央和地方管理机构,设置考古研究所等一系列举措,至 60 年代中期已初步形成了中国文物保护制度。50 年代初至 60 年代中,文物保护制度的建立主要有以下一系列措施:

(1) 1950 年由政务院颁布《关于文化遗址及古墓葬调查、发掘暂行办法》、《关于保护文物建筑的指示》以及《禁止珍贵文物图书出口暂行办法》告示法规、法令。

(2) 在中央和地方设置负责文物保护管理的专门行政机构,文化部作为负责全国文物保护工作的文物保护行政管理机构。

(3) 在中国科学院下设置考古研究所,成为科学、系统地研究文物考古及保护的学术研究机构。

(4) 1951 年由文化部与国务院办公厅联合颁布的《关于名胜古迹管理的职责、权力分担的规定》、《关于保护地方文物名胜古迹的管理办法》、《地方文物管理委员会暂行组织通则》,以及由文化部发布的《关于博物馆方针、任务、性质及发展方向的指示》建立起有关文物保护的国家及地方的行政管理制度。

(5) 国务院于 1953 年及 1956 年分别颁布《关于在基本建设工程中关于保护历史及革命文物的指示》及《关于在农业生产建设过程中保护文物的通知》,加强对遗址及地下文物

的保护管理,及时制止了经济建设带来的破坏。

（6）开展全国范围内的文物调查、登记及博物馆建设工作。

（7）地方各级政府开展地方文物保护工作,制定地方文物保护管理暂行办法。

（8）1961 年 3 月 4 日国务院颁布《文物保护管理暂行条例》,这是建国后关于文物保护的概括性法规,同时颁布了 180 处第一批全国重点文物保护单位,建立了重点文物保护单位制度。此后,1963 年陆续颁布的《文物保护单位保护管理暂行办法》、《关于革命纪念建筑、历史纪念建筑、古建筑石窟寺修缮暂行管理办法》以及《文物保护单位保护管理暂行办法》,对《文物保护管理暂行条例》进一步补充与深化。

1966 年开始的 10 年"文化大革命"使国家刚刚建立起的文物保护制度遭受了几乎是毁灭性的破坏,以"破四旧"为代表的一系列运动使文物遭受了前所未有的广泛的人为破坏,随之形成的一种忽视文化、忽视传统的"破旧立新"的社会倾向在以后的岁月中产生了长期的不良影响。

直至 20 世纪 70 年代中期文物保护工作才得以逐步恢复,通过国务院颁布的一系列通知和试行条例,恢复、调整了原有的文物法规与保护制度。1976 年颁布的《中华人民共和国刑法》第 173 条、第 174 条中明确了对违反文物保护法者追究刑事责任;在基本法中确立了有关文物保护法规的地位;1980 年国务院又批准并公布《关于加强历史文物保护工作的通知》等文件;1982 年 11 月 19 日《中华人民共和国文物保护法》的颁布更进一步完善了我国文物保护的法律制度,也标志着我国以文物保护为中心内容的历史文化遗产保护制度的形成。

二、增添历史文化名城保护为重要内容的双层次保护体系

从 50 年代到 80 年代初的 30 年间,对于城市保护的认识仅仅是限于其中的文物或遗址的范围,对古城自身的价值认识不足,城市保护基本上限于理论的探索与争执,没有形成制度和实际行动。以梁思成先生为代表的少数专家学者建国之初所倡导的对古都北京实施保护与规划的先进思想未被接受与采纳,使得北京古城在还较少受到工业化冲击的情形下未获得及时有效的保护。旧城的建设和改造没有一套完整的规划设想和行之有效的法令、条例,在一段时间内几乎处于无计划、无控制的状态,结果造成了古城空间特色和文化环境在全国范围内遭到广泛和严重的破坏。

由 70 年代末进入 80 年代,随着改革开放政策的实施,城市经济迅猛发展,城市进入空前规模的开发建设阶段:新区的建设、旧城的更新以及城市基础设施的改造等导致的历史文化及其环境,尤其是城市传统风貌改变,使我国的历史文化遗产保护进入到一个更为广泛也更为严峻的新时期,所面临的保护问题渐渐从文物建筑转向整个历史传统城市。

1982 年首批 24 个国家历史文化名城的公布,标志着名城保护制度的初创,我国历史文化遗产保护也进入了它的第二个重要发展阶段,即增添了历史文化名城保护为重要内容的城市保护阶段,主要表现为:

1. 三批共 99 个国家历史文化名城相继公布

随着 1982 年 2 月国务院转批国家建委、国家城建总局、国家文物局《关于保护我国历史文化名城的请示的通知》,"历史文化名城"的概念被正式提出,公布了北京、苏州、西安等 24 个城市为首批国家历史文化名城,并于 1986 年 12 月及 1994 年 1 月公布了第二批 38 个、第三批 37 个受保护的城市。

除国家级名城外,各省、自治区、直辖市还可以审批公布本地区的省级历史文化名城,安徽、湖南、四川、河南、江苏等省随后公布了省级历史文化名城(镇)。

2. 名城保护与城市规划密切结合

明确提出由省、市、自治区的城建部门和文物、文化部门负责编制各名城保护规划;1980年由国家建设委员会制定的《城市规划编制及批准的暂行办法》和1983年城乡建设环境保护部公布的《关于强化历史文化名城规划的通知》等文件,促使保护工作同城市规划开始走向结合;一些名城先后编制完成了保护规划,制定了保护措施,开展了名城保护的宣传教育活动;1994年9月建设部、国家文物局颁布《历史文化名城保护规划编制要求》,进一步明确了保护规划的内容、深度及成果,促使规划编制及规划管理向规范化迈进。

3. 历史文化遗产保护的人才培训和国际交流日益加强

1985年11月我国成为《保护世界文化与自然遗产公约》的缔约国,并连续八年当选"世界遗产保护委员会"委员会国成员。我国从1987年开始向联合国科教文组织推荐世界遗产名单,到1997年12月止已列入名录的有19处,其中平遥和丽江于1997年作为历史古城被列入世界文化遗产名录。

建设部通过委托同济大学等高等院校举办多期历史文化名城保护干部培训班,邀请国内外专家举办讲座,增加与保护有关的国际组织和国家的交流等方式,对从事历史名城保护工作的干部和专业技术及管理人员进行的培训,极大地提高了名城保护工作的水平和成效。

4. 学术研究机构与监督机构陆续成立

全国性的名城保护学术研究机构成立和相关学术会议的组织召开,促进了名城保护研究的蓬勃兴起,1984年中国城市规划学会组织成立"历史文化名城保护规划学术委员会",1987年中国城市科学研究会组织成立"历史文化名城研究会"(1992年更名为"历史文化名城委员会")。

1994年3月由建设部、国家文物局聘请各方面专家共同组成"全国历史文化名城保护专家委员会",加强对名城保护的执法监督和技术咨询,并把专家咨询建议正式纳入名城保护管理的政府工作范畴,提高政府管理工作的科学性。

1998年3月建设部建议国家历史文化名城研究中心在同济大学正式成立,作为我国第一个专门从事名城保护的常设机构,从事历史文化遗产保护技术咨询服务、理论与规划研究,协助政府部门制定保护政策与保护制度,参与保护实践。

5. 名城保护与管理向法规化与制度化迈进

1989年12月国务院颁布的《城市规划法》及《环境保护法》中有关历史文化遗产保护的条文,促进了名城保护及其规划法制化的进程。

从1991年起,依据《文物保护法》及《城市规划法》,北京、西安、韩城、丽江等城市分别颁布实施了有关历史文化名城保护的条例和办法,使名城的保护和建设作到了有法可依。

1993年建设部、国家文物管理局共同草拟了《历史文化名城保护条例》,在吸取地方经验的基础上,为促使国家名城保护的法制化与制度化的建立与完善做了有益的探索。

6. 文物保护制度的调整与深化

1991年全国人大常委会对《文物保护法》又进行了修改,主要对有关处罚条款作了进一步的调整;1992年4月颁布了《中华人民共和国文物保护法实施细则》。

另外,在1986年公布第二批国家历史文化名城的同时,首次提出了"历史文化保护区"的概念,并要求地方政府依据具体情况审定公布地方各级历史文化保护区。历史文化保护区的设立减少了名城保护与发展的矛盾,成为名城保护工作的基础和重点,成为名城保护制度的重要组成部分。1991年10月中国城市规划学会历史文化名城规划学术委员会也明确提出将历史地段作为名城保护的一个层次列入保护规划的范畴。

综上,从80年代初至90年代中,名城保护制度历经了十几年发展历程,从规划、立法、管理、学术研究及人员培养等多方面、多角度不断发展与完善,其保护内容也由单体文物保护向文物环境及整个历史街区扩展,由城市总体布局等物质空间结构的保护向城市特色与风貌延续等非物质要素的保护拓展,最终形成了以历史文化名城保护为重要内容、与文物保护制度相结合的双层次历史文化遗产保护体系。

虽然历史文化保护区的提出是以保护未被列入名城行列的城市或乡村地带中值得保护的地段为初衷,并且北京、安徽等省市地区分别公布了一些省级历史文化保护区的名单,并在保护的手段、方法和规划制定等方面进行了实践与探索,但是此时历史文化保护区尚未作为一个独立层次列入历史文化遗产保护制度中。

三、重心转向历史文化保护区的多层次体系

1996年6月由建设部城市规划司、中国城市规划学会、中国建筑学会联合召开的历史街区保护(国际)研讨会在安徽省黄山市屯溪召开。屯溪会议明确指出"历史街区的保护已成为保护历史文化遗产的重要一环",并以建设部的历史街区保护规划、管理综合试点屯溪老街为例探讨我国历史文化保护区的设立、保护区规划的编制、规划的实施、与规划相配套的管理法规的制定、资金筹措等方面的理论与经验。

1997年8月建设部转发《黄山市屯溪老街历史文化保护区保护管理暂行办法》的通知,明确指出"历史文化保护区是我国文化遗产的重要组成部分,是保护单体文物、历史文化保护区、历史文化名城这一完整体系中不可缺少的一个层次,也是我国历史文化名城保护工作的重点之一",明确了历史文化保护区的特征、保护原则与方法,并对保护管理工作给予具体指导。

历史文化保护区保护制度由此建立,虽然其自身的发展与完善还要经历相当的过程,但它却标志着我国历史文化遗产保护体系的建构完成,标志着我国历史文化遗产保护制度向着完善与成熟阶段迈进。

本章小结

人们从收藏古董到认真地保护文物古迹是文明的进步,从保护单幢的历史建筑到保护历史城市是现代社会现代意识的表现。逐步被世界普遍公认的一个个"国际宪章"是保护历史文化遗产的保证。我国的历史文化遗产和城市保护工作,从80年代才真正开始,先后

公布了三批共 99 个国家级历史文化名城,从 1982 年开始了对历史城市的保护工作。

问题讨论

1. 什么是历史文化遗产保护?
2. 什么是历史城市保护?
3. 有哪些国际的宪章和宣言论述了历史城市的保护问题?
4. 什么是世界遗产? 我国有哪些项目? 最近新增了哪些?

阅读材料

国际保护文化遗产法律文件选编. 北京:紫禁城出版社,1993.8

第二章　我国历史文化名城保护与发展

第一节　中国历史城市的特点

1. 中国历史悠久,文物众多,历史性城镇遍及全国,约有 2000 多个,数量之多,传统特色之丰富是举世闻名的,这些城镇拥有优美的自然环境、名胜古迹以及各具特色的乡土建筑,它们体现了中华民族灿烂的历史文化。

2. 中国的历史古城,大多是按规划建造的,据科学考古和史料查证从春秋战国的城市一直到明清时代,古代的都城以及地区统治中心,以至一些重要的边防城市,都事先有周密的规划,然后再先地下后地上营建。而规划又基本上遵循了中国儒家传统思想,因而一脉相承,具有特性。

3. 中国由于幅员广大、民族众多、地理和人文环境差别很大,因而中国的城市类型很多,颇具特色,风格迥异。

4. 中国的历史古城都有文化职能,城市既是政治经济中心,也是文化中心,城市具有各种职能,古城中的官衙、宗教寺庙、学宫等是城市中最突出的建筑物,也是今天主要的文化名胜古迹。

5. 中国的城市从未出现过衰落,不像欧洲曾出现过几次的城市衰落。中国古代社会长期处于统一的大帝国,且中国古代文化长期不衰,经济发展又比较缓慢,因而城市延续着发展,历史从未中断,城市中留下许多古建古迹,就是佐证。

第二节　中国历史文化名城保护的制度形成与发展

一、历史文化名城的提出

中国城市保护的思想可以追溯至建国初期以梁思成先生为代表的建筑及城市规划学者对保护古都北京的研究、规划和倡导。梁先生首先指出了北京及中国其他历史城市的特点及整体保护的意义:

1. 北京古城的价值不仅是个别建筑类型和个别艺术杰作,最重要的还在于各个建筑物的配合,在于他们与北京的全盘计划、整个布局的关系,在于这些建筑的位置和街道系统的相辅相成,在于全部部署的严肃秩序,在于形成了宏伟而美丽的整体环境。

2. 中国古代的城市有许多是按规划建设的,有些城市虽然看不出明显的规划意图,但自发形成的布局和路网系统也能反映出时代的特征和地方特色,包含着城市的历史信息。它们有着值得保存的建筑个体和城市整体的配合关系,有着值得保护的规划格局或空间部署的秩序,有着值得保护的文物环境。对于这些,只保护一个个的文物建筑是不够的。

在对北京城市整体的规划建设与保护中曾提出两项主要建议:(1) 发展新区以保护旧城:避开明清时代形成的老城区,在它西面设立新的行政中心。这样既可在新区大力进行现代化建设,同时也可保护古城原有的格局、精美的建筑以及传统特色的胡同式居住环境。
(2) 保留和利用北京城墙:利用城墙作为新旧区的隔离带,利用城门控制交通,利用城墙及护城河绿带建成环城立体公园。

这些保护思想在当时应该说是十分先进的,即便在西方这种保护文物环境及城市整体空间格局的意识也尚不广泛。遗憾的是,"五四"以来形成的破旧立新的文化倾向和解放后对新建设的盲目热情,对保护起到了不利的作用,这使得北京古城保护虽然在其还很少受到工业化冲击的情形下提出,却未得到及时有效的贯彻和推广,从而抑制了中国古城保护的深入展开。1958 年,北京拆除了明代修筑的城墙,全国各地纷纷仿效,以致至今在全国没有留下几座完整的城墙。西安古城的改建,在旧城中心区开辟了宽阔的道路,把著名的钟楼变成了一个十字交叉的交通岛。

70 年代末 80 年代初,改革开放促进了中国与世界文化的沟通与交流,在重视历史环境保护的国际潮流影响之下,保护历史古城的思想在我国领导和专家的头脑中逐步形成。与此同时,中国已经开始大规模经济建设,许多文物古迹和传统街区在建设中被无知地破坏。如山西省的古城太谷、新绛、侯马等都拆毁了古城墙,开辟了大马路;曲阜也在 1978 年拆除了明代的城墙。由于缺乏对古城价值的认识,一些建设规模大或发展速度快的城市在建设中往往不去考虑历史遗存与传统风貌的保护,结果造成古城空间特色和文化环境的严重破坏。如绍兴市填了河道开大路,古城风貌遭到破坏。

在这样的情况下,一些专家向国家呼吁,提出只保护单个的文物古迹和古建筑是不够的,应该从城市整体上采取保护措施;但也不是所有的历史古城都要进行全面保护,要选择重点。1982 年在全国范围内选定了 24 个有重大历史价值和革命意义的城市作为国家第一批历史文化名城加强管理和保护。

二、历史文化名城的概念

《中华人民共和国文物保护法》把历史文化名城定义为"保存文物特别丰富,具有重大历史价值和革命意义的城市。"

应该指出,"历史文化名城"这一概念是作为我国对历史文化遗产的一种宣传教育方式和政府的保护策略而提出的,具有明显的本国特色和实践意义。从法律角度而言,"历史文化名城"是由国家(或地方政府)确认的,具有法定意义的历史城市中的杰出代表;从保护角度而言,是我国城市中首先需要建立完整的历史文化遗产保护体系,把"保护"这一主题纳入城市建设每一过程;从政策角度而言,是必须在城市总体规划中制定保护专项规划,并使历史文化遗产保护渗透到地方政府制定的各项经济、法律、行政政策之中。

三、历史文化名城的确定

确定历史文化名城目的在于:第一,起宣传教育作用,作为一种荣誉唤起民众对人类文化遗产的尊重与保护意识;第二,作为一项保护策略,在历史文化名城总体规划中必须包括保护专项规划,使历史文化遗产的保护纳入地方政府的计划。

1. 名城的核定标准
1982 年 2 月国家公布首批历史文化名城之时尚无明确的标准,在国家基本建设委员会、国家文物事业管理局、国家城市建设总局向国务院提交的《关于保护我国历史文化名城的请示》的文件中指出许多历史文化名城是"我国古代政治、经济、文化的中心,或者是近代革命运动和发生重大历史事件的重要城市。在这些历史文化名城的地面和地下,保存了大量的历史文物与革命文物,体现了中华民族的悠久历史,光荣的革命传统与光辉灿烂的文化。"虽然这一提法非常的笼统与概括,但选定的第一批 24 个名城具有相当的代表性、杰出特征及公认性。

随着名城规划和保护工作的进一步深入,关于历史文化名城的标准也进一步明确。

根据 1982 年 11 月颁布的《中华人民共和国文物保护法》的规定,历史文化名城应是"保存文物特别丰富,具有重大历史价值和革命意义的城市"。并在 1986 年第二批历史文化名城审批过程中,形成了具体审定工作中的三项核定原则:

(1) 不但要看城市的历史,还要着重看当前是否保存有较为丰富完好的文物古迹和具有重大的历史、科学、艺术价值。

(2) 历史文化名城和文物保护单位是有区别的。作为历史文化名城的现状格局和风貌应保留着历史特色,并具有一定的代表城市传统风貌的街区。

(3) 文物古迹主要分布在城市市区或郊区,保护和合理使用这些历史文化遗产对该城市的性质、布局、建设方针有重要影响。

与此同时,还提出由于"我国是一个有悠久历史和灿烂文化的国家,值得保护的古城很多,但考虑到作为国家公布的历史文化名城在国内外均有重要影响,为数不宜过多。因此建议根据具体城市的历史科学、艺术价值分为两级,即国务院公布国家级历史文化名城,各省、自治区、直辖市人民政府公布省、自治区、直辖市一级的历史文化名城。"

2. 名城审批程序

第一批历史文化名城的名单是由国家文化行政管理部门(当时的国家文物事业管理局)与国家建设行政管理部门(当时的国家基本建设委员会和国家城市建设总局)共同选定的,程序是:由这些城市的地方文化行政管理部门提供城市概况及历史文化遗产的详细报告,汇总成历史文化名城申报材料,提交给国家文化与建设行政管理部门,国家文化与建设行政管理部门经过商议并征求有关省、市、自治区的文化与城建部门(建委、文物局、文化局、城建局)的意见的基础上,确定名城名单,上报国务院批准,由国务院公布指定为国家历史文化名城。

以后第二批、第三批名城名单的审批过程基本上仍是沿用这一程序,略有不同的是首先由省、市、自治区提出所辖行政区域内的名城推荐名单,上报国家有关部门。由国家文化与建设行政部门共同邀请全国历史、文物、考古、建筑、城市规划、地理等各界的知名专家、教授对推荐名单进行审议,并对重点城市进行实地调查。在此基础上选定名城名单,报国务院批准。从而使名城审批工作由单纯的由上至下的国家指定,向由省级地方政府指定与国家选定的由下至上相互结合的方向发展,从而提高了地方政府参与保护事业的积极性。同时在审批过程中已有各方面的专家、学者的共同参与,一方面有利提高政府决策的科学性,另一方面为今后的名城保护的咨询与监督工作打下了基础。

从 1982 年第一批国家历史文化名城名单的公布,到 1994 年第三批国家级历史文化名城的审批,以及省级历史文化名城的逐步增加,逐步形成了以核定标准及审批程序为两项主

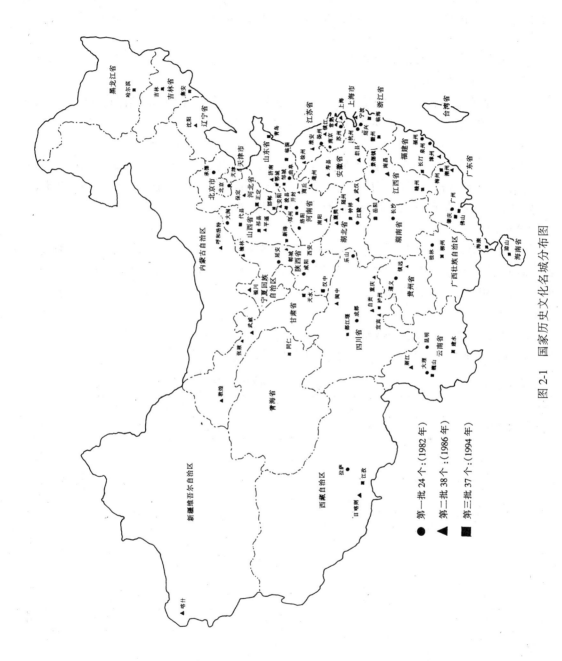

图 2-1 国家历史文化名城分布图

要内容的名城审批制度。

四、国家历史文化名城名单及其分布

国务院分别于 1982 年、1986 年及 1994 年公布三批国家历史文化名城共 99 个,各省(自治区、直辖市)审批公布各地区的省级历史文化名城截止 1997 年 12 月止共 82 个。

1. 三批国家历史文化名城名单

第一批 24 个(1982 年):

北京,承德,大同,南京,苏州,扬州,杭州,绍兴,泉州,景德镇,曲阜,洛阳,开封,江陵,长沙,广州,桂林,成都,遵义,昆明,大理,拉萨,延安,西安。

第二批 38 个(1986 年):

天津,保定,平遥,呼和浩特,沈阳,上海,镇江,常熟,徐州,淮安,宁波,歙县,寿县,亳州,福州,漳州,南昌,济南,安阳,南阳,商丘(县),武汉,襄樊,潮州,重庆,阆中,宜宾,自贡,镇远,丽江,日喀则,韩城,榆林,武威,张掖,敦煌,银川,喀什。

第三批 37 个(1994 年):

正定,邯郸,新绛,代县,祁县,哈尔滨,吉林,集安,衢州,临海,长汀,赣州,青岛,聊城,邹城,临淄,郑州,浚县,随州,钟祥,岳阳,肇庆,佛山,梅州,海康,柳州,琼山,乐山,都江堰,泸州,建水,巍山,江孜,咸阳,汉中,天水,同仁。

2. 国家历史文化名城分布情况

国家历史文化名城分布情况,详见表 2-1 及图 2-1。

表 2-1　　　　　　　　　　国家历史文化名城分布情况表

序号	省(直辖市、自治区)	第一批(1982 年 2 月公布)	第二批(1986 年 12 月公布)	第三批(1994 年 1 月公布)	小计
1	北京	北京			1
2	天津		天津		1
3	河北	承德	保定	正定、邯郸	4
4	山西	大同	平遥	祁县、新绛、代县	5
5	内蒙古		呼和浩特		1
6	山东	曲阜	济南	青岛、聊城、邹城、临淄	6
7	广东	广州	潮州	肇庆、佛山、梅州、海康	6
8	广西	桂林		柳州	2
9	海南			琼山	1
10	陕西	西安、延安	榆林、韩城	咸阳、汉中	6
11	甘肃		武威、张掖、敦煌	天水	4
12	青海			同仁	1
13	宁夏		银川		1
14	新疆		喀什		1

序号	省（直辖市、自治区）	第一批（1982年2月公布）	第二批（1986年12月公布）	第三批（1994年1月公布）	小计
15	辽宁		沈阳		1
16	吉林			吉林、集安	2
17	黑龙江			哈尔滨	1
18	上海		上海		1
19	江苏	南京、扬州、苏州	镇江、常熟、淮安、徐州		7
20	浙江	杭州、绍兴	宁波	衢州、临海	5
21	安徽		亳州、寿县、歙县		3
22	福建	泉州	福州、漳州	长汀	4
23	江西	景德镇	南昌	赣州	3
24	河南	洛阳、开封	安阳、南阳、商丘	郑州、浚县	7
25	湖北	江陵	武汉、襄樊	钟祥、随州	6
26	湖南	长沙		岳阳	2
27	四川	成都	重庆、阆中、自贡、宜宾	乐山、都江堰、泸州	8
28	贵州	遵义	镇远		2
29	云南	昆明、大理	丽江	建水、巍山	5
30	西藏	拉萨	日喀则	江孜	3
31	合计	24	38	37	99

第三节　历史文化名城的类型

历史文化名城的保护,需要有适合各个名城独有特征的规划设计和推进方法,这是为了使每一个名城产生独特的个性和魅力。将城市的共同特性和问题归纳起来,可以针对同类的情况采取相同的措施,针对不同类型区别对待,这也就是对历史文化名城进行分类的目的;分类之结果称为历史文化名城的类型。

应该指出,分类并不是目的终结,只是过程、手段和基础,不同的研究目标可使人们制订不同的分类标准,而划分出不同的类别,从而采用不同的保护与更新的方法,维护和发展城市的历史传统特色与风貌。

一、欧洲

欧洲对历史传统城市的分类大致存在着三种类型的概念:

第一类　地区中心城市——如巴黎、伦敦、巴塞罗那、罗马、开罗等,这些城市一方面集中了各国文化最优秀的遗产;另一方面又是一个国家或地区的政治、文化、经济中心。它们的保护策略,一般是以严格地保护政府法定的各个保护区为主。在城市建设中,旧区改造也提倡维护原有的风貌,但并不意味在整个城市(包括新城建设部分)维护"伦敦风貌"。

第二类　历史性城镇——一般规模较小,完整地保留着某一时期的历史风貌,或者在中心地区保存有完整的历史地区,不管是作为建筑学意义上城市设计优秀遗产而保护,还是作为城市设计中的积极因素而保护,都以保持城镇的完整历史风貌,改善内部生活设施,适应现代化生活作为出发点。如英国的切斯特、德国的雷根斯堡、亚琛,等等。

第三类　旅游性城市——是指具有突出旅游价值的城市。如意大利威尼斯、南斯拉夫的斯普利特等城市。很多情况下居民已迁出这些城市,这些城市也就成了"城市古董"。除了严格地保护这些文化遗产,怎样更多更好地吸引旅游者成了这些城市的头等大事,旅游业成了这些城市的重要产业。

二、日本

日本对于历史传统城市的类型划分并无明确统一的结果,在日本观光资源保护财团编辑的《历史文化城镇保护》中足达富士夫先生从景观整顿的角度出发,以城市景观的特色作为分类的标准。

第一类　眺望景观型——即从远处或外侧观赏城市的景观,从而获得城市的整体形象。如奈良由旧市街、若草山、春山所构成的景观,为奈良的重要标志和特殊景观特色。

第二类　城镇景观型——城市的传统,文化的氛围由沿街道的建筑物在极近的距离内观赏或所及的范围内观赏而形成和感受到的,建筑的高度、形式、色彩、直到窗形式、格栅、墙壁的装修,都有精致的细部。从而形成传统建筑物群地段的城镇或城市。如妻笼、高山镇。

第三类　环境景观型——城市的景观特色是由村落、建筑群、树林、丘林、田野、埋藏的文物遗迹、遗址等多种要素组成的,以环境为第一要素的传统城镇或城市。如飞鸟镇,西之京、京都府的嵯峨野就属此类。

第四类　展示景观型——以广阔的视野或列车上眺望之景观为特色的城镇。如湖东地区、奈良盆地、石狩平野等。

这种分类的方法,每一城市常常具有多重身份,即一个城市可能同时属于 2 ~ 3 种类型。

三、中国

我国对历史文化名城的分类,有两种方法,一是从名城所拥有的特点和性质来分类,一是从名城的保护现状,两者都是以制订保护策略为出发点。

第一种是对我国的 99 个历史文化名城的历史形成自然和人文地理以及它们的城市物质要素和功能结构等方面进行对比分析,划分为七种类型。

1. 古都型——以都城时代的历史遗存物、古都的风貌或风景名胜为特点的城市,如北京、西安、洛阳、开封、安阳等。

我国封建王朝统治长达两千年的历史,自公元前 201 年秦始皇统一全国后,虽经多次分裂和战乱,改朝换代,但大多数时间是处于统一的封建大帝国的统治下,这些王朝统治者——帝王居住的城市,就是封建王朝的都城,如西安、北京等。在全国分裂的时期,有的城市作为国家都城的时间较长,影响较大。有的则长期作为全国的陪都如洛阳、开封、南京、杭州、安阳等,以上这些都属于都城类。在这些名城中,帝王行使政权统治和居住的宫殿、坛庙、陵墓、园圃等都集中于此。这些宫殿等建筑都很富丽宏伟。都城的规模也很宏大,如唐长安城面积达 $8700hm^2$,清北京城为 $6770hm^2$。

在中国的封建社会中，由于封建迷信思想的作用，改朝换代必须鼎新革故、万象更新，因而在推翻前朝的斗争中，往往对原有建设进行毁损，所以在地面上留下当时的建筑很少，大多成为遗址或埋存入地下。在这些古都城中如洛阳、开封、安阳和西安等，作为古都时的地方文物建筑遗存不多，主要以地下遗存为主。如开封由于战争和黄河泛滥，北宋时期的地面遗存只有铁塔和繁塔，整个城市在外部形态上已无古都的风貌特征，而宋皇城、内、外城墙和城门遗址，及州桥、虹桥等都留存在地下，具有重要历史价值。同样洛阳市区洛河之南是隋唐城遗址，安阳的殷都遗址都是国家重点文物保护单位，在现代城市建设发展中必须制定严格的保护措施。

2. 传统城市风貌型——具有完整的保留了某时期或几个时期积淀下来的完整的建筑群体的城市，如平遥、韩城、镇远、榆林等。

这些城市完整地保留了某一时期或几个时期积淀下来的完整的建筑群体，而被列为历史文化名城。传统的城市建筑环境，不仅在物质形态上使人感受到强烈的历史气氛，它本身也具有建筑学意义上的价值。同时，通过这些物质形态，可以折射出某一时代的政治、文化、经济、军事等诸方面深层历史结构。对于城市历史意象的形成，大大超过单个的文物建筑。这类城市，不仅文物古迹保存较好，由于发展缓慢或另辟新城发展整个城市，无论是格局、街道、民居和公共建筑物均完整地保存着某一时代的风貌。

如平遥古城面积约 2.3km²，城垣连绵，墙堞窝铺马面均完整，城内东西、南北大街十字相交，构成城市的主要轴线。十字街口北侧重檐歇山顶市楼完整。街道两旁，店铺林立，多为低层砖木结构房屋，木雕门面，有的饰以彩画。城内民居均是旧时祖遗砖墙瓦顶，四合院落，且多窑洞式房舍，拱顶圈门，木窗精巧。临街的宅门多建有装饰繁丽的门楼。整个古城，近几十年来，没有很大的建设活动，街道也没有拓宽，原有房屋质量较好，基本保持着明清时代的格局和风貌。

韩城古城城墙已拆除，但位置界线仍清晰，城市内部街道以金城大街作为南北主要通道，大街两侧，有大巷 13 个，小巷 29 个，多以东西走向为主，明代城市的格局，基本原封不动地保留了下来。城内保存有大量的古建筑及大批有价值的民居与店铺。大量在京的官宦回乡后仿北京四合院在韩城营建宅院，使韩城的四合院有"小北京"的美称。有文物保护价值的古建（包括民居）约占全城总建筑的 15% 左右。由于近年来在城北高地上另辟新区建设，因此老城内高层建筑极少。大量质量较高的低层砖木结构四合院建筑和其他文物建筑一起，构成了完整的明清时代城市风貌。

榆林城墙大部尚存，内土外砖，唯楼堞已坏，城南北长约 2100m，东西宽约 800m，呈狭长型。城中有一条贯通南北的大街，跨街有 10 座牌坊和楼阁，今尚存星明楼、万佛楼、凯歌楼、钟楼四处，为明清时代建筑，大街两侧，南端及中段商店较多，大多为低层瓦顶旧式房舍，长街古朴，雕楼重重，整个古城仍存明清时代的传统风貌。

镇远是一座依山临水，景观奇特，风光秀丽的古城，城区被穿越而过的㵲阳河一分为两，北岸为府城，南岸为卫城，其民居建筑依㵲阳河横排成列，向两边山麓层层叠建，形成景观。建筑风格继承了苗族民居建筑的风格特点。镇远历史上是黔东政治、经济、交通和军事中心，目前有 2 万余居民，这么一个小城市，保存有古城垣（沿江，靠山局部）、古塔、古关隘、古桥梁、古码头、古街巷、古庙宇等文物建筑 50 多处。难得的是整个城市基本保持了传统的风貌。

云南的大理、丽江也保存了较为完整的古城风貌,但他们又是少数民族聚居的城市,故未列入此类。

由于城市建设发展,有的古城失去了完整的风貌。如城墙被毁,城市高层建筑破坏了古城历史轮廓线,街道拓宽,大量的传统住宅区被改建成单元式楼房等。但仍保留着局部的传统风貌特色。如在规划中妥加保护、整治和利用,仍可从外部形态上感受到历史文化气息。局部的传统风貌一般由街道、民居、文物建筑群、城墙、城市格局(包括轮廓线)等构成。

3. **风景名胜型**——自然环境对城市的特色起了决定性的作用,由于建筑与山水环境的叠加而显示出其鲜明的个性的城市,如桂林、漓江、承德、镇江、苏州、绍兴等城市。

这些城市拥有优美的自然景色,风景点大多就在城市中,或在城市近郊,与城市的建设与发展紧密结合,形成了独特的美好的城市风光。它不同于一些山岳或湖泊等自然风景区,往往具有很多丰富的人文景观,带有很强烈的文化色彩,不仅能给人们以旅游的场所,还能给以精神的陶冶,这在我国的社会主义精神和物质文明建设中,将发挥重大的作用。

如苏州,"上有天堂,下有苏杭"就是古人对其景色美丽和生活丰裕的称赞。苏州城内园林众多,代表着中国私家园林建筑的精华,是人工艺术和自然美和谐的结合,近郊还有许多风景游览地,许多文物古迹和园林是国家文物保护单位。

如桂林,由于岩溶地形的自然变迁,造就了山奇水秀,素有"桂林山水甲天下"之誉,"江作青罗带,山作碧玉簪",充满了诗情画意,古人留下许多摩崖石刻,既是宝贵的文物又加深了风景文化的内涵,是誉名中外的旅游胜地。

在这历史名城中有的是以自然风光为主的如桂林,有的就是以人文景观为主,在古城中拥有著名的文物古迹历史名胜,如孔庙所在的曲阜,孟子庙所在的邹城,避暑山庄所在的承德,乐山大佛所在的乐山,麦积山石刻所在的天水等,保护与合理规划这些城市,对保护这些重要的历史名胜有重要的作用。

4. **地方特色及民族文化型**——同一民族由于地域差异、历史变迁而显示出的地方特色或不同民族的独特个性,而成为城市风貌的主体的城市,如绍兴、泉州、拉萨、喀什等城市。

我国是一个多民族的统一国家,共有 56 个民族,一些少数民族聚居的城市,具有明显的民族特色,一些城市具有独特的地方特色,这些都反映了我国悠久的传统,不同地域和多民族的文化特征,必须很好地保护,以防止湮灭消失。在今后的城市建设中保持和发扬这些民族和地方特色,对于增强民族的自尊和凝聚力,增添对家乡的热爱,有巨大的精神作用。并且对创造有中国特色的、地方的和民族特色的城市,有重要借鉴和范例的作用,更有发扬光大祖国文化的重要意义。

如拉萨是西藏的首府,有悠久的历史,也是藏民族文化的发祥地和藏传佛教的圣地,留下许多富有特色,建造精美的宫殿和寺庙:布达拉宫、大昭寺、色拉寺、哲蚌寺、卢布林卡等都是全国重点文物保护单位。城市中众多的佛寺和藏族民居,造型粗犷,色彩鲜明,具有强烈的藏族特色,城市周围的高山峻岭,形成独特风格的高原城市风光。

如喀什,是新疆"丝绸之路"上的重镇,有许多伊斯兰寺庙和陵墓,是维吾尔族人民聚居地、街道、民居、集市以及音乐、舞蹈、手工艺品都有浓郁的民族特色。

这类少数民族城市还有藏族的日喀则、江孜,白族的大理,纳西族的丽江,蒙族的呼和浩特等。

还有一些城市具有独特的地方风格,从建筑的造型色彩,以及建筑群的组合布局和城市格局,都和它所处的地理环境和历史文化传统的影响密切相关,而具有较高的价值,必须加以保护与继承,不至于在现代建设中湮灭。

如潮州,有丰富的潮汕文化沉淀,因而在文化艺术、民俗民风方面都有自己的特色,如潮州音乐、戏曲、菜肴等。在民居建筑中也是注重格局,注重造型,注重装饰,已形成一套规范的民间建筑样式,城中留有的义井、兴宁、甲第等几条老巷,为仍然保持完整的传统民居群落的历史街区。

5. 近现代史迹型——以反映历史的某一事件或某个阶段的建筑物或建筑物群为其显著特色的城市,如遵义、延安、上海、重庆、天津等城市。

这些城市是中国近代许多革命事件的发生地,许多文物和建筑记载着中国人民革命斗争的历程。古代和现代的珍贵文物和遗存,同样具有文化和科学的价值,特别是一些革命历史文物,更是当今进行思想政治教育的重要的资料和实物。

如上海,是中国共产党的诞生地,有中共"一大"会址和许多革命纪念建筑,外滩典型的西洋建筑群著称于世,市区还有二三十年代世界流行的各种流派和各国式样的建筑,被称为建筑的博览会。

如延安,是中国新民主主义革命的圣地,留下了大量的革命遗址,得到党和国家的重视和保护,许多是国家重点文物保护单位。

6. 特殊职能型——城市中的某种职能在历史上占有极突出的地位,并且在某种程度上成为这些城市的特征,如自贡以盐城而著称,景德镇有"瓷都"之称,亳州则是"药都"。

在我国广袤的土地上,有的城市处于大江河的入海口。经济的发展使其成为海外交通城市;有的为了防御外敌的入侵,按军事布防要求,规划建造成边防城市;有的由于古代手工的发展,工匠聚集,人丁繁盛而成为手工业城市;有的因为在防阻洪水的筑城技术上,有特殊的贡献而被列为名城等等。这类城市原来得以发展的特殊功能,在历史上都有过重大的作用,时至今日可能已成为历史的陈迹,或已被新的功能所代替,但这些城市原来所具有的功能与作用,都是我国古代科技、文化的标志和结晶,是宝贵的历史遗产,必须很好保护与发掘,以免在我们这一代人手中消失。

如泉州,宋元时代是繁盛的海外贸易中心,当时城南有"蕃坊",为外国商人的聚居地。城内有我国最早的伊斯兰教堂,有规模宏大的开元寺,古老的安平桥等都是国家重点文物保护单位。泉州景色秀美,又是著名的侨乡。

如景德镇,有丰富的瓷土资源,产优质瓷器驰名中外,宋景德年间因烧制御用瓷器而被后人称此城名,有历代瓷窑遗迹,建了瓷史博物馆,独具特色。

如武威、张掖,是按军事要求选址建设的边防城市,虽然自清代以后边境安定,军防性质逐渐转化为边外交通贸易城市,但格局犹存。

如寿县,是安徽淠水边抗洪防涝卓有成效的城市,一整套的防水措施,是古代水利科学的结晶。

7. 一般史迹型——以分散在全城各处的文物古迹作为历史传统体现的主要方式的城市,如长沙、济南、正定、吉林、襄樊等城市。许多历史名城,历史上曾辉煌一时,由于历代战争破坏、经济衰落或近年来大规模的城市建设,大量古迹和传统街区遭到破坏;但城市中还存在许多历史遗迹有一定影响;如历史上曾为省会一级的地区中心,历史悠久,文化延续性强,其性质因素构成数量多,但中心不突出,类型归属不明显,如徐州、济南、武汉、南昌、长沙、成都、吉林、沈阳等。

一般的府、州、县城市,历史文化遗产主要以分散在市内各处的中小型文物建筑为主,如淮安、保定、襄樊、宜宾、邯郸、临海、漳州等城市。

这种分类的结果使有些城市兼具几种类型的特点,如杭州是七大古都之一,曾作为吴、越国的都城,南宋时为首都名临安,其统治长达150年之久,而且一直是地区统治中心。西湖著名于世,有名胜古迹70余处,是国家级风景区。因此杭州主要归为古都类,同时又作为风景类的城市。这样的情况很多,划分时只能按其主次来确定。其根本目的是为了在制定城市保护对策时有重要性和针对性。根据这一分类方式划分的99个国家历史文化名城的类型,列于表2-2。

表 2-2　　　　　　　　　　　　中国历史文化名城类型表

城市类型	主要城市	次要城市
古都类	北京、西安、洛阳、开封、南京、杭州、安阳	咸阳、邯郸、福州、重庆、大同
传统建筑风貌类	平遥、韩城、榆林、镇远、阆中、荆州、商丘、祁县	大理、丽江、苏州
风景名胜类	承德、桂林、扬州、苏州、绍兴、镇江、常熟、敦煌、曲阜、都江堰、乐山、天水、邹城、昆明	杭州、西安、北京、南京、大理、青岛
民族及地方特色类	拉萨、日喀则、大理、丽江、喀什、江孜、银川、呼和浩特、建水、潮州、福州、巍山、同仁	
近代史迹类	上海、天津、武汉、延安、遵义、重庆、哈尔滨、青岛、长沙、南昌	广州
特殊职能类	泉州、广州、宁波(海外交通)、景德镇(瓷都)、自贡(井盐)、寿县(水防)、亳州(药都)、大同、武威、张掖(边防)	榆林、阆中(边防)、佛山(古代冶炼和陶瓷)
一般古迹类	徐州、济南、长沙、成都、吉林、沈阳、郑州、淮安、保定、襄樊、宜宾、正定、肇庆、漳州、临淄、邯郸、衢州、赣州、聊城、泸州、南阳、咸阳、钟祥、岳阳、雷州、新绛、代县、汉中、佛山、临海、浚县、随州、柳州、琼山、集安、梅州	

上述是从城市的性质、特点方面分类,而按保护内容的完好程度、分布状况等来进行分类,现有名城可以分为以下四种情况:

(1)古城的格局风貌比较完整,有条件采取全面保护的政策。古城面积不大,城内基本为传统建筑,新建筑不多。这种历史文化名城数量很少,十分难得,如平遥、丽江等。对这类城市一定要严格管理、坚决保护好。他们目前经济虽不太发达,但同样存在保护与建设的矛盾,当前要重点改善基础设施,改善居住条件。国外这类城市中保护成功的例子很多,我们可借鉴他们的经验,并在我们的实践中审慎从事,不断总结。

（2）古城风貌犹存,或古城格局、空间关系等尚有值得保护之处。这种名城为数不少,如北京、苏州、西安等,他们和前一种都是历史文化名城中的精华,有效地保护好这些古城方可真正展现历史文化名城的风采。对这类城市除保护文物古迹历史街区外,要针对尚存的古城格局和风貌采取综合保护措施。如北京,要保护好城市中轴线,要对皇城周围进行高度控制;苏州要保护好宋代延续至今的与水路并行的街道格局;西安要保护好明城格局,特别是保护城墙、城楼及鼓楼、钟楼间的空间关系。

保护这些古城的风貌,一方面保护文物古迹、历史街区,当然也就保存了外部形象,它们是构成古城风貌的点睛之笔,另一方面在古城区有限的范围内,对新建、改建的建筑要求体现古城风貌的特色。这决非要求新建筑仿古、复古,而是要求在设计中既体现时代感、现代化特征,同时又与古城传统风貌相联系。

（3）古城的整体格局和风貌已不存在,但还保存有若干体现传统历史风貌的街区。这类名城数量最多,整体风貌既已不存,保护好历史街区则要全力为之。要使这些局部地段来反映城市历史延续和文化特色,用它来代表古城的传统风貌,这既是一个不得已而为之的作法,也是一个突出重点,减少保护与建设的矛盾的现实可行的办法。

（4）少数历史文化名城,目前已难以找到一处值得保护的历史街区。对他们来讲,重要的不是去再造一条仿古街道,而是要全力保护好文物古迹周围的环境,否则和其他一般城市就没什么区别了。要把保护文物古迹的历史环境提高到新水平,表现出这些文物建筑的历史功能和当时达到的艺术成就,要整治周围环境,要舍得拆除一些妨碍景观的不协调建筑。

不同类型的城市,有不同的保护方法和侧重点,它的特殊性是十分重要的;但每一个城市的情况复杂,保护与发展过程中所遇到的实际情况又各不相同,因此把握住他们共同的特性,寻找到解决问题的根本原则和思考方法,才能在不断变化和发展的历史文化名城中保住精华,创出特色。

本章小结

我国的历史城市与欧洲完全不同,具有独特的特点。在80年代初我国城市经济大发展的初期,及时地公布了国家历史文化名城,避免了这些优秀历史城市在现代化建设中遭到建设性的破坏。99个历史名城从性质和特点上看,有7种不同的类型,而从保护的完善程度看则有4种不同的情况。

问题讨论

1. 我国的历史城市有哪些特点,与国外城市相比有哪些异同?

2. 我国的历史文化名城有哪几种类型,各自的特点是什么,在保护时应有怎样的对策?

3. 我国的历史名城按保护情况分有几种类型?为什么会有这样的情况,应吸取怎样的教训?

阅读材料

1. 阮仪三主编. 中国历史文化名城保护与规划. 上海:同济大学出版社,1995

2. 阮仪三著. 历史文化名城的类型及风貌保护. 同济大学学报,1990 年第 1 期. 上海：《同济大学学报》编辑部,1990~

3. 李经远,王晓东编. 中国历史文化名城便览. 成都：成都出版社,1991

4. 阮仪三著. 古城留迹. 香港：香港海峰出版社,1990

第三章 历史文化名城保护内容与方法

第一节 城市保护正确的观念与保护原则

保护的范围由文物扩展至历史建筑,乃至于城市,其保护内容与方法是逐渐复杂与深广的,可分三个层次。

文物作为记载历史信息的实物,具有极高的考古意义和历史科学价值,必须原封不动地保存历史的印迹。它们的方式应是"保存",以设立博物馆或遗址纪念地的方式给予绝对的保持原状的护卫,以供人们对历史文化的鉴赏。

文物建筑与历史建筑都同样记录着历史,在某种意义上说文物建筑比历史建筑更具有考古价值。但历史建筑不同之处在于,除了具有观赏价值外,绝大多数建筑依旧具有使用价值,仍然处于使用的状态。这就完全不同于文物的保护,保护时所面临的情况就变得复杂了,面临维护与更新的问题。

现代保护的概念已扩大到城市的范围,包括建筑群或街区、地段或区域乃至整个城市。城市作为一个被保护体,作为更多历史真实信息的载体,不同于上述两个层次的几个方面是:

(1)城市是一个活的机体,始终处于新陈代谢的状态,因而是始终处于变化发展的状态之下,一成不变是绝不可能的。

(2)对于城市而言,保护只是局部,不会也不可能是一个完整的城市,所以保留什么,改造什么,拆除什么以及如何保留、如何改造、如何新建对于城市保护而言是一个关键的问题。

(3)城市承担着交通、工作、居住和游憩的功能,始终为人提供服务。组成城市的各种建筑及群体,随着时间迁移不断地老化、过时,城市的结构网络及交通的发展是必然面临的问题。那么更新什么,如何更新,何时更新,如何在更新中保护,成为城市保护中又一些待解决的问题。

这正如文物古迹地段和历史风貌地段存在的区别,对于文物古迹地段来说,地段范围内可以有人居住,也可以没有人或只有很少人(管理人员、神职人员等)常驻,如露天博物馆性质的遗址或宗教建筑之类;而历史风貌地段则是城市活的肌体的重要组成部分,而且往往是城市人口最密集、最繁华、最活跃、最具生命力的部分。因而后者在保护的手段和方法上都有很大的区别,所涉及的问题面比较广,也比较复杂。

名城保护的内涵则更为广泛,即"意味着这种城镇和城区的保护和修复及其发展并和谐地适应现代生活所需的各种步骤"(《华盛顿宪章》),这里的"发展"与"适应现代生活"就包括了进行适当的改造与更新,并控制新建地区,以使一定规模的环境保持作为一个整体的和谐关系,同时满足现代生活的各种需要。它不仅是一种针对历史遗存的技术措施和方法,而且是通过各种方法提高环境质量的综合性工作,是城市经济和社会发展政策的完整组成部分。

换言之,城市保护的必要性与城市发展的必然性,使名城保护的内容与方法不仅要包含对历史遗产自身保存与维护问题,同时还包含对历史文化遗产所处城市环境的变化与发展的控制与引导问题,两者同样重要。

城市保护的原则是:

(1)历史文化名城保护,要从城市全局和城市的整体发展来做好保护和规划工作,而不是单纯地考虑保护一些历史遗迹和历史建筑;

(2)历史文化名城保护要兼顾历史文化遗产保护,社会进步、经济发展和生活环境的改善,协调好保护与发展的关系;

(3)在充分尊重历史环境,保护历史文化的前提下,对一些历史文化遗存进行合理的开发和利用。

(4)研究分析历史文化名城的特色,充分发掘和继承历史文化内涵,促进城市的精神文明和物质文明的建设。

(5)保护维修、整治和修复中要"整旧如故","以存其真",文物古迹和历史建筑的保护应使其"延年益寿",而不是"返老还童"。

第二节 历史文化名城保护的内容

历史文化名城保护的内容可以分为两大方面:即物质形态方面和非物质形态方面。

1．物质形态方面

物质形态方面包括以下三个内容:

(1)城市所根植的自然环境 城市的自然地理环境是形成城市文化景观的重要组成部分,各种不同的地理环境形成了不同特色的文化景观,历代人类对自然的改造使环境又具有人文和历史的内涵。从某种意义上讲,文物古迹脱离了它所植生的历史环境,其价值就会受到损害;

(2)城市独特的形态 这里的城市独特形态主要指有形要素的空间布置形式,如城市与自然环境的关系、城市的几何形状、城市的格局、城市的交通组织功能分区、城市历代的形态演变,等等。这些形态的形成,一方面受城市所在地理环境的制约和影响,另一方面受不同的社会文化模式、历史发展进程的影响,形成城市文化景观上的差异;

(3)城市的物质组成要素 建筑是构成城市实体的主要要素,由它们构成的城市旧街区、古迹点仍和现代城市生活发生密切联系,形成了城市文化景观特色中最重要的部分。一些主要体现实证价值的文物点,如一些小型文物建筑和地下文物,则是全面反映历史信息,描绘历史发展过程的重要补充。

2．非物质形态方面

非物质形态方面也包含着三个方面的内容:

(1)语言、文字;

(2)城市的生活方式和文化观念所形成的精神文明面貌,如审美、饮食习惯、娱乐方式、节日活动、礼仪、信仰、习俗、道德、伦理等;

(3)社会群体、政治形式和经济结构所产生的城市生态结构,在人文地理学中,它被形容为一种抽象的观念"氛围"。

1993年在襄樊召开我国历史文化名城工作会议,提出名城保护工作的内容为"保护文物古迹及历史地段,保护和延续古城的风貌特色,继承和发扬城市的传统文化"。

总的来说,名城保护涉及物质实体范畴和社会文化范畴两方面内容,根据我国近年来的名城保护实践,可以具体化为以下四项内容:

(1)文物古迹的保护　文物古迹包括类别众多,零星分布的古建筑、古园林、历史遗迹、遗址以及古代或近现代杰出人物的纪念地,还包括古木、古桥等历史构筑物等;

(2)历史地段的保护　历史地段包括文物古迹地段和历史街区,文物古迹地段即由文物古迹(包括遗迹)集中的地区及其周围的环境组成的地段;历史街区是指保存有一定数量和规模的历史建构筑物且风貌相对完整的生活地区。该地区内的建筑可能并不是个个都具有文物价值,但它们所构成的整体环境和秩序却反映了某一历史时期的风貌特色,价值由此而得到了升华。

(3)古城风貌特色的保持与延续　这一内容较为广泛,涉及的内容具有整体性与综合性的特点,在实践过程中通常包括古城空间格局、自然环境及建筑风格三项主要内容。

古城空间格局:包括古城的平面形状、方位轴线以及与之相关联的道路骨架、河网水系等,它一方面反映城市受地理环境的制约结果,一方面也反映出社会文化模式、历史发展进程和城市文化景观上的差异、特点。

古城自然环境:城市及其郊区的景观特征和生态环境方面的内容,包括重要地形、地貌和重要历史内容和有关的山川、树木、原野特征,城市的自然地形环境是形成城市文化的重要组成部分。

城市建筑风格:有鉴于建筑风格直接影响城市风貌特色,在名城中如何处理新旧建筑的关系,尤其是在文物建筑、历史地段周围新建建筑风俗的处理与控制是有必要深入探讨与研究的问题,另一方面也包括城市新区的建设如何继承传统、创造城市特色的内容。建筑风格应包括建筑的式样、高度、体量、材料、色彩、平面设计乃至与周围建筑的关系处理等多因素综合性内容。

(4)历史传统文化的继承和发扬　在历史文化名城中除有形的文物古迹之外,还拥有丰富的传统文化内容,如传统艺术、民间工艺、民俗精华、名人轶事、传统产业等,它们和有形文物相互依存相互烘托,共同反映着城市的历史文化积淀,共同构成城市珍贵的历史文化遗产。为此应该深入挖掘、充分认识其内涵,把历代的精神财富流传下去,广为宣传和利用。它既是城市文化建设的重要内容,也是扩大对外交流,促进城市经济与文明发展的重要手段。

第三节　历史文化名城的特色分析

一、历史文化名城特色的认识

城市是一定区域范围内政治、经济、文化的中心,它的产生和发展从一开始就是物质与精神的结晶。城市是社会文化的综合成果,它反映着它所处的时代、社会、经济、科学技术、生活方式、人际关系、哲学观点、宗教信仰,等等。城市的特色和其他艺术的特点有着本质的不同,它具有物质生产的特性,是多层的综合艺术,是物化了的艺术形式,城市的特色是在一定的自然地理环境和人在社会中的活动而产生的。历史文化名城首先具有城市的一般属性,而又有更强烈的特色,因为它是从全国数千个城市中精选出来的。因此,研究历史文化名城的特色,不能单研究城市的外貌,建筑物特征、色彩或一些文物古迹,这些仅是外部的视觉感受,只是其中的一个方面,更重要的要去研究城市的精神与物质感受,要深入到城市发展形成的因素中去认识它。

例如江苏省的常熟,是"七条琴川齐入海,十里青山半入城"的优美水乡山城,古城的形状像一把古琴,一条贯通南北的河流上有七条支流,就像琴上的七条丝弦,这在宋代已形成格局,宋时编写的县志就叫《琴川志》。但今天河已渐堵塞,琴河已成为几条排水沟,要认识河流在江面水乡城市中的重要作用,要继承常熟水乡山城的秀美风光,就要续写历史,要续弦,而不能断弦。

再如,拉萨是西藏地区的政治、经济、文化中心,是座历史悠久的历史文化名城。布达拉宫、大昭寺、哲蚌寺、罗布林卡等著名于世的历史古迹和建筑,这些建筑特色鲜明,红墙金顶,雕梁画栋,把佛教和藏族文化艺术融合一体,拉萨的藏族民居也是稳固厚重,泥石墙体,黑窗框、挑窗楣,只有白、黑、黄、红数种颜色,色彩强烈,充分表现了藏族文化和地方、民族的风格。可是近多年来拉萨的建设,许多是内地建筑的照搬,到处可见雷同的房子,枯燥的街道,真是旧城一片新面貌,而淡化了西藏的原有风貌。

历史名城的特色,要切实正确地认识它。只有认识清楚,才能在名城保护中去继承、发展,去升华。例如绍兴名城,是人杰地灵人文荟萃之地,比较著名的有王羲之、贺知章、陆游、徐渭、蔡元培、秋瑾、鲁迅等人。绍兴是古越地,越王勾践卧薪尝胆,"十年生聚、十年教训"坚韧不拔的奋斗精神,至今在绍兴人民的性格和作风上起着作用。再深入观察一下绍兴人的有代表性的生活习俗,他们喜爱饮酒品茗,吟诗作对,有条不紊的生活节奏,安逸淡怡的生活方式。历史上绍兴人多出师爷、朝奉(相当于当今地方政府的秘书、顾问、会计、账房),叫做"无绍不成衙","无绍不开店",意思是衙门中多绍兴师爷,店堂中多绍兴账房。这也反映了不求显达,但求稳妥的与世无争的处世哲学。

封建时代的绍兴,生产力和生产关系停留在比较落后的状态,毡帽、锡箔、黄酒,是城市主要的手工业,而又是小型手工业作坊式的小生产。这种分散的自产自销的生产体制,出现了与城市有闲阶层相适应的慢速度、缓节奏的生产、生活。少量而又频繁的运输,出现了脚划的乌蓬船;丰富的花岗岩矿藏、经济的砖瓦材料,形成了绍兴城的河道水网为主的小街小巷的城市格局;粉墙黛瓦、石板小巷、水埠、拱桥为特色的城市风貌;封闭的厅堂式大宅院组成的居住街坊,密集的简屋平房组成的居住环境。府山是绍兴城内主要风景点,也是自然布局,杂树丛生,富有天然情趣。

分析了绍兴城市的历史发展,就可以看到形成绍兴城市特色的因素和原因。南方水乡的自然条件,丰富的物产资源,悠久的历史传统,以及旧时代人们的精神心理因循,这些综合的因素构成了绍兴的简朴、优雅、封闭、恬静的精神和物质文化的城市特色。

二、历史文化名城特色的表现方面

名城的主要内容决定名城的特色。通常名城的特色主要表现为下面几个方面:

1. 文物古迹的特色

它主要表现在所代表的历史文化内容和形式上。如开封的文物古迹是以宋文化为主,是历史上著名的宋东京城又称汴梁,它的铁色琉璃塔、繁(音婆)塔都是宋代的文物遗产,大相国寺虽然已是明清时代的建筑,但宋代的轶事却至今还脍炙人口。再如安阳虽然城内外留有各个时代的文物古迹,但最重要的是殷商遗址,是我国有史以来最早的都城遗址,因此殷墟王宫遗址、墓葬及一些文物考古发掘陈列及现场是这个古都最明显的特色。

2．自然环境的特色

它主要表现在名城的山、水、风景的特色风貌上。如绍兴是南方水乡城市特色,承德则以具有北国江南风光的大型皇家园林与自然环境密切结合的外八庙和承德十景为主要特征。再如大理滨临洱海,泉州紧靠晋江,即使均为依山傍水,但因山水的景色不同,气质各异而形成不同自然环境的特色。

3．城市的格局特色

它反映了一个城市的规划思想,如我国大部分城市大都构图方正,轴线分明。如河南商丘县,外城圆形、内城方正,河濠宽广,城中道路纵横规则,路格划分均等,是典型的州府城市格局。苏州则因水网密布,城市又仰仗水运、排洪和生活需要而形成前街后河的街河相交的双棋盘格局。又如常熟的"十里青山半入城,七条琴河齐入海"的格局等。

4．城市轮廓景观及主要建筑和绿化空间的特色

它包括名城的主要入城方向,城市制高点的景观特色,以及具有代表性的建筑物、建筑群体等。如陕西榆林城,东倚驼山,西临榆溪河,城中一条贯通南北的大街,跨街有十座牌坊和楼阁(今尚存四座)。城中多为低层瓦房,长街踞城中龟背地的隆起脊背之上,雕楼重重。城南有凌霄塔,形成边塞古城独特的雄健轮廓,城外的防沙林又造就了沙漠卫士的绿化特色。

5．建筑风格和城市风貌的特色

由于地区、气候、地方材料及民族等情况的不同,各地方建筑风格是大不相同的,人们一般地说,北方厚重,南方明快,高原粗犷,水乡秀丽。如西藏色彩仅有黑、绛、黄、白、金五色;而山西平遥则多大宅院锢窑房,明清时城市富庶而建筑装饰华丽,形成独特的建筑风格。如近代名城上海外滩的西方文艺复兴式、古典式以及摩登建筑等构成了优美独特的城市轮廓,城市中不同时代、不同国家的建筑形式,成为丰富而多样的城市与建筑景观风貌。

6．名城物质和精神方面的特色

历史名城中包涵了丰富多彩的文化艺术传统和特有的传统社会基础,如诗歌、音乐、舞蹈、戏曲、书法、绘画、雕塑、编织、印染、冶炼、菜肴、风味饮食、工艺美术、衣冠装饰、民俗、风情等等都是名城特色的组成部分。有的久享盛名,有的已经湮没失传,因此需发掘、扶植以使其和建筑及风景一样得到合理的发展。

三、历史文化名城特色的要素分析

这些年来,在进行历史文化名城的保护与规划工作中,在谈到城市特色时,还是一般地

流于历史悠久、人文荟萃、风景优美、物产丰富的叙述上,而较少去深入认识名城的特色的内涵,并有别于其他城市。每个城市,具有其各不相同的特色,因而在建设与保护上应有其针对性,如都去修复几幢古建筑或几个景点,修造几条传统街市,也就又彼此相似,丢掉自己的特色,形成新的千篇一律。

在福州、上海这两个比较大的、情况比较复杂的历史名城保护规划中,更显得这个问题的重要。对于这些在近代发展史中占重要地位的历史名城,它没有著名的文物古迹能给人们留下深刻的印象,而城市较大,风貌的特点又比较杂,要理出一个头绪来,需要用心去思考。下面试对历史文化名城的特征要素构成进行一些分析,这个分析基于人们对事物认识的基本规律,基于城市的物质与文化的综合分析,基于一定的系统与层次的分析方法。

历史文化名城的特征要素从三个方面来分析,这就是:名城特色的含义,名城特色的构成要素和名城特色的结构。分析的层次,则是根据不同人群对名城的感知,而通过调查研究获得,这就是外延、本体和内涵。

所谓外延,就是一个外来者,游客到这个名城来所能感到的直接印象;本体,就是这个名城的居民对在城中生长生活的感受和认识,内涵则是专业人员通过思考后的对这个名城的认识和分析。这种分析方法,对一切名城都适用,它包含在含义、要素和结构之中。

1. 含义

城市传统特征是物质和精神的结晶,它不仅包括城市的外貌、建筑和历史遗迹等物质形态,还包括城市的文化传统、历史渊源等精神内容,所谓含义就是指这部分的精神内容。如运用城市规划原理的理论,就是对名城性质的确定。

比如福州,一个游客、出差者所能感知的福州是个古迹众多、山川秀丽、物产丰富的旅游胜地,而对城市居民来说,它是一个环境优美、生活方便、乡情浓郁的亲切的家;在专业人员眼中,则是一个历史悠久、文化发达、具有丰富内涵的"文化名城"。经过这三个层次的感知,对于福州的特征,可以下结论说:历史悠久,人文荟萃,东海之滨,福地宝城,海滨邹鲁,文儒之乡,山川秀丽,风光婀娜。但这仅是文字的描绘,使人们得不到要领,我们要去研究福州的城市发展历史,观察城市特色环境,了解它的文化特征,风景特色以及名特土产和社会风尚等,这样就把福州的城市历史文化特色归纳为 10 个方面,而冠以十城之名,既鲜明又贴切,这十城是:古城、帝王城、军事城、海港城、工艺城、文化城、温泉城、榕城、丝织城、华侨城。就把抽象的文化现象落在文化产生的基础上,文化留存的载体上和文化所反映的场所上。从而对要保护的城市特色方面有较清楚的认识,也就对保护规划的方面和内容有明确的目标。

这是从城市的历史文化形成上去分析的,福州有十城。上海是几城呢?这不能照搬,上海的历史不久远,但它作为近代中国的第一大都市,作为中国从封建社会到半封建、半殖民社会直至社会主义社会的历史见证,研究上海历史文化形成发展特点,而得出城市发展是:依港口航运而兴起;以租界为中心发展;以商贸、金融而称雄;以全方位的"开放"而领先。明确上海是近代形成的大城市的特征,它的城市中租界的特殊地位,而造成的政治、经济的特殊环境,商贸的内在作用,全面开放而形成的多种文化的交融,形成了复杂而生动的人文背景。这就决定了上海近代文化和建筑环境是保护的重点。

2. 要素

要素是城市传统特征的具体组成部分,是城市传统的物质形态的表现。这些城市物质形态,是人们的观察和感受以及思考而感受到的,它分为三个层次。

形象,人们对城市在视觉上直观的外表的感受,城市面貌,建筑的造型、色彩,城市轮廓,城市自然风光,以及城市居民的服饰、举止,等等。

表象,人们观察城市时,除眼睛以外的其他感官,耳、鼻、口、身的综合感受,城市的风貌特色,城市人们的经济发展水平,城市居民的文化素养、情趣等,这是比上一种高一个层次的感受。

抽象,把前两种感受联系起来,进行思索,并借助于其他的文字、图纸、人们的介绍,通过有知识有专业头脑的人总结提炼而得出的城市变迁,城市格局,城市的文化特征等。如福州给人们的印象最深的是"三山两塔一条江",福州特色工艺品和传统小吃,以及福州的传统的街坊、古树、河桥、庭院、亭廊、小巷和民谚方言、风俗习惯、地方曲艺、戏剧。专业人员把这些抽象出福州的城市空间格局是,左鼓右旗(城市左面是鼓山,右面是旗山),三山两塔一条江,井字路网,城市从北向南的发展,发展轴是八一七路,城市的传统街区是朱紫坊和三坊七巷地段。由于得出了福州城市保护的"金三角地带"——三山两塔的通视要求而划出的三角形视线控制范围,保护城市中三山的文物古迹,"还山于民"的保护原则,金三角地带的高度和用地性质的确定。

上海历史文化名城的特性要素则是:划地而治的租界地;近代产业经济的崛起地;近代金融商业的根据地;近代科学技术的引进地;近代海派文化发祥地;近代人文史迹的富集地;近代建筑的荟萃地。这七个地,都有具体的内容和场所,也就有保护的内容和对象。

3. 结构

城市的传统特征是由一系列具有深刻含义的要素通过一定组织关系而形成的,这种非物质的组织关系即结构。历史文化名城的结构主要是:风貌构成,城市历史发展轴,城市特色构件等。

历史文化名城,特别是历史比较悠久或地域较大的城市历史文化的遗存或城市的风貌,往往差别很大,则应按其不同的特点和情况,划定一定的范围,这就是风貌分区,有了这些分区也就使历史保护有了一定的针对性,保护范围的划分也有了根据,如福州的古城范围以内,还再划出了于山、乌山、屏山三个风貌区,朱紫坊、三坊七巷两个传统街坊风貌区以及西湖风貌区,这些就构成了福州古城区的几个保护范围,也是福州古城区内的城市不同的风貌特色;于山着重在保护福州传统的古文化;乌山着重突出福州的石文化;屏山则是丰富城市景观的绿文化等。而上海则是划定了外滩近代建筑区、老城厢传统街区、江湾30年代的旧市政府街区、虹桥路乡村别墅区以及南京路近代商业街区、福州路文化街区、金陵路骑楼式商业街区等等。全面而多彩地反映上海这座近代繁华的文化名城和它的30年代世界建筑博览会的风貌特色。

在研究名城的发展历史中,可从中找寻到它的发展踪迹和印记,它随着城市的变迁,有的也不明显或有所消失,如能整理出这种发展的脉络,在现代城市建设中去着意经营、去加强深化,这样就能延续和继承城市历史,在新的建设中注入历史的遗存,使今天的城市脱离一般的浮浅和平淡,而提高其文化的内涵。如福州名城,根据其历史发展中从汉城、唐城、宋城、明清城的发展延伸过程中,即沿着今天的八一七路这条轴线,留下许多重大的城市历史遗迹,因此必须重点地保护这条轴。在名城保护中强化和重点处理在这条中轴上的各个景点和节点,使在这条中轴上能完整地领略福州城市的特色景观,使这条中轴线成为福州城市发展更新的萌发之线,是福州有别于其他历史名城特色的殊异之处,是福州城市特色和风貌的精华所在。这些保护规划中所规定的特色风貌区以及城市历史传统轴,就是城市特色要素的重要组成部分,这样比较深入和系统地去作保护规划,就不至于落在一般性的点、线、面的保护手法上。

历史名城中应有城市的特色构件。一幢建筑物是由许多担负着各自功能的构件组成的,一座历史名城也有许多的构件,构成了历史文化名城的特色风貌。因此,城市特色构件就是这座名城的最突出的、最具有代表性的、最能使人们引起历史联想的、最能勾起人们思乡情怀的、也是最富有文化内涵的城市的标志性建筑物、城市的构筑物、城市的建筑装饰、城市的风貌特征、城市的名点佳肴、城市的语言风情,等等。要善于去发现去提炼这种构件,当你一旦掌握住了城市的特色构件时,那么在进行城市规划与设计时,就能很好地保护它,运用它,使其在城市中不断地、有机地出现,在新的设计中进行加工。就能使名城的建设不落俗套,而不再成为新的千篇一律。

如在绍兴这座名城中,它的马头墙、石板路、拱背桥、石河沿、台门式住宅以及它的在鲁迅笔下的城市风情(它的老酒、乳腐、茴香豆及乌蓬船等等)就是绍兴名城的特色构件,由这些构件组合,而使之成为水乡、酒乡、兰乡、醉乡* 等这样具有特色的绍兴城。在新城建设中,在规划设计中可以充分地运用这些城市构件(当然不能是原样的照搬),而建设成新的四乡之城。

如在上海,它的特色主要集中在外滩、南京路等地段,而特色构件则是近代西方 20~30 年代建筑形式在中国土地上的生长,是外滩宏丽而又富有变化的轮廓线,是南京路合宜的街道空间和祥和的商业街气氛,是中西文化交融而形成的海派文化等,这些形成了上海特色的风貌。因此保护好外滩的轮廓线和一些优秀的建筑,保护好南京路商业街气氛以及一些标志性建筑物和四大公司(原大新、先施、永安、新新公司)等,就能使人们得到上海传统特色风貌的印象,而继承和发展海派文化,则要提倡人们去创造、去进取、去发展。

表 3-1、表 3-2 分别对潮州与福州历史名城传统特色构成的要素、结构和含义进行了分析。

---

* 绍兴"四乡"是著名园林学家陈从周教授在著作中多处提出。

表 3-1   **（一）潮州历史文化名城传统特色构成要素**

自然环境
- 山脉——外山:凤凰山、桑浦山;内山:金山、葫芦山、笔架山
- 江湖——韩江、西湖
- 气候——亚热带海洋性气候,雨量充沛,气候温和
- 特产——稻米、柑桔、鳗鱼、对虾

人工环境
- 历史遗构——开元寺、叩齿庵、凤凰塔、广济桥、太平桥、古城墙、湖山腰城、广济门、外江梨园公所、学宫、韩文公祠、李厝祠、巳略黄公祠、扶轮堂、涵碧楼、天主教堂
- 文化古迹——义井、东门古井、湖山摩崖石刻、金山摩崖石刻、马发墓、烈士纪念碑、忠节坊、昌黎旧治坊、牌坊街
- 民居街巷——许驸马府、黄尚书府、卓府、郭府、三世尚书府、纯园、义井巷、兴宁巷、甲第巷、旧西门街
- 商业街区——太平路、西马路、义安路、开元路、东门街
- 城市格局——外曲内方、四横三纵、东"财"西"丁"、南"富"北"贵"

人文环境
- 历史人物——韩愈、赵德、王大宝、许申、吴复古、刘允、卢侗、林巽、姚宠中、许珏、丁允元、陈肃、郭贞顺、林大钦、林熙春、薛侃、刘子兴、黄锦、辜朝荐、陈洎虞、黄仁勇、许雪秋、洪灵菲
- 民间工艺——陶瓷、剪纸、香包、木雕、石雕、潮绣、抽纱、嵌瓷、银饰
- 风俗节庆——元旦(春节)、元宵、清明、端午、中元、中秋、冬至、除夕
- 民俗文化——潮州方言、潮州音乐、潮州大锣鼓、潮州戏剧、潮州菜、潮州功夫茶

（二）潮州历史文化名城传统特色构成结构

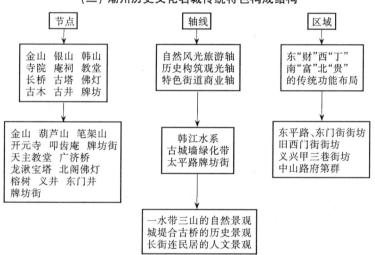

（三）潮州历史文化名城传统特色构成含义

南国古都
- 历史沿革——原始贝丘遗址;(汉):揭阳县;晋:海阳县、义安郡;隋:义安郡;唐:海阳县、潮阳郡;宋:潮州府;元:潮州路;明:海阳县;清:海阳县;民国:潮安县;今:潮州市
- 古迹遗踪——寺庙、宗祠、学宫、牌坊、会馆、古塔、古井、古桥、城墙、府第、宅园、石刻

岭海名邦
- 郡城雄姿——外山四合、内山如屏、长桥连梭、城墙雄伟、墙堤巍峙
- 八景揽胜——潮州外八景:湘桥春涨、凤台时雨、韩祠橡木、鳄渡秋风、龙湫宝塔、金山古松、北阁佛灯、西湖渔筏
- 潮州内八景:府衙钟声、古刹梵唱、西园赏菊、东楼观潮、奎阁腾辉、莲井浮影、金桥夜月、渔村晚唱

海滨邹鲁
- 名人轶事——韩愈刺潮、十相留声、潮州八贤、崇祯八贤、三世尚书、金榜联芳
- 历史留存——名篇佳著:《周易政》《经传论文》《幼义新书》;岩洞文化:《游湖山记》《陈潮六事疏》;潮州方言:《潮汕字典》《潮声十五音》等
- 璀璨文化——方言、潮州音乐、潮州大锣鼓、潮绣、抽纱、皮影、瓷器木雕、功夫茶、潮州菜及民间工艺

商埠侨乡
- 商埠口岸——隋为港口、1858年开埠、1890年设英行辕、庵埠海关、洋务委员、天主教堂、基督教堂、福音医院、教会学校、骑楼街、番仔楼、潮汕铁路
- 华侨之乡——宋代始出洋,现有华侨80万,代表人物是李嘉诚、谢慧如、饶宗熙

表 3-2　　　　　　　　　（一）福州历史名城传统特色构成的要素

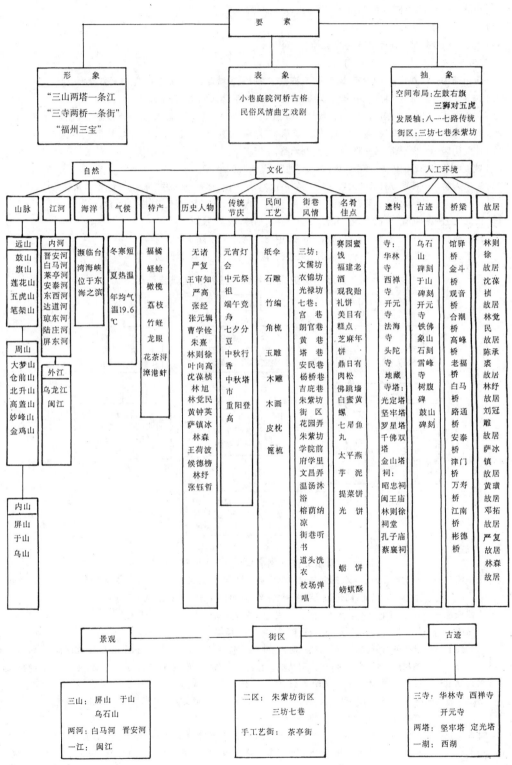

要素

形象
"三山两塔一条江"
"三寺两桥一条街"
"福州三宝"

表象
小巷庭院河桥古榕
民俗风情曲艺戏剧

抽象
空间布局：左鼓右旗
三狮对五虎
发展轴：八一七路传统
街区：三坊七巷朱紫坊

自然

山脉：
远山——鼓山 旗山 莲花山 五虎山 笔架山
周山——大梦山 仓前山 北升山 高盖山 妙峰山 金鸡山
内山——屏山 于山 乌山

江河：
内河——晋安河 白马河 莱亭河 安泰河 东西河 达道河 琼东河 陆庄河 屏东河
外江——乌龙江 闽江

海洋：
濒临台湾海峡 位于东海之滨

气候：
冬寒短 夏热温 年均气温19.6℃

特产：
福橘 蛏蛤 橄榄 荔枝 竹蛏 龙眼 花茶浮 漳港蚌

文化

历史人物：
无诸 严复 王审知 严高 张经 张元辑 曹学铨 朱熹 林则徐 叶向高 沈葆桢 林旭 林觉民 黄钟英 萨镇冰 林森 王荷波 候德榜 林纾 张钰哲

传统节庆：
元宵灯会 中元祭祖 端午竞舟 七夕分豆 中秋行香 中秋塔市 重阳登高

民间工艺：
纸伞 石雕 竹编 角梳 玉雕 木雕 木画 皮枕 篦梳

街巷风情：
三坊：文儒坊 衣锦坊 光禄坊
七巷：宫巷 朗官巷 黄巷 安民巷 杨桥巷 吉庇巷 朱紫坊
街区 花园弄 朱紫坊 学院前 府学里 文昌弄 温汤沐浴 榕荫纳凉 街巷听书 道头洗衣 校场弹唱

名肴佳点：
赛园蜜饯 福建老酒 观我贻 礼饼 美且有 糕点 芝麻年饼 鼎日有 肉松 佛跳墙 白蜜黄螺 七星鱼丸 太平燕 芋泥 提菜饼 光饼 蛎饼 螃蜞酥

人工环境

遗构：
寺：华林寺 西禅寺 开元寺 法海寺 头陀寺 地藏寺
塔：光定塔 坚牢塔 罗星塔 千佛塔 金山塔
祠：昭忠祠 闽王庙 林则徐祠堂 孔子庙 蔡襄祠

古迹：
乌石山碑刻 于山碑刻 开元寺铁佛 象山石刻 雪峰寺树腹碑 鼓山碑刻

桥梁：
馆驿桥 金斗桥 观音桥 合潮桥 高峰桥 老福桥 白马桥 路通桥 安泰桥 津门桥 万寿桥 江南桥 彬德桥

故居：
林则徐故居 沈葆桢故居 林觉民故居 陈承裘故居 林纾故居 刘冠雄故居 萨镇冰故居 黄璃故居 邓拓故居 严复故居 林森故居

景观
三山：屏山 于山 乌石山
两河：白马河 晋安河
一江：闽江

街区
二区：朱紫坊街区 三坊七巷
手工艺街：茶亭街

古迹
三寺：华林寺 西禅寺 开元寺
两塔：坚牢塔 定光塔
一湖：西湖

表 3-2　　　　　　　　　　　（二）福州历史名城传统特色构成的含义

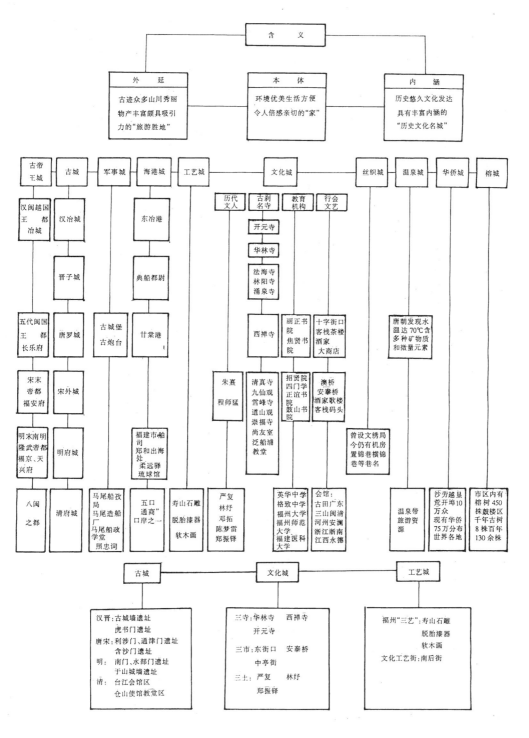

表 3-2　　　　　　　　　　　（三）福州历史名城传统特色构成的结构

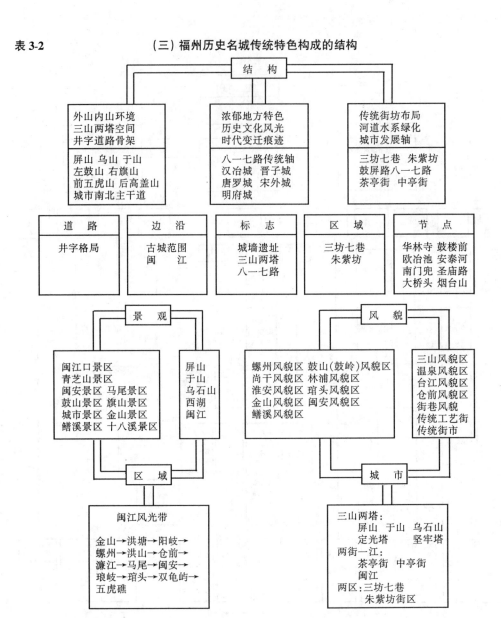

第四节　历史文化名城保护的方法

　　历史文化名城的保护方法的特点是要从城市的经济、社会、文化、城市规划、文物保护和建筑设计等方面统筹考虑,采取综合的措施,把保护与建设协调起来,把文物古迹、历史地段、城市的传统格局、历史风貌、空间秩序以及历史文化传统等,从城市是一个大系统的观点出发,进行高层次的保护。

　　我国 99 个国家级历史文化名城中,有百万人口以上的特大城市,也有万人的小县城;有工业、交通十分发达的城市,也有以风景旅游为重点的城市,它们在城市性质、规模方面有很大差异,所保存的历史文化遗产的特点也各有不同。因此,保护工作要认真分析这些特点,研究城市文化价值的精萃,抓住重点,采取不同的保护方针和措施。

从狭义上讲,历史文化名城的保护方法是指对传统建筑或街区的复原或修复及原样保存,以及对城市总体空间结构的保护的方法;从广义上而言还包括对旧建筑以及历史风貌地段的更新改造,以及新建筑与传统建筑的协调方法、文脉继承、特色保持等问题。我们这里所涉及的"保护方法"是取后者的广义概念。

以下我们将结合国内外城市保护尤其是我国历史文化名城的实践经验,针对上述所讲的名城物质实体保护三个方面内容:文物古迹、历史地段、古城整体空间环境来分别论述其保护方法。

一、文物古迹的保护

文物古迹是历史文化名城的基础,在保护工作中既要注意地面上可见的文物,又要注意埋藏在地下的文物及遗址;既要注意古代的文物,又要注意近代的代表性建筑及革命纪念地;既要注意已经定级的重点文物保护单位,又要注意尚未定级而确有价值的文物古迹,对它们要在普查的基础上抓紧定级,经论证无法保存原物的可采取建立标志或资料存档等方式妥善处理。

对各级文物保护单位要划定保护范围,并根据实际需要划出建设控制地带,做出相应的管理规定,在文物保护范围内一般不得进行其他建设。当前对文物的建设性破坏主要表现在对文物环境的破坏上,文物保护单位四周建设控制地带的划定要认真研究文物在历史上的功能定位、设计成就、环境特色,要认识原来的历史环境,以保存历史环境为前提,科学地加以划定。

文物古迹保护范围的划定问题以及建设控制地带的建筑控制问题将分别在本文"名城保护的地域范围"中详细论述,本节内容将以文物古迹的保护与使用方法的讨论为主。

1. 文物古迹的保护方法

文物古迹点大体上可分为古建筑物、遗址及非建筑物三类。

第一类:历史文物建筑,包括古建筑、历史纪念建筑、具有各种文化意义的建筑物和构筑物、在城市规划和城市发展上具有意义的建筑物或构筑物、具有重大意义的近现代建筑物和构筑物;

第二类:古文化遗址、遗迹(包括比较集中的文物古迹地段)以及尚未完全探明的地下历史遗存;

第三类:古典园林、风景名胜、古树名木及特色植物的保护,是以环境保护为根本,保护这些古迹点周围的环境不受破坏,也就从根本上保护了这一古迹的历史氛围和文化气息。

上述前两类文物古迹点可采用以下两种方法进行保护。

(1) 冻结保存

即将保护对象原封不动地保护起来,允许必要的修缮和加固,但必须以不改变原貌为前提,并且修复和增添的部分应该是可以识别的,即修旧如旧原则。尤其是具有较高考古价值和历史文献价值的文物建筑在进行修复工作时,特别强调对其进行全面的考古历史研究,一定要尊重原始资料和确凿的考古学证据,不能有丝毫的臆测。

著名的《威尼斯宪章》总结了欧洲各国的经验和教训,提出了修复的方法和原则,并逐渐成为欧洲及世界各国公认的准则。修复必须严格遵循以下两个原则：一是修复和补缺的部分要跟原有部分形成整体，保持景观上的和谐一致，有助于恢复而不是降低它的艺术价值和信息价值；二是任何增添部分都必须跟原来的部分有所区别，使人们能够识别哪些是修复的、当代的东西，哪些是过去的原迹，以保持文物建筑的历史可读性和历史艺术见证的真实性：即整体性和可识别性原则。

同时加固和维护措施应尽可能地少（即必要性原则），而且不应妨碍以后采取更有效的保护措施，即可逆性原则。

我国著名学者梁思成早在30年代就对我国的古建修复提出了"整旧如旧"的原则。梁先生主张重修赵州桥，他描述这座桥的原状是："这些石块大小都不尽相同，砌缝有些参差，再加上千百年岁月留下的痕迹，赋予这桥一种与它的高龄适应的'面貌'，表现了它特有的'品格'和'个性'。作为一座古建筑，它的历史性和艺术性之表现是和这种'品格'、'个性'、'面貌'分不开的。"这一段话生动地说出了当代世界上坚持文物建筑必须保持原状这条原则的根据。梁先生主张"使整座桥恢复健康、坚固，但不在面貌上还童、年轻"。然而，赵州桥的重修却完全除去了它1300年来风风雨雨留下的不可再现的痕迹，它的"还童"之日，就是它开始"重建"历史之时，它过去的历史被一笔勾销了。同济大学著名教授冯纪忠先生针对九华山风景名胜区规划和苏州旧城保持重建时曾多次说过，保护历史文化遗存，修复古建筑要遵循"整旧如故，以存其真"。这一原则深刻地指出了保护的真谛。

还应注意的是，对尚未完全探明的地下历史遗存的存在区域采取"冻结"保护的方法，即在该区域内不再建造任何永久性建筑，已建造的建筑不再更新或增建，以便给今后进一步的研究挖掘减小阻力和经济损失，也保证地下遗存不再受到进一步的人为的破坏。

(2) 重建

历史上一些十分重要的构筑物由于各种原因已被毁，但它们对于地方特征却是至关重要的，起着象征性的作用，因此在条件允许的情况下是有必要重建的。但重建必须谨慎，因为重建必然失去了历史的真实性，在更多情况下保存残迹更有价值。

近来各地都陆续修复了不少名胜古迹，这对发掘当地的文化渊源、研究古建筑的时代特征和地方特色、发展旅游事业都无疑是极为积极而有意义的。但是许多古建筑一旦修复之后，却常常不是空荡荡地开在那里，就是被封闭起来，除了让一些专家、领导或者外国旅游者进入观赏以外，再得不到充分的利用，也就是说，我们的文物保护单位常常只注意了古建筑的历史价值、艺术价值和科学价值，而忽视了古建筑的使用价值。

2. 文物古迹的利用方法

(1) 利用与保护的关系

文物古迹点，尤其是文物建筑，不仅具有历史的、文化的、情感的和象征价值，同时还具有使用的价值。大部分历史建筑都处于使用状态，时时承受着各种各样的荷载，抵抗着来自各方面的破坏因素的影响。这是它和其他文物不同的地方，也是它的独特的价值所在。

利用就是积极的保护。从社会方面来讲，它使城市和生活在其中的居民得以保持它们的正常机能状态及和谐一致的关系；从文化方面来说，它使文物建筑的考古、艺术、建筑和文献价值得到全面的保存，不仅保存了它的内在价值，也包括了它对城市主体的贡献；从经济上说，由于利用已有资产和现有道路等基本设施，免除拆迁费用和节省能源，也可获得相当的效益。

（2）利用原则

1）利用和维护相结合的原则。《威尼斯宪章》第 5 条特别提到："为社会公益而使用文物建筑，有利于它的保护。"许多事实都表明，在严格控制下妥善合理地使用文物建筑是维护它们并传之永久的一个最好方法，它不仅有助于保护工作的落实，而且赋予文物建筑以新的活力。

2）尽可能按照其原来的功能使用。因为这种方式意味着最少量的变更，因而有利于保护建筑各方面的价值和降低费用。条件不允许时，至少也应采取使建筑、结构、地段和环境变更最少的使用方案（变更最少原则）。

3）根据性质区别对待。例如，对主要具有考古价值的建筑，就不应触动建筑结构和改变周围环境；对侧重的是宗教信仰价值，就应当绝对保持该类型的纯粹性并在一定的时候严格限制参观活动；对主要考虑的是建筑的特色及经济价值，就可以在兼存其他方面的同时致力于开发利用。

4）对文物建筑的保护和利用应和更好地恢复文物建筑和历史地段的生命力相结合。《内罗毕建议》提出，"在保护和修缮的同时，要采取恢复生命力的行动。"为此很多国家和地区在对文物建筑进行保护、修缮和使用的同时，还制订了专门的政策复苏历史建筑及其群体的文化生活，使它们在社区和周围地区的文化发展中起促进作用，同时把保护、恢复和重新利用历史建筑同城市建设过程结合起来，使它们具有新的经济意义。

5）应在严格控制下合理利用文物建筑。西欧近十多年来对旧民居的利用改造已蔚然成风，外表依然保持旧观，内部装修经过改建，增加现代化设施，使之更适于居住要求。必须强调，这些建筑多是在严格控制下增设防火等安全措施后加以合理利用的，不得随便违章拆改。联想到我国的古旧建筑，不少为机关团体占用，有的竟作为工厂仓库等，随时存在火灾危险，至于保护就更谈不上了。有些文化机构都不珍惜建筑文化，任意破坏古旧建筑；一些甚为精致的四合院、私家花园遭到破坏，更是有目共睹了。

（3）利用方式

王瑞珠先生在《国外历史环境的保护与规划》一书中将文物古迹点的使用方式略分以下五种：

1）继续它原有的用途和功能。这是使用文物的第一种方式，也是最好的方式。国外的绝大多数的宗教建筑以及一部分行政建筑及部分王宫都属于这一类型。对我国而言，寺庙、宫殿常常采用这种方式。由于悠久的历史和与之相关联的宗教传说典故使得它们比新建的同类建筑具有更大的吸引力，对这类古迹或建筑来说，不仅它们的自身是历史的、传统的，其中的活动也是历史的传统的，性质也比较单纯。

对于已经失去原有功能的历史建筑，在使用上可以有多种方式。

2）作为博物馆使用。这种使用方式数量最多，也是公认能够发挥最大效益的使用方式，如巴黎的肯采宫博物馆、罗马的梵蒂冈博物馆和我国的故宫博物馆。

3）作为学校、图书馆或其他各种文化、行政机构的办公地。英国、意大利、法国和德国的大学很多都是利用古建筑，我国也不乏此例，如长春市的长春地质学院就是以日本侵略东北时建筑的"满州国"行政办公建筑作为教学楼的，北京图书馆以及上海图书馆也都是这种使用方式的实例。

4）作为参观旅游的对象，是近年越来越普遍采用的一种方式。

5）对保护等级较低的古迹点，还可做旅馆、餐馆、公园及城市小品使用，如德国法兰克福城中的麦芽糖作坊被改造成为渡假旅馆。

文物古迹点是历史传统城市的重要组成要素，它的保护是城市保护的重要内容之一，它记载着城市的历史，丰富着城市的文化，已渐成为城市生活的有机的组成部分。

二、历史地段的保护

1976 年的《内罗毕建议》特别强调了历史地段在社会方面和实用方面的普遍价值，指出它们不仅可以作为历史的见证，而且体现城市的传统文化。在我国历史文化名城保护中，保护历史地段有着十分重要的现实意义，因为传统格局和风貌保护完整、需要全面保护的古城毕竟已为数不多。对大多数历史文化名城来说，除文物古迹外有重点地保存若干历史地段，把它们定为"历史文化保护区"，以此为代表反映古城的传统格局和风貌，展示城市发展的历史延续和文化特色是现实可行的做法。这样做可以较少影响旧城更新，减少与城市现代化建设的矛盾，对妥善处理保护与发展的关系有重要意义。它将是今后一个时期名城保护工作的重点。

历史地段包括文物古迹地段和历史街区两种类型。两者相比较，文物古迹地段的重要性是根据客观存在的科学价值而决定的，因此非常重视其原貌，当需要复原时，其复原的准确性就成为必要的条件；历史街区的评价相对文物建筑而言，其群体的效果、生活性和市俗性的价值则更为重要。由于前者在保护的方法上与文物建筑十分相近，故本节所述内容就以历史街区的保护方法为主。

在谈论历史街区的保护之前，我们必须要先讨论两种类型的历史地段保护方式："博物馆式"保护及"拼贴式"保护。

1．博物馆式保护

也称作冻结保存，是指将地段的建筑进行复原与修复之后，将从前的生活也一起保存起来，作为供人参观、学习和观光旅游的重要设施。美国的威利姆斯和威廉斯堡的旧城地段就是采用这样方式进行保护的，其他许多国家也都存在这样的城市，其中威廉斯堡城最为典型。

威廉斯堡是美国独立前的英国殖民政权中心，20 世纪初经过全面的整修复原后，现已把整个旧城的历史地段划为保护区，作为生动的美国历史博物馆。旧城的整个地段不大，保持着原有的街道形式与建筑风格，城郊也仍保留着那个世纪的风车磨坊、麦仓等以供参观。

2．拼贴式保护

这种方式是针对有价值的古建或民居分布比较零散的城市而言的，其中可迁建的建筑可以按照环境的要求择地集中至一处，新建一个"历史地段"，尤其是在城市发展过程中面临改造的地段和历史建筑（包括保存良好的民居），与其被建设的浪潮所吞没或勉强、生硬地与新的建筑、环境凑在一起，倒不如易地重建。

日本从 1966 年起不断将"明治维新"中兴建的一些洋式建筑由各地迁建到名古屋犬山附近，统称"明治村"。而瑞士则将国内各处有代表性的古代民居集中迁到巴林拜尔，成为一个大型实物博览区。易地重建,有些确是因为"国家的或国际的重大利益"非迁不可,有些还达不到这个程度,只是为了更大地发展其社会效益。

我国现存的古建筑中年代较古的大多是单体,有些群体也往往是后世所添,不能代表原貌。中国建筑最主要的一个特征是空间的序列,所谓"成龙配套,以群体取胜",不但是皇室建筑、古都城的建筑群如此安排,在民居建筑中亦是如此。

所以,对于一些保存较好却又零散分布的民居建筑,可采取搬迁拼凑至一处的方法,以当地民居传统的组织体系安排至一处,即可以避免因城市的更新而消失或孤立于现代建筑群之中,又可以因聚集一处而成气候,对其周围环境的保护及整治也相对容易了。

七八十年代江西景德镇将一些分散在山村中不易保护的明代祠堂、住宅、瓷业作坊和瓷窑集中迁往一处新址,规划成古代瓷窑作坊区,既便于集中保护,又便于集中观赏,同时又解决了城市建设中的许多矛盾——因为与其勉强凑合、互相妥协而社会效益并不见佳,倒不如如此"拼贴"起来。

但应该指出的是,上述两种方式保护的历史地段不宜过大。大而不精,保持得不当,又没有新的发展,反而效果不佳,事倍而功半;更何况这种方式所耗费的庞大资金不是每个城市都能承担得起的。保护有真实生活存在的历史街区,才是名城市保护的重点。

1997年建设部发文《转发黄山市屯溪老街历史文化保护区保护管理暂行办法的通知》中,就历史文化保护区中的历史街区提出如下的保护原则与方法。

关于保护原则:"首先它和文物保护单位不同,这里的人们要继续居住和生活,要维持并发扬它的使用功能,保持活力,促进繁荣;第二要积极改善基础设施,提高居民生活质量;第三要保护真实历史遗存,不要将仿古造假当成保护的手段。"

关于保护方法:"首先要保护整体风貌,保护构成历史风貌的各个因素,除建筑物还包括路面、院墙、街道小品、河道、古树等,外观按历史面貌保护整修,内部可进行适应现代生活需要的更新改造。其次要采取逐步整治的作法,切忌大拆大建,对历史性建筑要按原样维修整饰,对后人不合理改造的地方,可恢复其原貌,对不符合整体风貌的建筑要予以适当改造。"

在上述总体保护原则与方法指导下,我们将历史街区的保护方法细化为以下六方面内容:街区建筑的保护、街道格局的保护、建筑高度与尺度的控制、基础设施的改造、居住人口及居住方式的调整、街区功能及性质的调整。

1. 街区建筑的保护

绝大多数历史街区中的建筑保护都必须结合居民生活的改善进行,才能保证街区始终保持因人的活动存在而充满真正的内在活力。在欧洲和日本的街区保护实践中,我们可以概括为立面保存和结构保存两种方式。

(1) 立面保存

欧洲的建筑由于大部分是砖石结构,结构的原状容易保持,所以内部一般经过装修和重新划分后就可以满足现代生活的需求,外观立面的形式的保存相对就容易些。这也是欧洲的地段保护中十分普遍采用此种方法的原因。

比利时的格兰贝吉那坎的老街区保护过程中,将原来的修道院改做大学生宿舍,对外观却复原得极其严密,其立面形式也完全适合新的功能,通过这样的保护,古老的建筑重又获得新的生命。

（2）结构保存

在以木结构为主的城市中，以欧洲式的重视旧有方式的只对内部进行改造的方式常常是行不通的。木构住宅由于潮湿腐朽，不断地修补是必然的，所以一直在发生着变化，这时采用结构保存的方式是比较恰当的。在这样的建筑组成的历史地段中，企图保存的不应是建筑本身，而在于其结构形式体系，这样的作法也是比较符合实际的。

日本的仓敷城是根据旧迹修复的建筑，完全不是新建之物，但其变化的幅度是很大的：一层部分仍保持着当初木结构梁柱的传统构造形式，但大部分都改建成了橱窗；同时二层的墙面直到正脊之下都原封不动，保持着整个城镇的和谐和统一。同时，新建之物修复得显然比以前好，而且充分地保存了仓敷城的旧面貌。北京的四合院和江南水乡的庭院式（或称厅堂式）民居地段的保存，也应该属此类型。

（3）局部保存

此外，局部保存的方法即对旧建筑采用部分或局部复原方法，也是保护的一种方式，它是由于旧的建筑再不能适应现代生活要求，立面保存或结构变更做法仍给家庭和社会生活带来很大的不便时所采用的保护形式。

实际上，在每个历史街区的保护与整治中往往是综合采用上述几种方式，建筑现状以及在街区中的位置对不同方式的采用起很重要的影响，恰当选择建筑保护方式对整个街区的保护往往起决定性的作用。如王骏在《历史街区的保护》一文中将历史街区划分为核心保护区和风貌协调区两个组成部分，并将建筑的保护方式归结为修理、修景、控制三种方式。

2．街道格局的保护

历史街区的内部道路的格局常常具有该地段乃至整个城市的个性。在我国，坊、街、巷路网格局从古沿续至今，但不同的地区又有着不同的特征。

同是江南城市，苏州以前河后街、河路相间的街巷格局为特征。而扬州的居住地段道路格局是以方格网为骨架，鱼骨式街巷为主脉，在鱼刺两侧为尽端式的巷子。这几种街巷格局是与封建经济的社会、封建家庭的统治以及厅堂式民居布局密切相关的，同时也是不同的生活方式形成的历史风貌的重要体现。

因此，在历史街区的保护过程中，街巷的整理和复原是十分重要的。例如在进行苏州市的传统居住地段的保护规划中，就抓住了道路的格局这一特点进行了整治与规划。居住地段内的公共水井在历史上是取水、用水的公共设施，它所在的场地也是居民社会交往的场所。由于现代化的生活的要求，居住区内公共设施的逐步改善，自来水已进入每家每户，因此公共水井已失去了它的实用价值，但是我们看到水井这个场所作为联系居民的聚集点的作用，还是利用水井这个城市建筑小品，将其转化为一个有文化价值的居住区内部的一块开敞绿地，并布局成尽端式小巷的收头，水井本身以其历尽沧桑的井栏，饱受井绳磨炼的井圈，以及地面古老的铺砌，树木的配置，成为很有苏州特色的景点。

3．建筑高度与尺度的控制

历史街区的建筑高度与尺度的整体协调也是保护的重点之一。从历史看，沿街建筑的高度有不断增高的趋势，新的高大的建筑破坏或取代了历史街区的空间中占统治地位的纪念性或宗教性建筑的统领的作用，另一方面破坏了原有的街道空间的尺度和比例，因此高度的控制是协调历史街区建筑风貌的重要手段。

近代巴黎的保护在高度问题上也经历了一段弯路。50 年代的巴黎在高层建筑盛行时曾在中心区、火车站附近建了一座高达 200m、50 层的黑色办公大楼,破坏了城市历史地段建筑群的环境气氛。这一痛苦的教训使巴黎建筑师注意到旧城区尤其是城市历史风貌地段的建筑高度问题,他们作了许多研究,并努力控制建筑高度,进行建筑分区规划。

和高度控制相联系,尺度的协调也是历史地段需普遍注意的问题之一。建筑物体量的大小必须和街道格局和空间相适应,在一条狭窄的街道上或一个局促的地段内兴建像现代商业楼那样巨大的建筑物,必然会导致传统环境尺度的破坏,导致城市历史地段面貌的不协调。

4. 基础设施的改造

改善保护区的生活基础设施的条件,增加服务设施,保护现代生活的需要,包括供水、供电、排水、垃圾清理、道路修整以及供气或取暖等市政基础设施,同时开辟必要的儿童游戏场地、增加绿化等,改善居民的居住环境,使居民可以安居乐业,继续在故居中生活下去、生活得更好。

在屯溪老街的保护中,基础设施改造包含了如下措施:从 1983 年到 1985 年,对老街的石板路进行了修复,并铺设了上下水管道;为解决防洪问题,1984 年沿新安江修建了防洪堤岸 700m,并按规划形成了一条滨江路;为净化老街景观环境,1987 年移走街面上的 49 根电杆,消灭了沿街电线纵横的杂乱现象;为解决防火隐患,1987 年底将供电线、电话线、广播线全部更换迁移,并拟在街后另辟电线走廊。

5. 居住人口及居住方式的调整

减少居住户数,适当调整居民结构。对扬州居住地段以及北京四合院民居的居住情况调查中,发现居民对旧房屋不满的一个原因是居住户数过多,居住面积太小的问题;而对住宅的格局本身,多数是称赞和留恋的。因此要迁走一定的住户以保证居民的居住面积,拆除自建的小屋或构筑物,恢复住宅的本身面目。

在扬州的民居某地段的更新过程中,对这一方面做了尝试。迁走部分居民,将原有的十几户人家共同居住的厅堂式住宅减少至七家左右,同时试图不改变这种住宅的格局,将开门的方式改变为侧面开门,使串通式的一进进的厅堂式宅院改成为一户户的院式住宅。内部增加卫生设备,局部适当提高层数,保持粉墙青瓦的传统外貌和规整有序的厅堂格局。通过上述的调整,整个居住地段既保持了街区的精华,又符合现代化生活的需要,恢复和加强了该地区的活力和生命,成为城市有机的组成部分而不再是包袱。

6. 街区功能、性质的调整

历史街区通常存在着设施老化、建筑结构衰败、居住人口流失、社会活动趋于消亡等问题,因此街区功能的振兴和充实是街区保护的重要内容之一。应根据历史街区的历史特色以及在城市生活中的功能作用,合理地把握街区的功能与性质。目前国内外街区保护实践中一般有功能保持与功能变更两种方式。

(1)保持并强化街区原有功能

屯溪老街是安徽省黄山市中心一条历史悠久、文化深厚并富有传统特色的步行商业街，但由于历史的原因曾一度衰落。屯溪老街的保护工作以原有建筑风格和商业功能的强化相结合为目标和原则，调整了用地结构，将危害环境及风貌的电镀厂、白铁社和几个仓库迁出，鼓励恢复老街上的商业网点。老街核心商业建筑占整条街面的比例由 1979 年的 34.4％增加到 1985 年的 45.5％、1993 年的 77.6％；商店数目 1979 年为 114 家，1985 年为 170 家，1993 年 227 家（比 1979 年增加一倍）。老街的保护促进了旅游发展，在老街核心区内，要求市场经营以旅游购物为主，鼓励经营文房四宝、土特产品、旅游纪念品等，经营旅游商品的商店 1979 年为 5.5％，1985 年上升到 11.1％，1993 年达到 48.6％。这表明老街的功能获得了强化与充实提高，从服务本地居民的一般性商业街转变为旅游业和服务本地居民并重的商业街。街区的振兴已使保护思想深入人心，在一次老街居民民意调查中，绝大多数居民都表示了对老街保护的赞许，并把自己切身利益与老街保护紧密联系在一起。

（2）调整与转换街区功能

历史街区有新的功能要求，因此正确地把握功能的转换是保护的基点。苏州杨安浜地段位于苏州城金门外，山塘街为起点。历史上一直是民居区，地段中山塘河直通虎丘，从山塘街西转通关桥，入杨安浜，从南、北、西三个方面浏览民居显得仪态各异，很有代表性，并且保留有大宅玉涵堂。这个地段人工、自然和人文景观比较突出，结合山塘街的更新改造，可以成为虎丘山景区沿河的一个很好的旅游点。规划设想这块地段成为苏州水乡传统民居博物馆，这意味着原有地段不再是居住单一功能，代之以民居博览、旅游、服务等多项功能。功能的改变引起空间使用性质的变化，用地的性质及其人口的规模强度也发生了相应的变化。作为民居博物馆，部分民居需进行复原、装修和整理的工作，一部分民居底层需改造成商店或旅馆，以满足旅游服务的需求。同时局部街巷和河道需整治、拓宽，开设必要的停车场，适应旅游的发展。在这里旅游和服务设施用地也占了相当大的比例。

上述三种方式的采用应以最大限度地保持街区的历史文化价值为基点，结合街区的振兴与地区活力的保持。

三、城市整体空间环境的保护

历史文化名城保护除了包括文物古迹、历史地段保护内容之外，还包括城市整体空间环境保护这一重要内容。因为它反映历史文化名城的整体风貌与特色，是名城区别于普通城市的关键所在。名城保护应该不同于文物或地段保护的方法，它一定要从全城出发，而不能单从名城的几个珍贵的文物或几个地段出发。因为即使划定了文物或地段的保护范围，制定了保护办法，但周围环境变化不受控制，名城的整体风貌特色也就保不住。比如有的城市水体被破坏，有的城市格局全变了，还有许多著名的有价值的标志性建筑或群体成为与周围环境毫无关系的古董。因此，必须采取整体性和综合性的措施对城市整体空间环境进行保护与控制：一方面对体现城市传统空间特色的原有因素实施保护，另一方面对影响城市风貌特色的新建因素实施控制与引导，从而达到保护与发展的整体协调。这里所涉及的内容较为广泛，我们将从城市布局、古城格局及城市环境三大方面进行论述。

1. 城市布局调整

开辟新区，逐步拉开城市布局，减轻旧城压力，是当前协调名城的保护与经济发展的一种重要手段,对处理好保护与发展的关系具有战略性意义。城市的发展、人口的增长、经济活动的拓展、城市规模的扩大、交通流量的增加,对于已处于饱和状态的旧城势必构成巨大的威胁,这时从城市总体战略布局上安排开辟新区,将新建设和新功能引向城外新区,在城市总体布局上为保护文物古迹、历史地段,尤其是保护古城整体空间环境创造有利的先决条件。

二次世界大战后,西方许多国家在城市迅速膨胀的阶段就开始采取保存旧城并在其附近另辟新城的方法。新城渐渐取代老城成为经济、政治、商业中心,而老城主要承担居住和文化的功能。从实际效果来看,这样的作法确实保持了古城的完整性,使其免受大的破坏。意大利的佛罗伦萨的古城面貌保存较好,城市新老区布局合理不能不说是一个重要因素。由于大量的工业企业都配置在新城,至今旧城中心仍然保留着图书中所展示的18世纪景色。从远处接近城市,特别从东北方高地上下来时,一眼就能看到高耸在周围一片房舍之中的大教堂的雄伟穹顶。意大利罗马新城完全离开了旧城而兴建,使18、19世纪之前的一些建筑比较完整地保留下来,并融合于旧城优美典雅的古城传统氛围之中。

北京的城市发展可以作为说明这一问题的最生动现实的反例。梁思成先生在1950年就明确建议在城市西郊开辟新区,以保护旧城整体空间环境。如果接受梁先生的建议,把新的中心建在西郊,那么旧城就有了保护的前提,在一个相当长的时期里新建区跟旧市区的矛盾可能缓和一点,各种矛盾和问题就会解决得更妥当些,这当然要好得多。但建议并未被采纳,那么在这之后的拆城墙、拆三座门、拆习礼亭、拆牌楼、改造北海大桥等这些对整个旧北京格局和风貌所进行的破坏也就抵挡不住了。

汲取这一惨重教训之后,我国许多名城在进入80年代城市快速发展时期时就陆续采取了古城之外另辟新区的城市发展方式,为古城保护打下了良好的基础。如江南水乡城市苏州,七八十年代时古城容量处于超饱和状态,古城内用地和空间十分有限,不解决这种状况就谈不上真正的保护古城。全面控制古城的环境和容量是全面保护古城风貌最根本的基础工作,为此必须采取控制疏解古城工业、交通、住宅建设以及旅游等措施,使古城能得到松动,达到较高的环境质量。同时苏州是该地区的中心城市,又是上海经济区内的主要城市之一,为发挥中心城市的作用,必然要建设相应的金融贸易、文教科研、技术信息、商业服务等机构,古城内已不可能再安排这些机构。处理好苏州的保护与发展的关系的出路就是积极建设新区,因此,1986年苏州市开始实施"古城—新区"二元式城市规划布局,在大力搞好古城保护的同时加快新区开发建设,合理调整产业结构和生产力布局,创造新区方便、舒适、宜人的生活环境,有力吸引旧城居民外迁,减轻旧城改造的人口压力,正确地处理了名城保护与发展的关系。经过十多年的努力,苏州古城内的人口已减少十多万,古城、新区既相对独立又相互联系成为一个整体,古城区以居住、文化教育、传统工商业和旅游事业为主,新区以经济贸易、现代工业为主,这样既使古城风貌得以保持和延续,又为城市发展注入了新的活力,两者相得益彰。我国古城中像这样采用在古城一侧或几侧开辟新区的城市还有韩城、平遥、洛阳等。

开辟新区对古城保护的作用可以概括为以下几点:

(1)疏散古城人口,避免超饱和容量对古城历史环境的直接破坏,以及为解决此问题提高新建建设高度和容积率造成对古城整体空间特色的间接性破坏。

(2)合理确定古城的主要功能与性质,调整不适宜在古城内发展的用地到新区,减少因此而造成的对古城环境及历史建筑的影响,创造条件发挥古城在文化、旅游等方面的优势。

(3) 有利于对古城基础设施的改造与更新,提高古城居民居住环境质量。

(4) 缓解古城交通压力,可以利用古城内道路网密度大的优势来改善路况和交通方式,不必拓宽道路来解决城市交通问题,有利于保护古城的空间尺度。

由此可见,开辟新区这一方法尤其适用于那些古城格局相对完整的名城。应该指出的是,新区与古城的相对位置关系也会直接影响到对古城保护所起的作用,这一问题将在第三部分中详细讨论。

2. 古城格局的保护

城市格局是城市物质空间构成的宏观体现,是城市组成要素和城市风貌特色在宏观整体上的反映。

今天的城市与历史上的古城有很大的不同,因为组成内容增加了或者发生了变化,作坊变成了工厂,通行骡马、行人的小路和拱桥现在需要通行机动车辆,居住内容和生活方式也起了根本性的变化。这样的改变必然影响原有格局。

但是由于自然条件以及人文方面的原因,我们总还能找得出古城格局的特征,特别是在居住集中的古城内部,道路和河道的走向、城市的主要建筑群位置以及外部空间等至今保留,这就是要我们去调查、总结、保护和继承的方面。

如江南水乡名城苏州,其古城空间格局特点是由水陆平行、河街相邻、前街后河的河路相间双棋盘式平面格局,以及北寺塔、白塔、双塔高耸建筑,玄妙观建筑群、城门、城墙、标志性建筑,配合以淡雅朴素、粉墙黛瓦的水乡民居构成的城市立体格局。

再如古都北京的古城空间格局特征表现为以下三点:(1) 以故宫为中心,由永定门至钟楼长达7.8km的城市中轴线,配合以活泼典雅的"六海"园林水系,"凸"字型的古城平面格局;(2) 规整的棋盘道路网和传统的胡同、街巷、四合院,以及由城楼、牌楼、亭、塔、殿堂构成的丰富街道对景;(3) 在大片青砖灰瓦的民居衬托下形成的以故宫为主体、景山万寿亭为制高点、起自永定门终至钟鼓楼的起伏有致的水平城市空间轮廓。

上海以优美起伏的黄浦江轮廓线和多类型城市道路网络的拼贴成城市空间格局的整体特征。

武汉以龟蛇锁大江为中心的东西连绵的山轴与纵贯南北的长江构成天然的城市风景轴线,长江汉水三分武汉构成各自独立的三区格局。

通过上述分析我们发现,虽然构成每个名城空间格局的要素不尽相同,但通常包括有特色的城市平面、空间轮廓、轴线以及相关联的道路骨架、河网水系、山川等自然环境,还包括城市中起标志作用的历史建筑物及特殊的城市构件(如鼓楼、寺塔、城墙、护城河等)等内容。一方面反映城市受地理环境制约的结果,一方面也反映出社会文化模式、历史发展进程和城市文化景观上的差异和特点。因此古城空间格局保护是城市整体空间环境保护的核心,也是名城保护中继承和延续古城风貌的关键所在。

城市格局保护的难度也最大,因为首先它所涉及的范围广,不容易把握,其次经济的迅猛发展常常会强烈而迅速地改变城市格局,如果不是有意识有计划地进行保护,在很短的时间里古城就会变得面目全非。欧洲在这一方面有很好的实践经验,其中意大利的锡耶纳城堪称一个典范。

锡耶纳是一座堪称欧洲哥特文化中心的城市,至今仍保持着中世纪的城市格局,整个城市几乎未经触动完整地保留下来。近50年来,欧洲北美各国大多数城市都把注意力放在道路、汽车、飞机场和飞机上,而锡耶纳则始终把大教堂和城墙看作城市的骄傲,尽力控制交通,让汽车交通基本上隔绝在城外,使古城免受汽车的侵害。市政当局在重新翻修路面时恢复了中世纪的面貌,让人们一踏进城市就可以享受中世纪古城的情趣,同时还致力于在城内提供就业和住房,设法吸引人们住在城内。目前这座城市有70%的人从事行政、银行、商业和交通部门的工作。多年来,尽管城市和建筑空间在变化,建筑的外观也在变,一些塔楼倒塌了,一些被拆除了,但与城市格局和整体结构相比只是一种几乎感觉不到的微小变化。

当然,现代化生活的要求也使锡耶纳从20年代起开始了现代化的进程,新的上下水系统已替换旧的管道,西城外也开始建造新的住宅,在城墙上开辟了有史以来的第一条通道。面对这种变化与冲击,在1956年的总体规划方案中提出了城市今后发展方向的要点:(1)使城市在不断增长的发展中具有更新的可能,并继续拥有旺盛的生命力;(2)尽量保留那些使锡耶纳闻名于世的无与伦比的历史文化结构,使城市免于走向衰亡,并在此基础上更好地走向未来。改建锡耶纳的争论将会继续下去,但是有一点是肯定的:任何发展都必须正视城市的历史文化结构和环境。

值得庆幸的是,我国的一些城市例如北京、西安、苏州等,从80年代开始对城市格局的保护进行成功的探索,纠正了曾有的错误做法,避免了对城市格局的进一步破坏。

北京是世界闻名的古都,明清北京城最典型地反映了中国封建都城的传统格局与艺术成就,在世界城市建设史上享有很高的地位。这座800年历史的古都历尽沧桑,在80年代之后的城市更新改造过程中,已经开始注意保留和发展传统城市轴线和棋盘式道路系统,注意维护以故宫为中心的平缓开阔的城市空间格局和园林体系,具体保护内容如下:

(1)保护河湖水系,特别是与北京城市发展历史密切相关的河湖水系,如护城河、六海、长河、莲花河等。

(2)保持原有棋盘式道路网骨架和街巷胡同格局。对旧居住区改造时不再把小区规划模式生硬套搬,防止搞乱原有街巷体系,为适应现代城市交通需要,拓宽和新辟道路也在原有道路格局的基础上进行。

(3)保护旧城平缓开阔的空间格局。北京旧城是一个水平城市,精华位于城市中心。总体规划确定北京市区的城市空间是以故宫为中心、由内向外分层次地、由低逐渐升高的城市空间。

(4)保护遥观西山及各重要景点之间的视线走廊。如银锭观山、景山至北海白塔、北海白塔至鼓楼、鼓楼至德胜门、景山至鼓楼、前门箭楼至天坛祈年殿等。对通视走廊内的建筑高度和体量加以控制,不在通视走廊内插建高层建筑。

(5)保护街道对景。街道对景是老北京城规划设计中的一个特色,要保护好传统的街道对景如前门大街北望前门箭楼、地安门北望鼓楼、北海大桥东望故宫角楼等,此外对于可能形成新的街道对景地段提出建筑景观设计要求,形成新的城市景观。

(6)注意吸收传统城市色彩特点。建筑色彩是体现城市特色的一个重要因素,虽然目前对北京全市的建筑色彩做出规定的条件还不成熟,但对一些区域或重点地段提出色彩要求是可能的和必要的。如旧皇城以内应以青砖灰瓦为基本色调,禁止滥用金黄琉璃屋顶以维持皇城原有的色彩主调。

（7）保护并发展传统城市中轴线。从永定门至钟鼓楼的南北中轴线是明清北京城在元大都的中轴线基础上向南延伸发展而成的，突出表现了城市独有的壮美和秩序，是北京最重要的城市景观。根据北京城市总体规划，这条轴线将再向南北两端延伸，继续成为北京市区的脊梁。

谈到中国古城的格局，不能不让人联想到古城墙所经历的兴衰史。我国近2000座都城、省城、州府城、县城的城墙，大体上都经历了由兴建到消亡的过程，到建国时已毁败大半，再经受十年动乱的大破坏，能够完整保存下来的便微乎其微了。

正当香港仿造的开封宋城，游客如潮、日进万金的时候，老祖宗的开封城却在花钱雇工拆除规模宏大的鼓楼和宋代城门，北京则在二环路的建设过程中扫荡了明清所遗的城墙、城门、城楼，1981年6月14日的《人民日报》呼吁："京华当留一段城！"

城垣记载历史长河的武功文治，诉述人间的悲欢离合，是祖先留给后人的一份珍贵的物质和精神财富，许多国家都把它们作为国宝和旅游资源精心保护。可惜我们认识到这个问题太迟了，到要保护时留下的东西已不多了。北京城是这样，其他古都如南京城、开封城、洛阳城莫不如是，只有西安、平遥、荆州、兴城四座城墙是其中的幸运儿。可惜荆州古城内最近建了几座高楼把古城格局全破坏了。山西平遥县城城墙保存之完整居全国第一，城墙规模虽不大但却非常完整，保存下来便是宝，如今更加成为中国古城遗存中的明珠！"悟已往之不谏，知来者犹可追"。

3. 城市环境的保护

如同古城城市格局一样，城市环境对于整个城市的历史气氛也是十分重要的。随着现代城市规模增大，人工环境与自然环境越来越远离，加上城市用地紧张，建设破坏环境的事件历历可数。

北京的妙应寺被堵在商业楼后面，作为元大都象征的白塔完全失去了它应当发挥的作用；天宁寺塔（辽代结构）旁边竖起了高烟囱，这个北京最古的建筑也就黯然失色了；北海周围的高楼已使得"太液清波"尺度骤然减小，再发展下去就要整个变成"盆景"了。苏州的私家园林好像也只能在夹缝里讨生活。杭州全国重点文物保护单位岳庙隔壁建了五层住宅和杭州饭店的礼堂，空间比例不协调，建筑风格也不协调，更突兀的是把又高又宽的西泠饭店七层庞然大物硬是建在本来不高的山腰上，不仅大煞风景，更与自然景观格格不入；西湖的问题更为严重，前不久我国许多专家针对杭州西湖边上盲目建设高层的现象曾发出强烈的呼吁。这些不当的项目必然破坏扬名世界的西湖，抹煞已有的自然环境特色。

近年来人们不断探索新的规划控制方法（诸如编制景观规划，划定高度控制区，对重点地段采取建筑控制等），目的是协调新旧建筑环境、人造环境与自然环境的关系，保护和加强城市突出的景观特征。

苏州市干将路改建详细规划是一个运用规划控制方法来保护和创造城市环境景观的实例。干将路是苏州古城东西干道，为解决古城的交通以及古城中段基础设施改造，将原来不通畅的道路全线打通并拓宽，西连新城区和国家高新技术开发区，向东可达新加坡工业园区，属于古城三横三纵道路体系。同时，它又位于由观前街、宫巷等重要商业街所形成的集中商业区的南缘，在交通、商业、旅游和古城风貌等方面都具有很重要的意义。因此，详细规划除了要满足一般城市中心地带的功能要求以外，特别要注意控制开发的强度与建设的方式,保持江南水乡的特色。该规划通过对城市历史、景观及该地段区位及功能的全面分析研究,确定该地段的功能布局、历史文物保护及视线走廊。在上述工作的基础上,根据各地段不同的情况特点制定分地块控制性指标,对地块建筑密度、最大高度、容积率以及绿化率等做出了相应的规定,同时对建筑的造型、色彩、材料、沿街立面以及道路广场、广告、招牌、绿化照明等通过"城市设计导引"、"视觉走廊及眺望系统"、"街廊界面系统"、"标志指认系统"以及"夜晚景观系统"的指导性规划进行了引导和控制;对重要的景观节点进行了不同深度、内容各异的城市设计,提出了城市设计意向。由于城市设计的成果不仅渗透在整个综合指标体系之中,而且在重点地段又做了进一步更为深入具体的规定,整体建筑效果已基本得到了控制,地段内的历史文物不但得到了保护,而且被很好地组织到街道的景观系统之中。

福州市历史文化名城保护规划在控制和引导城市形体环境的建设,并使其与自然环境有机结合方面亦作了有益的探索。福州具有特殊的古城景观,与国内外有山水自然条件的城市相比,它具有自己显著的特点:四面环山,中流一水,城内三山鼎峙、两塔耸立、西湖独秀,构成福州"三山两塔一江一湖"的秀丽画卷。保护规划通过对其景观特点和古城格局的研究,指出了城市格局与环境景观的艺术价值,确认了各景点的价值和形态特征、景点间的关系及其与城市整体风貌的关系,在此基础上提出保护和加强福州城市景观的途径和措施,并根据环境的特点对城市建设提出了高度、体量及色彩控制规定。但是 90 年代以来福州古城内没有按此规划实施。

协调人造环境与自然环境的关系,不仅需要对城市形体环境的建设进行控制和引导,还需要不断寻求新的城市空间形态模式,建设城市绿带已成为越来越多被采用的方法之一,被誉为绿色项链的合肥环城公园就是成功运用城市绿带保护城市生态环境和景观特色的佳例。总体规划确定利用古城墙遗址建城市绿带,至 1985 年环城公园基本建成。绿带总长为 8.7km,共占用地 136.6km²。它是多数居民易于到达、有一定容量、分布均匀的绿色空间,很好地改善了生态环境,还成为联结新老城市的纽带。在环城公园的设计中研究了古城墙址中有价值的遗迹、人物及事件,作为人文景观的构思来源;研究了各段地形特征及现状,从而创造各具特色的景区。合肥环城公园不仅为居民提供了良好的游息场所,保护和展现了该城市具有的历史文化传统的丰富内涵,同时也为城市的景观形象增添了新的特征。

第五节　中国历史文化名城保护与国外城市保护的比较

在当今对历史文化遗产的关注已成为世界性潮流的大背景下,我国对历史文化名城的保护工作也开展得日益深入和广泛。西方,主要是欧洲各国在经过相对长期的摸索之后,已积累了一套较为成熟和完善的经验,并成立了相应的国际组织,如世界遗产委员会,现已成为联合国的所属机构。当代一系列有关的国际会议制定的法规、章程、文件也确立了许多的理论和规范,形成了鲜明的观点。

国外保护历史文化遗产的过程是从保护文物建筑开始,发展到保护它们的环境,再发展到保护历史地段,乃至一些完整的古城。对历史古城的保护大约有三种情况:

一种如英国,所保护的古城面积不大,却十分完整。1967 年国家指定了巴斯(Bath)、约克(York)、切斯特(Chester)、契切斯特(Chiehester)为重点保护城市,采取的是全面保护的方针。

另一种如日本,1966 年颁布了《古都保存法》,指定了京都、奈良、镰仓,奈良县的天理、桓原、樱井、明日香村、斑鸠町等六市、一町、一村为"古都",他们保护的并不是古都的全部,而是划定若干保护区,重点保护那里的"历史风貌"。在京都这种保护区占市域面积的9.8%,在奈良占13.1%。

还有一种是联合国教科文组织定的世界文化遗产,这其中有不少是作为历史古城保护的。如墨西哥城、巴西利亚,波兰的华沙和克拉克夫,意大利的佛罗伦萨、罗马等。对这些城市的保护要求是要有明确的保护范围界线、保护法规、专门的保护机构,这些是列入世界文化遗产名录的先决条件。

对照上述情况,中国的历史文化名城与之不同,中国历史文化名城保护体系有以下一些特点。

1. 保护内容

在保护内容上,除保护文物古迹、历史街区外,还强调保存城市的整体风貌和格局,保存文物建筑间的空间关系。这个概念不像文物建筑那么明确,所谓"空间关系"、"整体风貌"是要经过分析后才找得到的,保护它们也并非要求构成这种关系的一切有形物全部要原样不动,而是保存住特色、精华。

如北京古城中轴线全长 7.8km,从永定门经前门、天安门、故宫三大殿、景山直到钟楼。保护中轴线当然要保护中轴线上的主要建筑,但并不必要划定 7.8km、宽若干米的保护地带,这条线的次要位置可以改建、新建,只要维护了中轴的对称关系即可。

又如苏州要全面保护古城风貌,决不是要求古城一切不可改造,而是在保护古城文物建筑的同时,保护了古城河、路的关系,保护了沿河的景观,保持了苏州建筑特色,那么尽管苏州古城建了新的建筑,仍然可以使人感到古城风貌犹存。当然上述构成苏州古城风貌的要素是要通过详细调查认真研究才可以归纳到的。如特色抓得不准,那么建设性的破坏就在所难免了。

另外,在保护内容上,中国除了有形物之外还注意保护和发掘前文所述的无形物——文化内涵。这项内容日本也有,如他们注意保存传统艺术、传统工艺、民间节日活动等。但在欧洲虽也有类似作法,但却不像中国那么明确。

2. 保护方法

保护方法上,我国首先致力于宏观的把握,从城市总体上采取措施,从全局上加以控制。在国外,保护的地域范围是明确的,保护管理的措施是具体的。这对于实施法制管理是有利的,便于微观上的把握。在我国,这方面的法规、措施无疑需要加强,不过,中国从整体上实施保护的方法还是有其先进性的,不可妄自菲薄。

3. 保护范围

中国历史文化名城的保护范围是个较复杂的概念,在国外,保护古城也好,保护历史地段也好,范围界线是十分明确的,是一个一定范围内有保护价值的物质实体的集合。在中国,历史文化名城是一个与行政范围有关的政策概念,名城只说"北京"、"苏州"、"丽江",不带行政名称"市"、"县",因为这里强调的是文物古迹集中的古城区域,强调的是历史状况,而现行的疆界和历史往往是有出入的。北京市域已达 16800km^2。苏州市域辖了五市一县,已不反映苏州的历史状况,而苏州市区只有 178km^2,连与苏州历史密切相关的天平山、灵岩山都不在其内,这显然又太小了。所以只能说名城的概念与行政范围有关系,即在行政建制管辖范围之内、是管理权限所及,如此而已。

由此可知,确定某城市是历史文化名城,绝不等于说城市的整个市域或整个城区都是保护范围了。在历史文化名城中保护什么、具体范围界线在哪里,还要通过城市规划和地方行政规章进一步明确。

外国不提历史文化名城,他们根据保护需要,把那些必须保护的地区,明确范围、确定管理措施。保护要求是明确、具体的,便于管理,便于实施。这是他们的长处,是我们应该学习借鉴的。我们设立历史文化名城这一保护手段,不仅赋予城市荣誉,也赋予城市保护的责任,促使这个城市政府从城市全局采取综合保护措施,大处着眼,小处着手,这是我们的长处,是应该发扬光大的。

在中国,由于人们对历史保护的认识水平还普遍不高,某些城市领导者的认识还相当欠缺与模糊,对此项事业的发展产生严重的影响。例如,有些地方仍然把保护历史环境看成是经济发展的障碍,因而不能以积极的态度将保护纳入地方建设的规划中。再如某些城市把文化遗产仅仅作为吸引大量旅游的资本,由于旅游业的不恰当开发和管理不善引起了许多新的问题,而原本长期存在的、与居民生活休戚相关的环境恶化状况却未得到根本性的改善。以上两种不利于保护的现象,都源于认识上的偏差,即没有以全面、长远的观点来看待保护与发展的关系,从而对环境发展的策略造成误导,致使一些有价值的文物建筑、历史街区等文化遗产继续遭受到人为的破坏。另外,还有些是操作中的问题,例如保护的立法和资金等的运作尚未理顺,保护的监督环节比较薄弱,公众参与保护机制的普遍缺乏等等,也在很大程度上影响到保护效果的优劣。

因此,以国际上先进的经验作参照来认识自身的不足,缩小差距,使我国的保护事业更加合理地与国际接轨,也就成为我国开展保护工作的重要的责任和动力。以下从保护的观念、体系和方法三个基本方面进行比较,以寻求差距。

1. 保护观念

许多欧洲国家在战后都经历了为解决住房短缺而进行的大规模重建时期,以及为改善内城环境而进行的大规模城市改造时期,其结果是旧区的传统住宅被成片推倒或自然衰落以后,建起了全新的居住街区,或发展了商业、娱乐、旅游服务等具有吸引力的新兴行业。但这些政策在实践中出现了许多问题,如原有社会结构的破坏,城市中心缺乏居住的气氛以及城市风貌变得呆板枯燥等等。种种的社会问题引起公众对经过改造的内城环境多有怨言,从而引发了保护与更新观念的重要转变。

从 60 年代开始,各国对城市历史遗产都开始采取一种比先前更为谨慎甚至保守的态度,即强调适度发展,限制再开发,希望通过鼓励人们返回市中心居住以便更好地保护旧城风貌;在增强旅游活力的同时,重视开发本土市场。在这样的策略引导下,规划的指导思想也得到了适时的调整,主要表现:

(1)改变大规模的,以单一或少数功能活动为内容的城市改造战略,代之以中小规模

的,包容多种功能的逐步改造的方针;

（2）积极支持和鼓励中小规模的商业、旅游、文化、服务等项目的发展,以减少经济增长对现存的城市与建筑的压力,同时使城市保护有可靠的经济基础;

（3）加强城市整体环境的整治。这主要包括提高城市的卫生、绿化水平,完善市政基础设施以及合理开辟步行区,从而使城市空间再度成为安全宜人的活动场所。

以上的措施,有效地抑制了城市环境的恶化和许多社会问题的蔓延,并使传统的文化遗产得以继承和复兴。例如法国巴黎,从60年代开始才真正从消极被动的保护转向全面保护,在马赛区和中央市场区的改建中,都注意到尽量保留老城区的传统价值,同时增加绿地和空地面积,从总体上提高了环境的质量。

中国的情况有所不同,大多数历史性城市的旧城中心没有经过明显的衰落,长久以来一直担负着城市经济、文化中心的职能。这种旧城的持续吸引力本是开展保护的有利条件,然而中国由专家所倡导的保护观念却在很长一段时期内不为大众所理解和接受。对于历史环境,人们缺乏信心和耐心等待需要长期付出精雕细琢之功的保护与更新。对旅游发展的迎合和对古城风貌的曲解,使不少城市出现了拆掉真古董,新建假古董的怪现象。保护为开发让路的事件也层出不穷。即使在一些认真对待保护的地方,也往往只愿保护几个文物建筑点,而作为背景的成片历史街区却因大拆大建而被换上了所谓"现代"风貌,使那些古风犹存的文物点因失去了应有的历史脉络而孑立孤存,其本身的意义和光彩也受到损害。凡此种情境,都使保护只能顶着多方的阻力和压力而进行,可谓举步艰难。

进入90年代以来,那种消极对待保护的态度已有相当程度的扭转,一些地方的官员开始认识到仅仅"点"上的保护实不足以成大气候,而以假乱真的时尚趣味也注定保持不住长久的生命力。如在北京、苏州等城市,80年代开始探索适合本地特色保护途径的尝试已取得了初步的成果。他们在某些地段保护与更新的试点中,试图在更广泛的意义上寻找保护与经济、社会、文化的契合点,在设计中努力将历史的信息加上当代的注解而融入新的生活方式之中,深化了对历史环境本质的理解,也为发现和解决现实中的复杂问题开拓出一些有见地、有实效的新路子。如北京的国子监历史街区及苏州的周庄古镇等。

但也应看到,这种观念的进步毕竟还只是在局部发挥了作用,我国整体的保护形势仍旧不容乐观,和欧洲审慎保护、适度更新的观念导向相比,我国大部分地方对待历史文化遗产的态度还过于急躁,使保护的理想被高高挂起,不能落实于实践之中。

2. 关于保护体系

首先,许多国家已建立起一套涉及立法、资金、机构、官员等方面的较为完整的保护体系。这套体系在保护管理中得到全面的体现,其中最重要的一点即是它使自上而下的保护约束和自下而上的保护要求能在一个较为开放的空间中相互接触和交流,并经过多次反馈而达成共识。在这样一个多层次的体系下,民间自发的保护意愿能够通过一定的途径实现为具体的保护参与,而在其中起关键作用的是各个种类和层次的保护机构以及部分纳入了法制轨道的监督与咨询机制。

而中国则基本上是自上而下的单向保护,政府把保护作为一项文化事业而包办一切,结果不仅自身负担重重,而且显得势单力薄,对于保护的倡导和管理大都尚未引起期望的广泛响应。

其次,尽管许多国家的保护体系已相当严密,但政府普遍认识到比立法、诉讼等强制手段更为有效的则是恰当的引导。而进行引导除了教育、鼓励之外的一个重要途径则是做好有关法制与规划的衔接，特别是利用经济手段来调动保护的积极性并保证规划意图的实现。

而中国的保护体系在上、下部门之间更多的是行政约束与被约束的关系，而缺乏经济、文化等方面的合作。例如我国确定历史文化名城除了起宣传教育作用之外，还作为一项保护策略，使历史文化遗产保护纳入地方政府的计划。但这样一种责任下放因没有伴随着具体而有力的政策扶持而显得有些生硬和空泛，结果造成某些城市"名城"的帽子意味着对经济发展束手束脚，而不能积极地对待保护问题。

再次，国外保护法规中对于应该加以限制的行为规定得十分严格，处罚也比较重，而对详细设计的做法则规定得比较宽松和模糊，保留了相当的弹性。这就是说，在不破坏历史环境的限度内，给予具体操作以一定的发挥余地，这无疑有利于防止"僵化"而使环境更为丰富和有创造性。

在中国已有的相关法规中，对于"应该"与"不该"的行为控制的描述几乎同样严格，但大多仅仅停留于描述，而缺乏相应的管理措施，特别对违犯行为处罚不够强硬，难以阻止"经济的诱惑"而造成的对文物及其环境的破坏。

另外，我国一些历史文化名城保护规划的编制中，对保护的方方面面做出了详尽的规定，并附有实施条件，而实际的执行则至少存在两方面的障碍，其一是规划本身的可操作性不强，其二是规划虽在理论上受法律保护，而实际的号召力和威慑力达不到保护管理的要求。概括起来，就是规划往往抱着对保护进行全面控制的愿望，但由于与法制衔接不力，又往往成为书面上的空文而被束之高阁。

3. 关于保护方法

西方对于文物建筑的保护，基本上遵循《威尼斯宪章》中的规定，即最大限度地保存文物建筑的原有部分，尽量避免增添和拆除，只采取必要的措施，使用具有可逆性和可识别性的保护方法等等。

我国的保护虽然也接受了宪章中的主导精神，但在具体做法上还存在某些偏离之处，例如重建、恢复古建筑之风犹盛，对现存的古建筑也喜好整修一新，这些都与中国古建筑的材料特征、传统的审美情趣以及心理习惯等因素的影响有关，其效果也不可一概而论，关键在于设计和施工质量的高低。

对历史街区的保护，欧洲国家一般采取划定保护区的策略。如英国在1967年的《城市文明法》中引入了保护区的概念，现已有保护区6000多个，法国也在1963年的马尔罗法令中确立了保护区的体系。这些国家一般都把老城历史中心的保护作为城镇发展政策和各项计划的组成部分，通过立法保证规划的长期实施，同时调动各方面的积极性来加强保护的力度。在保护中采取经济、社会和综合措施，充分利用尚有一定历史价值的老房屋，加以整修、改造，在维持其历史风貌的前提下，使内、外的居住环境都得到根本的改善。

我国对历史地段的保护基本上还处于试点阶段，目前还未得到广泛的推广，更缺少专门的法规。许多历史城镇的老城区或者被更新得面目全非，或者任其继续破败。已经或正在进行保护规划的传统街区，一般都是根据对现状情况的综合分析，对用地功能作出调整，并将建筑分为不同的保护类别，对相应的保护措施分别作出规定，同时进行绿化、河道、基础设施等的全面整治。经过这样更新的街区，已取得了良好的成效。

总的说来,国外城市保护问题是需要在一个已经比较成熟的框架内依据局部的、具体的情况而做出调整与改进,而我国则更需尽快填补起一些明显的空缺,特别是法律覆盖面的不足,要架构起一个完整而稳固的保护体系。事实上两者是处于不同的发展阶段。同时应该看到,中国在保护历史文化遗产中已取得了显著的成就,尤其是近年来随着建筑、规划界对社会、文化关注的加强,人文关怀的思想已开始成为我国历史保护的一个重要的观念导向,这与西方的保护思想可谓殊途同归。将传统的因素契入现实之中,赋之以合理的角色和动态的诠释,这一理念正牵引着中西历史保护思想在发展中愈益靠近。

本章小结

历史城市保护的重要概念是:要保护的是一个特定的地区内的建筑物及其周围的全部环境,以及城市和地段内部的物质和历史文化遗存。保护不是"整旧如新"而要"延年益寿",更不是搞"假古董"。与先进国家相比,我国在保护的概念、法律和方法上都有较大的差距。

要认真去认识分析历史城市的特色,保护它,继承和发展它,以避免使我国的数千个城镇形成千城一貌,万屋一面。

问题讨论

1. 历史文化名城保护的主要内容是什么?

2. 历史文化名城保护分为哪几个层次? 各自的分法,为什么有这些不同?

3. 我国现在的城市保护与欧洲国家相比较,存在哪些差距? 为什么会有这些差距? 应有怎样的认识?

4. 就你所居住的或熟悉的城市,分析它的特色要素。

阅读材料

1. 王瑞珠. 国外历史环境的保护与规划. 台湾:淑馨出版社,1993

2. 阮仪三. 旧城新录. 上海:同济大学出版社,1988

3. 王景慧. 中国历史文化名城保护概念. 城市规划汇刊,1997 年第 4 期. 上海:《城市规划汇刊》编辑部,1997~

4. 王景慧. 历史文化名城保护内容及方法. 城市规划,1996 年第 1 期. 北京:《城市规划》编辑部,1996~

5. 董鉴泓,阮仪三. 名城鉴赏与保护. 上海:同济大学出版社,1993

6. 吴良镛. 北京旧城和菊儿胡同. 北京:中国建筑工业出版社,1996

第四章　历史文化名城保护规划

正如 1976 年《内罗毕建议》中提出的"考虑到自古以来历史地区为文化宗教及社会多样化和财富提供确切的见证,保留历史地区并使它们与现代社会生活相结合是城市规划和土地开发的基本因素",保护与城市规划的结合正是保护规划产生的原因和目的。

第一节　城市规划在历史文化名城保护中的作用

《城市规划法》规定,编制城市规划应当"保护历史文化遗产、城市传统风貌、地方特色和自然景观"。正因为城市规划工作有着对城市空间布局综合协调与控制的职能,所以它对历史文化名城的保护工作有着特殊的重要作用。

规划对于名城保护所起的作用大致可以概括为以下几点:

(1) 分析总结历史文化名城的历史发展和现状特点,确定合理的城市社会经济战略,并通过城市规划在城市空间上予以落实。

城市要不断发展,历史文化名城也不可能当做博物馆,不可以让它的生产和生活停顿凝固。对于名城保护规划来说,重点在于如何控制和引导而不是排斥发展,保持城市的活力与繁荣。历史文化名城的经济发展战略就要考虑保护城市中大量的优秀历史文化遗产的需要,处理好两者的关系,使之并行不悖。大跃进时期在古城内大办街道工厂,以后又把发展经济与发展工业等同起来,认为只有办工业争产值才是发展经济,这样的"发展"显然是不适合的。研究城市历史上的兴衰规律,寻找与保护工作相得益彰的经济发展战略,比如发展传统产业、旅游事业,利用历史古城知名度大的特点大力发展第三产业,在处理与保护有干扰的工业项目时注意选址位置,这些都是行之有效的办法。

(2) 确定合理的城市布局、用地发展方向和道路系统,力图保护古城格局和历史环境,通过道路布局和控制建筑高度展现文物古迹建筑和地段,更好地突出名城的特色。古城内集中了较多文物古迹和历史街区,建筑的高度和形式往往要受到诸多制约,规划布局要为保护古城、保护文物古迹创造先决条件。

(3) 把文物古迹、园林名胜、遗迹遗址以及展示名城历史文化的各类标志物在空间上组织起来,形成网络体系,使人们便于感知和理解名城深厚的历史文化渊源。

许多文物古迹在遭受一定的破坏以后丧失了相互间应有的空间关系和联系,看起来像是孤立而不相关的。规划应把文物古迹、园林名胜以及各类提示性标志物(如古树名木、碑刻、标牌等)在空间上组织起来,形成网络,从而给人们的欣赏创造有机的空间线路和逻辑线索。洛阳规划建立历史标志物的体系,日本东京组织散落的文物点建立文化旅游步行道,这些都是可行的好办法。

(4) 通过高水平的规划设计处理好新建筑与古建筑的关系,使它们的整体环境不失名城特色。

文物建筑由于陈旧、体量小等原因非常容易淹没在新建筑的汪洋大海中,如何使人们发现它们,如何突出它们而提示名城的特色,保护规划具有不可替代的作用:可以通过道路的选线、建筑高度分区控制和重要古建筑之间的视廊控制,突出地展现文物古迹。比如苏州的北寺塔是宋代留存下来的古塔,规划把城市主干道正对该塔,使之成为古城内十分醒目的重要景观和主要的视觉中心之一,并控制几个主要视线通廊,如要求作为拙政园内借景、作为城市标志从沪宁线上可以看到它等;北京的大钟寺原在城郊不显眼的地方,开辟北三环路时把它的大门展露在这条城市环道上,很好地提示了它的存在。

(5) 规划保护范围,制定有关要求、规定及指标,制止建设性破坏。

只有通过在城市规划中划定各类保护及控制区并制定出相应的各种要求和规定、控制指标,并通过规划管理严格把关,才能保证历史文化名城的文物古迹保护单位以及历史文化保护区不致于在建设中被破坏。

第二节 名城保护规划与总体规划的关系

城市总体规划的主要任务是综合研究和确定城市性质、规模和空间发展形态,统筹安排城市各项建设用地,合理配置城市各项基础设施,处理好远期发展与近期建设的关系,指导城市合理发展。历史文化名城这一基本概念反映了城市的特定性质,总的指导思想和原则应当在名城总体规划中体现出来,并对整个城市形态、布局、土地利用、环境规划设计等各方面产生重要的影响。

对于名城来说,保护不再是一项纯"防御性"的活动。随着人们认识的进步,人们已逐渐从消极被动转向积极主动,不但包括文物的保护及其组织,也同样包括建筑与设施的现代化、生活条件的改善、土地综合开发利用及表现城市特色等一系列问题,在总体规划中提出保护规划这一子项是十分必要的。

1976 年欧洲通过了有关历史城市保护最全面的定义,它涉及到"整体保护"和建筑遗产问题。这个决议的目的是"保证城市环境中的遗产的不被破坏,主要的建筑和自然地形能得到很好的维护,同时使被保护的内容符合社会的需要"。它还指出:"这样一些措施不仅涉及到保护问题,它们对环境的复兴和恢复也是必需的",也就是说保护规划是总体规划不可分割的一部分,是"土地利用规划基本要素之一"。

历史文化名城保护规划就是以保护城市地区文物古迹、风景名胜及其环境为重点的专项规划,是城市总体规划的重要组成部分,广义地说也包含保护城市优秀传统和合理布局的内容。名城保护规划的内容中应包括在总体规划层次的保护措施:保护地区人口规模控制,占据文物古迹风景名胜的单位的搬迁,调整用地布局改善古城功能的措施,古城规划格局、空间形态、视觉通廊保护等。

综上所述,名城总体规划与保护规划的关系为:

(1) 名城总体规划从城市发展的整体和宏观层次上为名城保护奠定坚实的基础,这些宏观决策问题往往是名城保护规划所无法涵盖的内容。主要表现为:被确定为历史文化名城的城市(特别是国家级历史文化名城)必须在城市性质和城市发展战略、城市建设方针中明确地表述这一重要特征;一些有大面积遗址的名城,总体规划中要合理确定城市发展方向及城市总体布局,防止建设性破坏;对一些特殊要求和全城保护的名城,总体规划应考虑其特殊布局及交通要求。

（2）保护规划属于城市总体规划范畴的专项规划,与其他专项规划相比较则更具综合性质。

（3）单独或作为城市总体规划的一部分审批后,保护规划具有与城市总体规划同样的法律效力,在调整或修订总体规划时应当相应调整或继续肯定保护规划的内容。同时保护规划可反馈调整城市总体规划的某些重要内容,如:城市发展方向,人口控制与调整,产业结构调整,用地与空间结构调整,道路交通调整。

第三节　历史文化名城保护框架

保护框架是指历史文化名城中要保护的实体对象和通过保护规划的实施预期达到的目标。

保护框架的意义就在于将城市历史传统空间中那些真正具有稳定性、积极意义的东西组织连接起来,并将历史发展的因素及未来发展的可能性结合进来,形成一个以保护传统文化为目的的城市空间框架。

保护框架是对城市特色的分析而得出的,由自然环境要素、人文环境要素、人工环境要素三部分组成。自然环境要素是指有特征的城市地貌和自然景观;人工环境要素是指人们的创建活动所产生的城市物质环境,以及各类文物景点所反映的人工环境特征;人文环境要素是指人们精神生活结晶的环境表现,指对居民社会生活、习俗、生活情趣、文化艺术等方面所反映的人文环境特征。

保护框架强调的是城市空间的保护,它由点(节点)——古建筑及标志性构筑物如牌楼、桥等,人们感知和识别城市空间的主要参照物;线——传统街道、河流、城墙等,人们体验城市的主要通道或是视线主要观赏轴线;面(区域)——古建筑群、园林、传统居民群落、具有某种共同特征的城市地段或街区。点、线、面三种因素结合成为一个整体,就是保护框架的基本结构,线在这里起重要的结构组织作用,在形成连续的城市景观意义上,路线的组织是最主要的。

城市框架既是反映城市自然、人工和人文环境的实体,而保护和强化这些城市空间的组成,为了达到维持或重视历史城市的有代表性的或是有特点的城市景观和风貌,以及反映出能具有的传统特色文化内涵。这就是保护框架的主题。因而在保护规划时要确定这个历史文化名城的保护框架主题。当然,所确定的主题,可能要在保护规划逐步实施中才可能达到,但这是努力的目标和方向。

如周庄古镇的保护框架的主题:

主题一:江南典型水乡之镇——以保护周庄古镇"小桥、流水、人家"和恢复整治"周庄八景"为主的自然景观风貌的保护。

主题二:明清繁华贸易之镇——以保护各级已公布和待定的文物保护单位和有特色的历史地段或街区,利用和再现历史风貌为主的历史景观风貌的保护。

主题三:文人雅士寄寓之镇——以保护及再现名人寓居或留连之所,挖掘古镇文化内涵为主的历史景观风貌的保护。

主题四:民风淳朴之镇——以保护古镇原有街坊格局,体现居民生活情趣,体验民俗生活氛围,弘扬传统艺术文化为主的文化民俗风貌的保护。

潮州历史文化名城保护框架的主题是："岭海名邦"，"南国古都"，"海滨邹鲁"，和"商埠侨乡"。

主题一："岭海名邦"是以保护"三山一水一洲"和恢复整理"潮州八景"为主的自然景观风貌的保护。

主题二："南国古都"是以保护各级文物保护单位，开发和利用历史遗存资源，恢复和再现历史风貌为主的历史风貌的保护。

主题三："滨海邹鲁"是以体现民俗生活氛围和弘扬潮州传统文化为主的文化民俗风貌的保护。

主题四："商埠侨乡"是以反映潮州作为对外开放商埠的历史为内容，以发扬潮籍华侨爱国爱乡的精神为宗旨的特有的历史和人文景观风貌的保护和发展。

第四节　历史文化名城保护规划中保护区的确定

在历史文化名城的保护规划中，一项很重要的内容就是划定保护区域。对于重要的文物古迹、风景名胜、历史街区乃至整个城市范围内需要重点控制的古城区都要划定明确的自身保护范围以及周围环境影响范围，以便对区内的建筑采取必要的保护、控制及管理措施。

保护区的范围及要求要科学、恰当。划得过小，限制过松，将不能有效地保护好名城的历史文化遗产；划得过大，控制过严，则会给城市建设、居民生活造成无谓的影响。明确合理的保护区的范围确定以及严格、完善的保护管理方法的制定，既可使城市建设及保护部门分清轻重缓急，采取不同措施，重点投入资金，又可通过限制、奖惩、宣传等措施获得建筑使用者的协助与监督，共同将保护的工作落到实处。

一、文物古迹保护区的划分

《中华人民共和国文物保护法》规定，文物保护单位的保护范围内不得进行其他工程建设，并且"根据保护文物的实际需要，经省、自治区、直辖市人民政府的批准，可以在文物保护单位的周围划出一定的建设控制地带。在这个地带内修建新建筑和构筑物，不得破坏文物保护单位的环境风貌。"

对现有的文物古迹据其本身价值和环境的特点，一般设置绝对保护区及建设控制区两个等级，对有重要价值或对环境要求十分严格的文物古迹可加划环境协调区为第三个等级。

1. 绝对保护区

指列为国家、省、市级的文物古迹、建筑、园林等本身范围。所有的建筑本身与环境均要按文物保护法的要求进行保护，不允许随意改变原有状况、面貌及环境。如需进行必要的修缮，应在专家指导下按原样修复，做到"修旧如旧"，并严格按审核手续进行。绝对保护区内现有影响文物原有风貌的建筑物、构筑物必须坚决拆除，且保证满足消防要求。

2. 建设控制区

指为了保护文物本身的完整和安全所必须控制的周围地段，即在文物保护单位的范围（即绝对保护区）以外划一道保护范围，一般视现状建筑、街区布局等具体情况而定。用以控制文物古迹周围的环境,使这里的建设活动不对文物古迹造成干扰,一般是控制建筑的高度、体量、形式、色彩等。

3．环境协调区

对有重要价值或对环境要求十分严格的文物古迹,在其建设控制区的外围可再划一道界线,并对这里的环境提出进一步的保护控制要求,以求得保护对象与现代建筑空间的合理的空间与景观过渡。

保护等级和范围的确定,既可保证文物保护单位本身的完整,又可保护单位周围的环境,使周围的建筑物、构筑物与文物保护单位保持合理的距离和高度,并协调环境气氛。

二、历史街区的保护区划分——以苏州平江历史街区为例

根据历史街区不同地段的不同特征进行划分,并制定相应的整治要求、整治方式,是保护工作得以顺利进展的关键,现根据不同情况,划分为几个层次,提出各自不同要求。

苏州平江历史街区保护范围的划定:

平江历史街区是目前苏州古城内保存较为完整、具有典型苏州传统格局、水乡风貌特色和文物古迹相对集中的、以居住为主的街区,它是保护苏州古城风貌的重要地区之一。

该历史街区反映了明清历史时期的特征,有较完善的历史环境、事件,保护强调外部整体环境风貌,内容上,不仅要保护物质形体,还要保护历史文化内涵,如民风民俗、传统商业、手工业;空间上,不仅要保护历史街区本身,还要保护周围一定范围内的景观环境,以及绿化、水体等,必须实事求是地划定保护范围。根据街坊的实际情况,分成了三个层次。

第一级:沿街沿河风貌保护地段

这是指平江街区一纵四横,五条河路两侧一至两进范围内地带。保护范围面积为8.68hm²。这类地区基本的保护原则是:普遍保护沿街沿河风貌,保护整体空间环境,逐步改善居住环境。

·普遍保护沿街沿河风貌,以沿街沿河为平江历史街区重点保护地段,严格控制沿街沿河的建设活动,尽量保持原有的建筑形式和风貌,并对不符合风貌要求的违章乱搭建的建筑和设施以及一些物件整治和清理。

·保护整体空间环境,以沿街沿河室外空间环境为重点,保护历史街区室外环境设施,包括桥、栏杆、河驳岸、水埠、船鼻子、古井、铺地和古树名木绿化等。整治和清理不符合风貌要求的设施,特别注意其空间环境的传统氛围的保护。

·逐步改善居住环境,改善居民室内设施,在满足风貌要求的前提下,使居民室内设施现代化,重点为居民的卫生环境设施。解决居民的卫生设施和保护区的污水排放和处理,确保河水的洁净。

第二级:平江历史街区

指平江街区内具有较高历史价值的沿河沿路建筑,古宅院、庙、观、祠堂、园林等,这一级有较高的历史文化价值,保护范围面积为23.83hm²。这类地区风貌已有一定程度的损坏,部分民居已修建或改建,但该地区传统街巷和民居相对较为集中、连片,其中许多属历史保护建筑。

这类地区的保护整治有着两个层面的要求。从风貌层面上讲,首先要求恢复原有立面

风格(包括第五立面——屋顶的形式),其次要注意与 14 处文物、古建筑风貌的协调;从生活设施改善层面讲,要注意改善民居的内部环境以求适应现代化的生活要求,同时还须注意通过协调、维持其原有生活氛围和旧的邻里关系。

第三级:平江历史风貌保护区

这一级保护区包含了整个平江街区。保护范围面积为 42.94hm²。

平江街区内既有具有传统水乡民居的特色地区,又有与历史街区特色不相符的地区,对历史街区的风貌有极大的影响,如振亚丝织厂、染织二厂等工厂及仓库,同时又有一定的规模,对于这类地区逐步通过功能置换重新开发,要求其在建筑形式、风格上与原有风貌相协调,功能上应与历史街区的文化性质相吻合。

三、历史古镇的保护区划分——以周庄古镇为例

周庄镇是位于江南水乡的历史悠久的古镇,至今仍基本保持明清时代的格局与风貌。为保护各级、各类文物保护单位并协调周围环境,保护古镇风貌,将周庄古镇划分成四个等级的保护范围。

1．一级保护区(绝对保护区)

(1)定义:已经公布批准的各级文物保护单位(包括待定文物保护单位)其本身和其组成部分的四至界线以内。

(2)保护项目:已公布批准和待定的各级文物保护单位。

(3)保护要求:不能随意改变现状,不得施行日常维护外的任何修建、改造、新建工程及其他任何有损环境、观瞻的项目。在必须的情况下,对其外貌、内部结构体系、功能布局、内部装修、损坏部分的整修应严格依据原址原样修复,并严格遵守《中华人民共和国文物保护法》和其他有关法令、法规所要求的程序进行,并保证满足消防要求。

2．二级保护区(重点保护区)

(1)定义:为了保护文物的完整和安全所必须控制的周围地段以及古镇内有代表性的传统民居区、沿街沿河风貌带、周庄八景景点与景区。

(2)保护项目:为了保护文物的完整和安全所必须控制的周围地段。

·沿前港、后港、白蚬江之水乡古镇沿河风貌带;

·沿南、北市街、城隍埭街、南湖街、中市街风貌带;

·周庄八景风貌保护区;

·传统民居区。

(3)保护要求:各种修建需在城镇建设部门及文管会等有关部门严格审批下进行,其建设活动应以维修、整理、修复及内部更新为主。其建设内部应服从对文物古迹的保护要求,其外观造型、体量、色彩、高度都应与保护对象相适应,较大的建筑活动和环境变化应由专家评审。

① 一级保护区外环境范围内建筑的形式应为坡屋顶,体量宜小不宜大,色彩应以黑、白、灰为主色调,高度为二层,功能应为居住或公共建筑。

② 沿河风貌带应保护原有的小桥、流水、人家的传统特色。所有该范围内的建筑应为

坡屋顶,色彩为黑、白、灰色调,功能以居住及公共建筑为主,门、窗、墙体、屋顶等形式应符合风貌要求,河水应保持流畅、洁净、不可有异状漂浮物,需整治河道及时整治,小品如驳岸、栏杆、休息座椅等应具有水乡传统特色,沿河绿化应与水乡古镇风貌协调,树种选择应符合历史环境。河上古桥为一级保护区,附近建筑等应符合风貌要求。

③ 街道应保持原有的空间尺度,如有骑楼应保持通畅,建筑功能以公共建筑为主,门、窗、墙体、屋顶等形式应符合风貌要求,建筑檐口高度控制为5.4m,色彩控制为黑、白、灰及红褐色、原木色等。原有电线杆、有线电视天线等有碍观瞻之物应取掉,铺地应符合水乡民居特色,街道小品(如果皮箱、公厕、标牌、广告、招牌、路灯等)应具有地方特色,不宜采用现代城市的做法。

④ 原周庄八景有的现已无存,但仍有遗迹可循。对此自然风景区应保持其完整的自然形态,禁止进行破坏景观的建设,除小体量景观建筑和小品建筑外,不应修建其他功能的建筑,选择适宜树种,增加绿化覆盖率,有目的有步骤地恢复周庄八景,亦可另择合适地带重新形成景观但仍以原名命名之。

⑤ 传统民居区选择相对完整地段加以维修恢复,保持原有空间形式及建筑风格,功能为居住建筑。古井、树木及反映居民生活之特色庭院、特色空间(如街头广场、埠头广场)应予以保留,不符合风貌要求的建筑应予以改造或拆除。

3. 三级保护区(一般保护区)

(1)定义:为了保护和协调文物古迹及古镇主要风貌带的完好所必须控制的地段,即古镇区内之历史街区地段。

(2)保护项目:街巷内部历史街区。

(3)保护要求:该范围内各种修建性活动应在规划、管理等有关部门指导并同意下才能进行,其建筑内应根据文物保护要求进行,以取得与保护对象之间合理的空间景观过渡。建筑形式以坡屋顶为主,体量宜小不宜大,色彩以黑、白、灰为主色调,功能应以居住和公共建筑为主。对任何不符合上述要求的新旧建筑,除必须搬迁及拆除的之外,近期都应改造其外观形式和建筑色彩,以达到环境的统一,远期应搬迁和拆除。在此保护范围内的一切建设活动均应经规划部门、文物管理部门等批准、审核后才能进行。

4. 古镇保护区(区域控制区)

(1)定义:古镇镇区范围内以及与古镇风貌环境整体协调所控制的区域。

(2)保护项目:古镇区内所有区域(即急水港以南、全功路南北段以西、白蚬湖以东、南湖以北)以及通往周庄镇区的邻近滨水、沿路地带。

(3)保护要求:在此范围内的新建建筑或更新改造,必须服从"体量小、色调淡雅、不高、不洋、不密、多留绿化带"的原则。其建筑形式要求在不破坏古镇风貌的前提下,可适当放宽,新建筑应鼓励低层,街坊内部建筑高度应严格按照"周庄古镇区高度控制规划"执行,禁止不符合上述要求的任何新的建设行为,对不符合要求的已有建筑,应停止其建设活动,并在适当的条件下予以改造。该保护范围内的一切建设活动均应经规划部门批准、审核后方能进行。

四、保护区范围确定的影响因素分析

保护范围的确定需要经过科学的实地考察和论证,除了对保护对象的价值评价以外,在技术方面还需从以下几个方面研究确定。

1.视线分析

正常人的眼睛视力距离50～100m,如观察个体建筑的清晰度距离为300m。正常人的视野范围为60°角的圆锥面。如从某处观察某个景点,这种视野范围则成为该景点的衬景,而衬景的清晰度为300m。50～100m的景物便更能引入注目。因此,根据以上视线分析的原理,就可以拟定50m,100m,300m三个等级范围。

2.噪声环境分析

保护范围的确定,不仅要满足视线的要求,还要考虑到噪声等对古建筑的破坏及对游览观赏者的干扰。从噪声对人的干扰声及耐受程度分析:65dB感到很吵闹;70dB使人心神不安、听觉疲劳;80dB对人体健康引起严重危害。因此,有绝对保护要求与游览景点等的噪声应控制在55dB以内,最理想应达到45dB,这样可以达到宁静安全的要求。城市噪声源是随距离而变化的。

按保护要求,一级保护区内不准干道穿越,在二级保护区范围内也排除大型卡车的通行,所以按最低要求,距重点保护点100m,噪声50～54dB较合适,依此分析,50m,100m,300m为从噪声干扰出发的三个等级的划分保护范围。

3.文物安全保护要求

绝对保护的国家级、省(市)级文物保护单位,按文物保护规定,其周围要划出50m的保护范围,不得有易燃、有害气体及性质不相符的建筑及设施。其周围环境保护及景观要求,也可分为50,100,300m三个等级。

4.高耸建筑物观赏要求分析

高耸建筑物观赏要求的经验公式如下:

$$D = 2h, Q = 27°$$

式中,D为视点,h为建筑物视高,Q为视点的视角。

上两式的意思是观赏距离为建筑物高的2倍为最佳,视角为27°角时为最好。$D = 3h$时为群体观赏良好景观。

当人们登临塔顶,俯瞰景物时10°俯角为清晰范围。

因此,由这三个依据,即可定出高塔等高耸建筑物的景观要求三个保护范围。$D = h$(以塔为圆心,塔高为半径画一圆)为一级保护区;$D = 3h$为二级保护区;以塔为中心,按10°为高度角,画出三级保护区。对于不可登高的古塔,它们的保护范围,则可减少俯角一项。

第五节　历史文化名城中建筑高度的控制

历史文化名城确定的保护范围内,都有较好的传统特色风貌,而一般在传统特色地段内建筑高度都不高,要保护这种宜人的尺度和空间轮廓线,因此要在保护区内制定建筑高度的控制。在保护区外有时也有高度控制的要求,这是整个历史名城环境景观的要求,有的是制高点视线的要求。有的景点相互有通视的要求,有的在城市中心需看到城外山峦的雄姿,这就要对全城有高度控制要求。

历史文化名城保护规划中,建筑高度的控制至关重要,许多名城由于没有控制住新建筑的高度,而造成了原有优美的历史传统风貌的破坏,教训极为沉痛。

保护范围内的高度控制的确定依据两个方面:

第一,是根据保护规划总体要求,及名城现状的具体情况及大范围内名城的空间轮廓的要求,提出几个高度的空间层次。

如平遥古城现状建筑高度为10m以下,1层建筑为主,2层局部。为全面保护古城风貌,对高度有严格的控制规定:绝对保护区及一级保护区内建筑在维护、修复、重建中必须按原建筑高度及详细规划指导下进行,不得建造2层楼房;二、三级保护区建筑总高度要求坡顶低于视线范围内修建2层。即在古城墙内2.25km的古城中建筑高度不超过10m,建筑层数不超过2层。

北京根据传统历史和具体现实条件,提出了建筑高度控制的总体方案:以故宫、皇城为中心,分层次控制建筑高度。旧城要保护平缓开阔的空间格局,由内向外逐步提高建筑层数。并根据对古都风貌保护的不同要求,将旧城划分为五类高度控制区,即平房控制区、9m、12m、18m和30m控制区。

苏州要求古城内建筑高度一律不得超过24m,以保持古城整体良好的尺度感。

第二,是通视线分析,它满足了各个保护对象对周围环境的要求,使景区与周围环境协调统一。以下以苏州为例进行高度控制确定的分析:

1. 绝对保护的建筑群与园林周围的建筑高度控制

在一般情况下,古典园林或建筑群的衬景为天空与绿化。因此不应该出现与此无关的建筑物衬景。如古典园林的建筑高度一般均为单层房屋,因此确定一级保护区内建筑高度控制在檐口高度不大于3m;二级保护区内檐口高度不大于6m;三级保护区内檐口高度不大于9m。这样的建筑高度在园林周围层层升高变化,既能满足园林视线要求,又能使园林与周围环境协调。

2. 古塔等高耸建筑物周围的高度控制

古塔等一般都有塔院等,应与园林要求相同,即一级高度控制为3m,二级为6m,三级保护为9m。但由于古塔等高耸建筑物又往往是名城的标志,在其周围的一定范围,视线应不被遮挡,有视廊高度控制的要求。根据观赏塔的距离要求:距塔200m处,要求能看到塔的1/3的高度;距300m处,要求能看到塔的1/2的高度;距600m处,要求能看到塔的2/3高度;当$D = 3h$时观塔,要求能看到塔的全貌。但由于塔周围不是空旷地,要求找出观塔及建筑物的景点、吸引点而开辟出视廊。

由以上两个方面分析得出,塔周围建筑的综合高度控制。

3.大型古建筑的周围环境高度控制

为突出大型古建筑在用地上划出三级保护范围,高度控制为3m、6m、9m,但还应按视线要求作出平面的视点至景物的视角圆锥面,这样的圆锥面能满足对古建筑的观赏要求,又相应减少了高度控制的范围。

4.名城特色景观视廊高度控制

在历史名城内,许多特色景观为人们所赞赏。如从沪宁线抵苏州,车窗南望即见北塔耸巍,而生姑苏之情;在苏州市内在人民路向北进,北寺塔雄壮秀美的形象成为道路的对景;在古园林拙政园中从"梧竹幽居"亭西望北塔影正倒影入池,是借景妙笔;苏州盘门三景的相互因借等的空中视廊。其他许多名城都有这种要求,对这些特色景观的视廊,必须划出高度控制范围,以使视线畅通。

5.名城特色街巷河道两侧高度控制

在城市街道景观的空间构图中,建筑高度(h)与邻近建筑的间距(D)有以下关系:$D/h=1$感觉适中;$D/h<1$有紧迫感;$D/h>1$有远离感。

在一些城中有河道的名城中,如苏州、福州、绍兴等河道一般为4~6m宽,以后发展游览船通航可能放宽至5~12m。河道两岸近处应以1层为主(檐高为3m),2层为辅(檐高为6m)。

一些名城如上述的苏州等的传统坊巷宽度,一般在3~4m,这些小巷两旁民居高度以1层为佳,高于2层则给人以紧迫感,也可以将2层楼房稍作退后处理。确定这些河道及街巷两旁的高度控制,以此作为控制性详细规划的指标依据。

高度控制规定的指标,除了定出檐的高度外,还要规定建筑或构筑物的总高度限制,并注明包括屋顶上的附属设施如水箱等的高度。

6.高度控制规划图

将各个古迹、建筑点的保护范围上要求的高度控制,以及各点之间的视廊控制,以及传统街巷、河道两侧的高度控制都统一地规划在城市用地图上。再依据名城保护总体要求,对保持地段(区)的高度层次控制都综合地规划在全城用地图上,两项叠加并集,成全城的高度控制图。

第六节 历史文化名城保护规划的编制与审批

一、名城保护规划的编制机构与编制要求

根据国务院、建设部、国家文物局的有关规定,各级历史文化名城必须编制专门的保护规划,名城保护规划由省、市、自治区的城建部门和文化、文物部门负责编制,编制保护规划的依据是国家文物保护法、城市规划法以及批准的城市规划总体纲要。

1994 年建设部、国家文物局在总结各名城保护规划编制实践的基础上,颁布了《历史文化名城保护规划编制要求》,对保护规划的内容深度及成果作了具体规定,为名城保护规划的编制修订以及名城保护规划的审批工作提供了依据。《历史文化名城保护规划编制要求》主要内容如下:

1. 保护规划的编制深度
历史文化名城保护规划就其内容深度讲是总体规划阶段的规划,但对于重点保护的地区要再进行深化。

2. 保护规划的编制原则
编制保护规划应遵循以下原则:
(1)历史文化名城应该保护城市的文物古迹和历史地段,保护和延续古城的风貌特点,继承和发扬城市的传统文化,保护规划要根据城市的具体情况编制和落实;
(2)编制保护规划应当分析城市历史演变及性质、规模、相关特点,并根据历史文化遗存的性质、形态、分布等特点,确定保护原则和工作重点;
(3)编制保护规划要从城市总体上采取规划措施,为保护城市历史文化遗存创造有利条件,同时又要注意满足城市经济、社会发展和改善人民生活和工作环境的需要,使保护与建设协调发展;
(4)编制保护规划应当注意对城市传统文化内涵的发掘与继承,促进城市物质文明和精神文明的协调发展;
(5)编制保护规划应当突出保护重点,即:保护文物古迹、风景名胜及其环境;对于具有传统风貌的商业、手工业、居住以及其他性质的街区,需要保护整体环境的文物古迹、纪念建筑集中连片的地区,或在城市发展史上有历史、科学、艺术价值的近代建筑群等,要划定为"历史文化保护区"予以重点保护。特别要注意濒临破坏的历史实物遗存的抢救和保护,不使继续破坏。对已不存在的"文物古迹"一般不提倡重建。

3. 保护规划的基础资料收集
编制历史文化名城保护规划需收集的基础资料一般包括以下各项:
(1)城市历史演变、建制沿革、城址兴废变迁;
(2)城市现存地上地下文物古迹、历史街区、风景名胜、古树名木、革命纪念地、近代代表性建筑以及有历史价值的水系、地貌遗迹等;
(3)城市特有的传统文物、手工艺、传统产业及民俗精华等;
(4)现存历史文化遗产及其环境遭受破坏威胁的状况。

4. 保护规划的成果要求
历史文化名城保护规划成果一般由规划文本、规划图纸和附件三部分组成。
(1)规划文本 表述规划意图、目标和对规划有关内容提出的规定性要求,文本表达应当规范、准确、肯定、含义清楚。它一般包括以下内容:
① 城市历史文化价值概述;

② 历史文化名城保护原则和保护工作重点;

③ 城市整体层次上保护历史文化名城的措施,包括古城功能的改善、用地布局的选择或调整、古城空间形态或视廊的保护等;

④ 各级重点文物保护单位的保护范围、建设控制地带以及各类历史文化保护区的范围界线,保护和整治的措施要求;

⑤ 对重要历史文化遗存修整、利用和展示的规划意见;

⑥ 重点保护、整治地区的详细规划意向方案;

⑦ 规划实施管理措施。

(2) 规划图纸　用图像表达现状和规划内容。

① 文物古迹、传统街区、风景名胜分布图,比例尺为 1/5 000 ~ 1/10 000。可以将市域或古城区按不同比例尺分别绘制,图中标注名称、位置、范围(图面尺寸小于 5mm 者可只标位置);

② 历史文化名城保护规划总图,比例尺 1/5 000 ~ 1/10 000,图中标绘各类保护控制区域,包括古城空间保护视廊、各级重点文物保护单位、风景名胜、历史文化保护区的位置、范围和其他保护措施示意;

③ 重点保护区域界线图,比例尺 1/5 000 ~ 1/2 000,在绘有现状建筑和地形地物的底图上,逐个、分张画出重点文物的保护范围和建设控制地带的具体界线;逐片、分线画出历史文化保护区、风景名胜保护区的具体范围;

④ 重点保护、整治地区的详细规划意向方案图。

(3) 附件　包括规划说明书和基础资料汇编,规划说明书的内容是分析现状、论证规划意图、解释规划文本等。

二、名城保护规划的审批程序与机构

我国名城保护规划作为城市总体的一部分或单独按审批程序审批。根据 1993 年国务院批准、建设部和国家文物局召开的全国历史文化名城保护工作会议的工作报告,明确指出名城审批机构为:

·由国务院审批总体规划的历史文化名城,其保护规划由国务院审批;

·其余国家级历史文化名城的保护规划,由建设部和国家文物局审批;

·省级历史文化名城的保护规划,由所在省、自治区人民政府审批。

本章小结

历史文化名城保护规划是城市规划中的一个组成部分,但又是带有全局性和专业性较强的规划,不能仅仅作出城市的文物古迹或风景名胜区的保护与规划,而要对城市中历史文化遗存,作出全面的安排,要制定保护框架,划定保护范围,确定建筑控制高度,并提出保护措施。

问题讨论

1. 保护规划属于哪一种类型的规划? 它与城市总体规划和详细规划以及城市设计有哪些不同和区分?

2. 保护范围的划定应注意些什么?

3. 建筑高度的控制的依据是什么?

4. 编制历史城市保护规划文件和图纸时应注意什么?

阅读材料

1. 董鉴泓,阮仪三.名城文化鉴赏与保护.上海:同济大学出版社,1993

2. 有关杂志上发表的历史文化名城保护规划的实例介绍。

第五章 历史文化名城保护制度

历史文化名城保护规划的落实需要通过建立起一套涉及立法、管理、资金等多方面与之相配合的保护制度。世界各国保护实践证明,城市保护工作中获得的成功很大程度上取决于保护制度的完善。尽管各国的保护体系各不相同,但历史文化遗产保护制度通常都包含有法律制度、行政管理制度、资金保障制度这三项基本内容,以及相应的监督制度、公众参与制度等等。由于我国历史文化名城保护所涉及的范畴十分广泛,它包含了名城地域范围内文物及历史文化保护区的内容,因此本章将从整个历史文化遗产保护的角度,在介绍英国、日本保护制度基础上,研究我国历史文化名城保护制度的有关问题。

第一节 中国历史文化名城保护制度

一、中国历史文化遗产保护体系及保护管理制度

我国历史文化遗产保护经历了文物、历史文化名城、历史文化保护区等各层次不断扩展与深化的过程,已经形成较为完整的保护体系(图 5-1)。

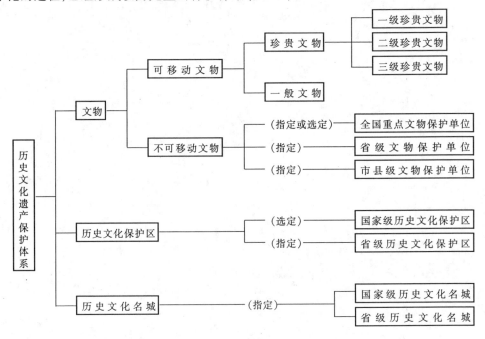

图 5-1 中国历史文化遗产保护体系示意图

以下我们通过对每一层次保护的对象、级别及保护管理机构的设置等有关阐述获得对中国历史文化遗产保护体系的综合了解。

1．文物

（1）文物保护的对象

中国文物保护的范畴包括可移动和不可移动的历史文化遗存，在时代上不仅限于古代，而且包括了近代及当代。根据《中华人民共和国文物保护法》，下列具有历史、艺术、科学价值的文物受国家保护。

① 具有历史、艺术、科学价值的古文化遗址、古墓葬、古建筑、石窟寺和石刻；

② 与重大历史事件、革命运动和著名人物有关的，具有纪念意义、教育意义和史料价值的建筑物、遗址、纪念物；

③ 历史上各时代珍贵的艺术品、工艺美术品；

④ 重要的革命文献资料以及具有历史、艺术、科学价值的手稿、古旧图书资料等；

⑤ 反映历史上各时代、各民族社会制度、社会生产、社会生活的代表性实物；

⑥ 具有科学价值的古脊椎动物化石和古人类化石。

（2）文物保护的级别

根据《中华人民共和国文物保护法实施细则》的规定，革命遗址、纪念建筑物、古文化遗址、古墓葬、古建筑、窟寺、石刻等不可移动文物分为全国重点文物保护单位，省（自治区、直辖市）级文物保护单位及市县（自治县）级文物保护单位；纪念物、艺术品、工艺美术品、革命文献资料、手稿、古旧图书资料以及代表性实物等可移动文物，分为珍贵文物和一般文物，珍贵文物分为一、二、三级。

市县级文物保护单位由市县级人民政府核定公布，并报省级人民政府备案。省级文物保护单位由省级人民政府核定公布，并报国务院备案。

国家文物局在地方各级文物保护单位中选定具有重大历史、艺术、科学价值的作为全国重点文物保护单位，或者直接指定全国重点文物保护单位报国务院核定公布。

（3）文物的保护机构设置

中国文物保护机构设置分国家及地方两级，国家文化行政管理部门国家文物局主管全国文物工作，对全国的文物保护工作依法实施管理、监督和指导；县级以上地方各级人民政府设立专门的文物保护管理机构，不设立专门文物保护管理机构时以文化行政管理部门为文物行政管理部门。地方各级文物行政管理部门管理本行政区域内的文物工作。

（4）文物保护单位的保护管理

根据国家有关法律法规的规定，文物保护单位保护管理工作主要包括：对法令规定的日常保护工作的执行，如建立记录档案、设置标志、日常维护、检查、监督、对保护工作制定计划、作出决定等；对涉及保护单位的各种申请进行审批，如保护建筑使用性质的变更、对保护建筑的修缮、改建、扩建或大修、在保护范围或控制地区的建设工程等。

日常保护管理工作按照不同的保护级别分别由不同机构管理：属国家所有的文保单位，文物行政管理部门、使用单位或其上级主管部门可以建立保管所或博物馆等专门机构负责保护；没有专门保护管理机构的，县级以上地方人民政府责成使用单位或有关部门负责保护，或者聘请文物保护员进行保护。纪念建筑物、古建筑的使用单位负责建筑的保养和维修。

对于各项许可的申请，根据性质不同分别由文物行政管理部门或城乡规划管理部门负责。如文保单位使用性质的变更根据保护级别由当地文化行政管理部门报政府批准;文物建筑的迁移或拆除根据保护级别由当地文化行政管理部门报该级人民政府和上一级文化行政管理部门批准。按照规定允许变动的文保单位的改建、扩建及变动主体承重结构的大修、文保单位的建设控制地带内的新建、改建和扩建,以及涉及文保单位的建设工程选址与设计,均需征得行政管理部门同意后报城乡规划部门审批。

以下我们通过上海历史建筑的保护及保护管理程序的介绍了解地方政府如何结合地方行政组织结构与城市特点保护管理的机构与程序。

(1) 上海历史建筑的保护

① 历史建筑的保护级别

上海历史建筑包含已审定的历史文物建筑、革命文物建筑和优秀近代建筑,分以下三个保护级别:全国重点文物保护单位;上海市文物保护单位;上海市建筑保护单位。

② 历史建筑单体的保护

根据历史建筑的保护等级及实际情况,历史建筑的单体保护一般分为以下四类:

a. 不得变动建筑原有的外貌、结构体系、平面布局和内部装修;

b. 不得变动建筑原有的外貌、结构体系、基本平面布局和有特色的室内装修;建筑内部其他部分允许作适当的变动;

c. 不得变动建筑原有的外貌;建筑内部在保持原结构体系的前提下,允许作适当的变动;

d. 在保持原有建筑整体性和风格特点的前提下,允许对建筑外部作局部适当的变动,允许对建筑内部作适当的变动(但文物保护单位不适用此类)。

③ 历史建筑环境的保护

除了应对历史建筑本身进行保护外,还必须对其周围的建设进行环境控制。一般分为"面控制"——划出保护范围、建设控制地带两个层次和"线控制"——划出视觉走廊两种形式。在历史建筑的保护范围内不得进行新建工程或擅自对其他建筑进行改建、扩建工程;在建设控制地带内新建、改建和扩建的建筑物、构筑物,须在尺度、体量、高度、色彩、材质、比例、建筑符号等方面与历史建筑相协调,不得破坏原有环境风貌;对环境影响较大的新建、改建、扩建工程应经专家小组评审;在视觉走廊内应保持历史建筑不同要求的视觉欣赏效果。由于每幢历史建筑的高度、形式、功能以及在城市中所处的环境不同,保护范围、控制地带及视觉走廊等的确定必须仔细分析历史建筑的特点、原来的设计意图和环境因素,结合地区改造要求逐个研究确定。

(2) 上海历史建筑保护的管理程序

① 历史建筑保护主管部门

上海市文物管理委员会(简称文管委)负责文物保护单位的保护管理,市房地局负责建筑保护单位的保护管理,市规划局负责历史建筑保护的规划管理。凡属历史建筑的上报、历史建筑保护的类别要求、历史建筑保护范围和建设控制地带的划定及建设管理,按历史建筑的保护级别,由市规划局分别会同市文管委或市房地局负责。

② 建筑修缮的管理

对历史建筑不得擅自修缮、大修、改建、扩建。

对历史建筑的修缮,按其保护级别报市文管委或市房地局审批。

对历史建筑的大修以及改变原有外貌或者结构体系或者基本平面布局的装修,按其保护级别经市文管委或市房地局同意后报市规划局审批。

③ 历史建筑保护范围内的建设管理

在历史建筑的保护范围内不得进行新建工程或擅自对其他建筑进行改建、扩建工程。有特殊需要的,市级建筑保护单位须报市规划局审批;市级文物保护单位须经市文管委和市规划局审核后报市人民政府同意;全国重点文物保护单位须经市文管委和市规划局审核后报市人民政府和国家有关主管部门同意。

④ 历史建筑建设控制地带内的建设管理

在优秀近代建筑建设控制地带内新建、改建和扩建建筑物、构筑物,须报市规划局审批;属文物保护单位,其设计方案须征得市文管委同意。

⑤ 历史建筑拆除的管理

因国家建设特殊需要须对历史建筑进行迁移或拆除的,由市规划局会同市文管委或市房地局审核后报市人民政府审批;属全国重点文物保护单位的,由市人民政府报国务院批准。

迁移或拆除优秀近代建筑,应测绘、摄影、保存资料;迁移、拆除及测绘、摄影所需费用由建设单位列入建设规划(图 5-2)。

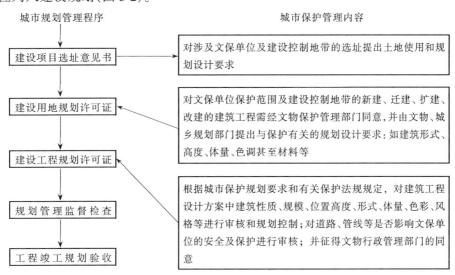

图 5-2　上海市城市保护管理示意图

上面的陈述可以看到,目前我国国家及地方政府对文物保护单位、保护范围及其建设控制地带的行政管理的职能划分与管理程序有较为明确的规定,并基本形成与城市建设管理中建设工程审批程序的契合。

但是,由于对"与保护有关的规划设计要求"往往只有笼统的、概念性的文字描述,如"建筑的形式、高度、体量、色调应与文物保护单位相协调"、"不破坏原有的环境风貌",缺乏更细化的规范,在处理实际问题时规划行政的自由量裁权限过大、主观判断成分过多,造成保护管理的实际效果与力度欠佳。

2. 历史文化保护区

（1）历史文化保护区的保护对象及标准

根据 1986 年、1997 年国务院和建设部的有关文件,历史文化保护区是指"文物古迹比较集中,或能较完整地体现出某历史时期传统风貌和民族地方特色的街区、建筑群、小镇、村落等",可以根据它们的历史、科学、艺术价值,核定公布为历史文化保护区。历史文化保护区应具备以下特征:

① 要有真实的保存着历史信息的遗存(物质实体);

② 要有较完整的历史风貌,即该地段的风貌是统一的,并能反映某历史时期某一民族及某个地方的鲜明特色;

③ 要有一定的规模,在视野所及的范围内风貌基本一致,没有严重的视觉干扰。

（2）历史文化保护区的保护级别及核定

相对于文物保护及历史文化名城保护而言,我国历史文化保护区的保护工作起步较晚,目前仅有为数不多的省级历史文化保护区,由省、直辖市、自治区的人民政府核定公布。已经有计划地在省级历史文化保护区指定工作的基础上根据其历史、文化、艺术价值,选定保护较好、价值较高、影响较大的,报请国务院核定公布为国家级历史文化保护区。

（3）历史文化保护区的保护管理机构设置

历史文化保护区同样实行国家、地方两级管理。目前是由建设部、国家文物局共同负责全国历史文化保护区的管理、监督及指导工作;地方各级历史文化保护区的保护管理工作由地方文化、城建或规划部门共同承担;历史文化保护区在文化名城区域内的由历史文化名城保护管理机构承担这一职责,非名城区域内的历史文化保护区可设立专门的保护管理机构,如屯溪老街保护管理委员会就是由黄山市人民政府设立统一负责老街的保护管理和协调有关部门的工作机构,委员会下设办公室执行委员会的决议并处理日常事务。

3. 历史文化名城

（1）历史文化名城保护的对象及标准

根据《中华人民共和国文物保护法》的规定,历史文化名城是"保存文物特别丰富,具有重大历史价值和革命意义的城市",在具体的审定工作中的核定标准及原则:

① 不但要看重城市的历史,还要着重看当前是否保存有较为丰富、完好的文物古迹和具有重大的历史、科学、艺术价值。

② 历史文化名城和文物保护单位是有区别的。作为历史名城的现状格局和风貌应保留着历史特色,并具有一定的代表城市传统风貌的街区。

③ 文物古迹主要分布在城市市区或郊区,保护和合理使用这些历史文化遗产对该城市的性质、布局、建设方针有重要影响。

（2）历史文化名城的级别及核定

根据城市的历史、科学、艺术价值,历史文化名城分为二级,即国家级历史文化名城和省级(自治区、直辖市级)文化名城。

（3）历史文化名城的保护管理机构设置

历史文化名城亦实行国家及地方两级管理,建设部、国家文物局共同负责全国历史文化

名城的保护管理、监督及指导工作;地方一级的名城保护管理的机构设置有以下两种情况:

1)由地方城建或规划主管部门、地方文物、文化主管部门共同承担。我国名城中的大多数城市都是采用这种方式,如福州市由市文物管理局、市城市规划局共同负责,上海市由市规划管理局、市文物管理委员会同市房屋管理局共同负责。

2)设立专门的名城保护机构。这类保护机构根据其职能范围又可划分为两种类型:一类是名城保护机构为行政主管部门,城市的城建、规划、文物、环保等行政管理部门在各自职责范围内协助保护工作;另一类是为协助城建规划部门、文物、文化部门而设置的,其成员往往由相关部门成员共同组成,以协调名城保护职能部门之间的关系、监督、检查名城管理实施为主要职责,有些名城还下设日常办公机构负责日常保护有关管理工作。属前一类型的名城有广州、韩城、丽江等;后一类名城有正定、襄樊。以下我们分别以广州和正定为例,说明此两种类型名城保护机构的职能差别。

① 广州市国家历史文化名城办公室 《广州历史文化名城保护条例(第四稿)》明确规定:广州市国家历史文化名城办公室负责具体组织本条例的实施。市规划、文化、城建、城监、园林、旅游、林业、水利、公安、工商、环境保护、市容环境卫生等行政主管部门依照各自职责协同实施本条例。广州市国家历史文化名城办公室的职责是:

· 宣传、执行国家、省、市有关名城保护的法律、法规和政策;

· 牵头组织文化、规划、园林、环境保护等有关部门草拟名城保护规划;

· 制订历史文化保护区的标准;

· 负责历史文化保护区的审核、申报工作;

· 负责设立历史文化保护区的标志和界定范围;

· 收集、建立名城保护的档案资料;

· 指导、监督有关单位做好名城保护工作,并协调解决在名城保护中出现的问题;

· 依本条例规定权限查处违法行为;

· 负责名城保护专项资金的管理与调配使用。

② 正定县历史文化名城保护委员会 《正定历史文化名城保护办法》规定:正定县历史文化名城保护委员会负责决策名城保护工作中的重大问题,对名城保护规划的实施情况检查指导,组织名城保护规划的修改调整,协调名城保护职能部门之间的关系。

县建设行政管理部门和文化文物行政管理部门为名城保护主管部门,具体负责名城保护规划的实施,编制重点历史文化保护区详细规划,处理保护与管理工作中的日常具体事宜,定期向名城保护委员会报告保护与管理工作情况。

县直属机关的有关部门和乡镇按照职责分工配合做好名城的保护与管理工作。

二、中国历史文化名城保护的法律制度

随着我国历史文化遗产保护体系的完善,其法律体系的建构已成为保护工作的核心与保障。

与历史文化遗产的三个层次相对应,文物保护法律体系已基本形成。从根本法宪法、专门的保护法、文物保护法到相关法律如城市规划法、环境保护法等乃至地方法律文件的颁布实施,标志为我国以文物为中心的保护制度趋于成熟;以历史文化名城为中心的保护立法则以地方法规的制定为先导,还有国家颁布的名城保护规划编制办法及审批程序有关文件;

历史文化保护区的保护立法体系尚未形成,其中《黄山市屯溪老街历史文化保护区保护管理暂行办法》等地方暂行法规的推广仅仅是这一法律体系的起步。

我国历史文化遗产保护制度在现有的法律框架中主要可分为两个部分,其一为全国性保护法律、法规及法规性文件;其二为地方性法规及法规性文件。依照内容分为文物保护、历史文化保护区保护、历史文化名城保护或二者、三者兼容的法律法规。

1. 全国性的法律法规

(1) 文物、历史文化保护区及历史文化名城都适用的法律

1979 年　《中华人民共和国宪法》第二十二条

1982 年　《中华人民共和国刑法》第一百七十四条

1989 年　《中华人民共和国城市规划法》

1989 年　《中华人民共和国环境保护法》

(2) 专指文物保护的法律法规

1950 年　《关于古文化遗址及古墓葬之调查发掘暂行办法》

1950 年　《关于保护古文物建筑的指示》

1951 年　《关于名胜古迹管理的职责、权力分担的规定》

1951 年　《地方文物管理委员会暂行组织通则》

1953 年　《在基本建设工程中保护文物的通知》

1956 年　《关于在农业生产建设中保护文物的通知》

1961 年　《文物保护管理暂行条例》

1961 年　《国务院关于进一步加强文物保护和管理工作的指示》

1963 年　《文物保护单位保护管理暂行办法》

1963 年　《关于革命纪念建筑、历史纪念建筑、古建筑、石窟寺修缮暂行管理办法》

1964 年　《古遗址、古墓葬、发掘暂行管理办法》

1980 年　《关于加强历史文物保护工作的通知》

1982 年　《中华人民共和国文物保护法》

1987 年　《纪念建筑、古建筑、石窟寺等修缮工程管理办法》

1992 年　《文物保护法实施细则》

1993 年　《关于在当前开发区建设和土地使用权出让过程中加强文物保护的通知》

(3) 历史文化名城保护相关的法规

1982 年　《关于保护我国历史文化名城的请示的通知》

1983 年　《关于加强历史文化名城规划工作的通知》

1986 年　《关于公布第二批国家历史文化名城名单通知》

1994 年　《关于审批第三批国家历史文化名城和加强保护管理的通知》

1994 年　《历史文化名城保护规划编制要求》

(4) 历史文化保护区保护相关的文件

1997 年　《转发"黄山市屯溪老街历史文化保护区保护管理暂行办法"的通知》

2. 地方性法规及规章

由于中国地域广大,各地方的情况千差万别,因而地方性法规及规章的制定情况与水准参差不齐。总体上讲,因涉及地方立法权限以及调整对象和具体操作的原因而使立法难度较大。目前为止,我国大多数历史文化名城根据自身的需要已制定了各种类型、针对不同保护对象的保护管理法规及政策性文件(规章),根据内容对象可粗略分为三个层次:

(1)关于历史文化名城及其整体空间环境保护法规及管理规定。包括名城保护规划、名城保护条例、管理条例(办法、通知、规定)和名城整体空间环境(城市风貌、建筑高度控制等)的管理规定,如福州市历史文化名城保护条例,平遥古城保护条例(试行),歙县人民政府关于加强古城保护的通知,青岛市城市风貌保护管理办法,关于北京市区建筑高度控制方案的决定等。

(2)关于名城特殊区域或历史文化保护区保护法规及管理规定。如天津市风貌建筑地区建筑管理若干规定,遵义市老城保护区及历史纪念文物建筑的规划管理,北京市人民政府关于严格控制颐和园、圆明园地区建筑工程的规定,黄山市屯溪老街历史文化保护区保护管理暂行条例等。

(3)关于文物保护单位及其他单项保护法规及管理规定。如北京市文物保护单位保护范围及建设控制地带管理规定,绍兴市人民政府转发《关于要求公布24处市级文物保护单位的保护范围及建设控制地带的报告的通知》,上海市优秀近代建筑保护管理办法,南京城墙保护管理办法,西安市周丰镐、秦阿房宫、汉长安城和唐大明宫遗址保护管理条例,济南名泉保护管理办法,苏州园林保护和管理条例,绍兴市城区河道保护暂行办法,北京市关于在基本建设工程中加强地下文物保护管理的通知等。

由此我们可以看到,由国家颁布的有关保护的法律法规及规章中有关文物保护的内容最为全面,文件数量最多,法律结构最为完善;而有关名城及保护区的目前仅有法规性文件,且文件数量较少。地方性法规文件中的情况则恰好相反,与名城保护直接相关的法规及法规性文件的数量最多,所涉及的内容既有关于名城整体的保护管理条例,也有针对性较强的法规性文件。这种情况恰好弥补目前国家在制定名城及历史文化保护区的有关法律、法规的不足,并为在将来补充与完善这一部分的内容打下基础。

总的来说,我国名城保护法律制度正在由中央到地方、从法律、法规到条例和规范不断地充实与发展,但保护立法的总体框架仍不完善。

三、中国名城保护的资金保障制度

严格地说,目前我国名城保护资金无论从筹集、分配还是运作都十分薄弱,不成体系,相关制度的形成与完善还有相当长的路要走。

根据我国现行有关法律,政府财政预算支付的历史遗产保护经费,针对具体文物(见《文物保护法》第一章第六条:"文物保护管理经费分别列入中央和地方的财政预算")主要有以下几种方式:

(1)对于文保单位的保护与修缮,首先区别等级(即国家级、省(直辖市、自治区)级、市县(自治县)级),按级别立项申报所需经费,分别由国家、省或市县批准。但国家只提供所需经费的一部分,大部分保护资金由地方政府承担。

（2）地方政府根据每年财政收入状况，从城市维护费中提出一部分用于文物保护事业，具体有三方面的资金渠道，即城市基本建设筹集的资金、房地产部门的房屋维修费和地方政府对文物保护的拨款。

（3）有些文物单位是自筹资金，如企事业单位及宗教文物单位等。

下面我们就以上海市为例进一步了解具体情况。上海市目前共有文物保护单位137处，其中全国重点文物保护单位9处，上海市文物保护单位128处。从内容上看，上海市文物保护单位主要包括革命史迹、名人故居、名人墓地，历代的寺、塔、楼、园以及优秀近代保护建筑。目前上海市文物保护单位的资金来源主要依靠市政府拨款、房屋管理局的房屋维修费以及企事业宗教单位自筹三种方式。

上海市政府每年财政中拨款300万元专门用于文物保护单位的保护与修缮（1997年）。实际这一费用仅够提供重要的革命遗址和古建筑进行修缮，而优秀近代保护建筑的保护经费则是根据《上海市优秀近代建筑保护管理办法》由房屋所有人负责。优秀近代保护建筑大多为公有房屋，其所有人系指"在国家授权范围内依法行使权利的国家机关、团体、部队、全民所有制企业、事业单位，以及劳动群众集体组织"。按照房产管理的规定，房屋所有人应提存房屋修缮基金，"出租的公有房屋从租金中提存，事业单位自用房屋从事业经费中提存，企业单位自用房屋从房屋折旧费中提存"，可以认为大部分优秀近代建筑的维修经费来自于这笔房屋修缮基金。对于事业单位的自用房，其维修费用根据不同单位的经济情况会有所不同。保护建筑中出租的公有房屋大都由各房管部门管理，房管部门长期以来是按"以租养房"的运行模式，其维修经营取决于房屋租金收入的多少。而福利性房屋租金制度的长期延续，公房租金一直维持在一个偏低的水平，相对于物价上涨而减少，因此这部分房屋普遍存在维修经费短缺的问题，针对文物保护与修缮的经费就更显得捉襟见肘。由此可见，文物保护单位保护资金不足的情况是长期普遍存在的。

历史文化名城保护的资金来源，在国家的财政预算中并没有设立固定专用经费。而是由各个城市根据自己的情况进行资助，其方式主要有如下几种：

（1）为了迁移保护区内对景观有损害或有污染的工厂等，国家提供必要的土地。

土地资产的国有化，为名城保护这方面的工作提供了优势。如苏州市等城市从旧城中迁出了一些不符合名城保护要求的工厂，承德市将避暑山庄内不利于山庄保护的设施迁移出来。但随着我国经济制度的改革，土地有偿使用制度及房地产市场的逐步建立与完善，这一问题将变得更为复杂。如何利用土地的级差效益等市场经济手段为名城保护事业服务，是新时期名城工作的新课题。

（2）结合旧城改造，在地区改建过程中划出专项费用用于地区保护。

在房地产综合开发中，可以要求开发企业按照规划对历史地段进行保护和维修，同时在其他地区的开发中给予补偿，在有条件的地段尽可能发挥土地的级差效益，迁移一部分住户，降低人口密度，改变建筑物的用途，争取改造资金就地平衡。苏州桐芳巷的改造就是个成功的例子，基本达到了保持该地段的传统风貌、改善基础设施与环境质量、降低人口密度、就地平衡改造资金等多项目标，可谓一举多得。桐芳巷的改造是经过长时间研究，周密计划后才开始实施的。它说明只要恰如其分地运用房地产开发的手段，不仅无损于古城风貌，而且可以开辟历史文化名城保护与建设资金来源的重要渠道。

（3）对于提供旅游观光事业的历史文化遗产及其环境，地方政府从其旅游事业收入中提取相应的经费及补助。

国家历史文化名城的公布不但促进了名城保护事业的发展,也推动了名城经济,尤其是旅游经济的发展。据 1992 年对 44 个国家历史文化名城的统计,当年的旅游外汇总收入达 103.3 亿元的外汇人民币,占当年全国旅游外汇总收入的 67.7%。因此,按旅游收入的一定比例提取相应的资金,反馈为之带来收益的名城历史文化遗产保护事业已成为很多城市保护的主要资金来源之一。如江南古镇周庄,1997 年光门票收入一项就为古镇带来超过 1200 万元的收入,镇政府决定将这一收入大部用于该镇的古建民居的保护与整治上,为古镇保护规划的实施奠定了良好的资金基础。

(4)对于历史文化名城保护,部分城市在财政上实行每年从本城市上年工商利润中提成的办法,以增加维护、建设资金的来源。

考虑到历史文化名城维护建设的任务较重,从 1982 年起,对扬州、景德镇、绍兴 3 个城市分别实行每年以上年工商利润中提成 5% 的办法,以增加其维护、建设资金的来源(其余城市也先后采用这个办法或已另有规定)。如襄樊市按城市维护建设费等经费的正常投入,每年用于名城保护建设的可用资金是 3 000~4 000 万元。

(5)对名城保护中特别重要或意义重大的项目,国家财政给予临时性的资金补助。如长城的修复、西安城墙的修复等。

(6)设立国家历史文化名城专项保护基金,实行专款专用,为名城保护中的重要项目提供稳定持续的资金补助。以国家资金的重点投入,带动地方、集体、个人的多渠道资金配合。

1997 年底,国家计委、财政部开始设立国家历史文化名城专项保护基金。计划在未来的 5 年中连续对我国国家名城中的重要历史街区保护给予资金的补助。每年总额度 3 000 万元的专项基金主要用于历史街区的古建维护和基础设施改善两个方面。

总的来说,由于国力所限,国家及地方财政给予保护的资金补助是极其有限的,我国历史文化遗产的保护仍然长期存在资金匮乏的问题。随着计划经济向社会主义市场经济的转变,以及土地无偿使用向有偿使用制度的转变,越来越多的城市在名城保护与建设中尝试采取新的多渠道、多层次的资金筹集和利用方式,用以弥补政府财政上对保护事业投资的不足。

上海市外滩公有房屋置换的实践就是很典型的例子。外滩是旧上海的金融贸易中心,沿着黄浦江绵延 1.2km 的 23 幢大楼中有 11 幢原来是银行,其他多为海关、洋行、俱乐部、旅馆、报馆等建筑。这些建筑大多是在 19 世纪末至 20 世纪 30 年代建造的,风格多样,并形成了江滨优美的天际线。这一地区在解放后由于外资银行的撤离、生产资料公有制的建立等因素,原来的房屋逐步为中央、市属的行政机关、企事业单位进驻。80 年代以来,社会经济的发展和土地制度的改革使土地的经济价值得到承认,政府和外滩房屋的使用者都意识到外滩的优越区位可能带来的经济上的收益。90 年代初,开始有部分外滩房屋的使用者自行将房屋出租给金融贸易机构。新一轮的上海市城市总体规划将外滩地区规划为 CBD 地区,更是大大提高了外滩地区的土地价值,于是市政府于 1994 年 11 月成立上海外滩房屋置换有限公司,对外滩地区的房屋转让、出租和招商进行统一操作,目前已有 12 幢建筑被置换,其中出让价格是每平方米 4000 美元,出租价格是每天每平方米 1.5 美元。所得资金除用于该地区的市政配套和全市的市政建设外,还有相应的资金专门用于建筑的维修及历史建筑的保护。

外滩的房屋置换不但恢复了很多历史建筑原来的功能,对其风格原貌的保存十分有益,而且使历史建筑在城市经济发展中重新获得旺盛的生命力。在房屋置换过程中建筑的历史文化价值对市场交易价格或多或少的影响,已初步显示了合理运用市场机制有可能使得历史建筑的无形文化资产转化为一定的资产价值。这提供了一个良好的契机与开端,不但使建筑的历史文化价值为使用者所重视,从而有利于它们的保存,而且也为在这种无形资产方面的投资与经营提供了可能性,使城市有可能通过对某些历史地段、历史建筑适当的经营,获得保护所需要的持续稳定的财力保证。

向市场经济转变的过程给城市历史文化遗产保护带来了挑战与机遇,保护并不仅仅意味着资金投入,通过适当的操作与经营,对历史建筑与街区的保护与整治也可以带来可观的收益,并用于解决目前保护所面临的资金困难。在名城中可以通过建立全市性的经营机构,来对历史建筑的保护与综合整治进行操作。这样的机构可以同时作为一个保护机构,以确保综合整治方案有利于对建筑物或街区整体环境的保护。以一个统一的机构进行工作还有利于将由此带来的收益集中统筹安排使用于全市各处的历史性环境保护。

苏州市正在实施保护与整治工作的平江历史街区在这一方面进行着更深入、细致的探索。首先由苏州市政府负责平江历史街区的保护与整治的规划工作。其次,将规划的实施与操作委托苏景公司主持。第三,政府给予保护的启动资金和相应的政策配合,并从旁进行指导与监督。具体情况如下:

占地约 43hm^2 的平江历史街区,保护与整治所需费用巨大(据苏景公司估计整个区需12亿人民币投资),单单平江路市政设施 7 种管线下埋费用估算就达 950 万元。就目前的国力而言,政府不可能全部承担这样一笔巨额款项。按照苏州已有的模式采用"政府出一点、单位出一点、私人捐一点"的方式,具体到平江历史街区,资金来源有以下几个方面:① 国家财政拨款(从 1997 年始,每年拨款 300 万元,分 5 年划拨,共 1500 万元);② 苏州市财政拨款;③ 集体单位出资;④ 社会、企业赞助;⑤ 平江区政府行政调拨;⑥ 居民出资。政府的资金作为启动资金,主要用于街区市政基础设施的改造、重要历史建筑的外观修缮以及街区外部环境的整治。建筑结构的加固和内部使用功能的改造等则根据产权性质,配合不同的政策解决资金问题,具体划为四种类型:

(1)直管房 结合房改政策。由苏景公司与房管所共同承担整治改造任务,资金应主要由资产拥有者承担。资金回收可通过出让使用权或提高房租。

(2)集体房 由苏景公司与所有房产单位共同承担改造任务,或通过收购产权方式,由苏景公司一家承担。

(3)私有房 由私人自己承担整治改造任务,但需在统一的管理下进行。对于无力承担者政府以低息贷款的方式给予资助,对于不愿改造者政府加强宣传引导或由苏景公司收购产权进行整治。

(4)混合房 多家共管,一家施工的方式,或收购私有房产使产权单纯化,再按照上面的方式处理。

同时,苏州市政府拟在今后陆续出台外迁人口的安置政策、房屋产权转让政策、私人集体整治的补偿与奖励政策等以配合这些工作的顺利进行。

另一个典型实例是周庄。江南水乡古镇——周庄镇,十多年前还是一个名不见经传的偏僻小镇。但其保留完好的江南古镇格局,以及明清的建筑风貌,吸引了很多美术工作者到那里写生。后来,在同济大学阮仪三教授、陈从周教授等一些专家的关心和呼吁下,周庄人民逐渐意识到古镇的文化价值和旅游价值,古镇人民在只有少数自筹启动资金的情况下,开始一步步地保护整治古镇风貌和大力发展旅游的工作。周庄古镇的整治是在国家没有拨款,镇上财政亦很紧张的条件下起步的,他们从一砖一瓦的整治开始,边整治边宣传,调动全镇所有能调动的力量,边请教边摸索边努力。他们为使整修后的旧宅能"整旧如旧"并和古镇历史风貌相吻合,四处收集旧材料用于整治。如从苏州旧城改造的废墟中购入废弃的古建筑各类原始构件材料,如木窗、木门、地砖、屋檐、瓦片等,经过设计有机组织到民居保护与整治的过程之中。另外,他们还在处理生活污水方面进行了一些探索,采用宅内挖化粪池的应急手法。

安徽屯溪老街的保护与整治也是经历了十多年的过程,在国家没有资金投入的情况下,他们鼓励商店、住户自己投资,按照规划进行维修与翻建。在翻建中利用旧建筑净空比较高,增加层数。既满足了用户需要,又保持了原有传统面貌,在保护前提下求得最佳综合效益,也就探索一个保护与改造的度,即最大可能程度的保护与最小的开发利润回报之间的结合点。

周庄和屯溪老街都是以旅游业为龙头带动整个整治过程的顺利进展,并充分调动全社会所有可动员的人力物力来积极参与,同时制定政策加以引导,给予投资者一定的利益回报,在政府没有保护资金投入或只给予少量投入的情况下,将保护整治工作做得相当出色。由此可见在政策的配合与引导下运用多层次、多方面的综合手段是解决保护资金问题的另一重要方法。

第二节　英国历史文化遗产保护制度

一、英国历史文化遗产的保护内容及保护管理制度

英国的历史文化遗产保护经历了古迹保护、登录建筑(Listed Buildings)保护、保护区(Conservation Area)的发展阶段和历程。

根据 1882 年颁布的《古迹保护法》,古迹主要是指那些一般没有具体用途、无人居住的历史遗产,如史前遗迹、古代建筑物等,现在英国有 17 500 处左右的在册古迹;1947 年的《城乡规划法》及 1967 年《城市文明法》的颁布分别标志着登录建筑和保护区保护制度的创立,登录建筑和保护区成为历史文化遗产保护的重点内容;1969 年《住宅法》确定了巴斯等四个历史古城为国家重点保护城市,但在立法体系中实际上是作为保护区的一种情况(即"整个城镇就是一个完整的保护区")来实施保护管理的(表 5-1)。

表 5-1　　　　　　　　　　**英国在册古迹、登录建筑、保护区数目一览表**

在册古迹	17 500		
登录建筑	Ⅰ　级	6 000(1.4%)	441 000
	Ⅱ　级	18 000(4.1%)	
	Ⅲ　级	417 000(94.5%)	
保　护　区	7 500 (占英格兰和威尔士所有建筑总量的 4%)		

英国的行政管理实施中央及地方两级管理体系。

国家环境保护部是英国历史文化遗产保护的国家级行政管理机构,而有关法规、政策的实施以及就保护问题向国家、地方和公众提供咨询与建议是由英国国家遗产委员会等国家组织机构和英国建筑学会等法定监督咨询机构负责。在地方政府这一层次上,地方规划部门及保护官员负责落实保护法规、处理日常管理工作。由中央和地方两级组织形成的保护网络主要是处理遗产保护中的突出问题。此外还设有专门委员会或公共保护团体组织论坛进行意见交流、商讨对策。图5-3是英国的保护行政管理机构组织程序及其与各方面的关系示意。

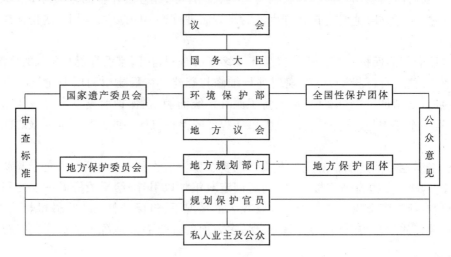

图 5-3　英国历史文化遗产保护行政管理机构组织程序及其与各方面关系示意图

从英国保护机构的组织程序可以看出,从议会、国务大臣、环境保护部、地方议会、地方规划部门到保护官员,管理机构的主线十分清晰,下级不能决策的通过上级解决,不会出现混乱或扯皮的局面。另一方面,公众及其他部门的意见通过保护团体及有关机构逐级上达国务大臣。一般情况下,国务大臣具有最高决策权。任何一件可能损坏历史遗产的申请事件都必须通过国务大臣的最后把关,参与法定程序的5个专业团体对大臣起顾问作用,因此对有关古建筑及保护区的拆除、改建项目的批准显得非常慎重,保护法律则通过这些程序得以贯彻执行。

经过100多年的发展,英国已经逐步建立起了由选定制度、建筑管理制度、保护官员制度、公众参与制度等多项制度所构成的完善的保护管理制度体系。以下我们将进一步详细介绍。

1. 登录建筑的选定和保护管理

(1) 登录建筑的选定标准及程序

选为法定保护的古建筑称之为登录建筑,由国务大臣将这些建筑编成一个目录,定义为"有特殊建筑艺术或历史价值,其特征和面貌值得保存的建筑物"。这种登录工作由1944年开始,由环境部的古建筑调查官员根据英格兰遗产委员会的建议,经过全国性的持续性调查之后推荐,并经国务大臣批准公布。第一批名单产生于1968年,共18万项,以后又经过若干次的增定。

为了保证选择标准一致,政府拟定了登录建筑的选定标准,于1946年下达给环境保护部的调查官员,同时印刷了候选登录建筑候选目录,列出每个建筑的名称并有一份简单描述以便评价。选择登录建筑的主要标准是:

1)建筑艺术特征:优秀设计、装饰、工艺的范例,以及是否是典型的建筑形式、技术和规划类型的范例;

2)历史特征:能够反映国家社会、经济、文化或军事史的重要侧面,以及与名人、大事有关的建筑;

3)群体价值:具有建筑艺术或历史完整性的建筑群或规划范例,如广场、平台或协调的布局;

4)年代及稀有程度:一个建筑的年代愈久远,现存的例子就愈少,因而更有可能被选定。这包括现存的1700年以前的所有建筑遗址,1700~1840年之间的大部分建筑,1840~1914年之间有一定价值的建筑,以及少数现代优秀的代表建筑。

登录建筑划分为三等级,其中Ⅰ级具有"重要价值"的建筑1万项,占2%;Ⅱ级具有"特别意义"的建筑2万项,占4%;其余94%为Ⅲ级,这种等级划分的办法可以协助中央及政府处理有关的提案。

作为正式登录名单的补充,还有一种所谓"暂时列入"的登录程序,是针对那些有长期争议或已受到一定威胁的建筑,使得在对其资格进行充分调查时,任何改变行为都得以延缓。这是一道相当有效的安全屏障,能以较为灵活的方式保护在正式名单之外的有价值的建筑。

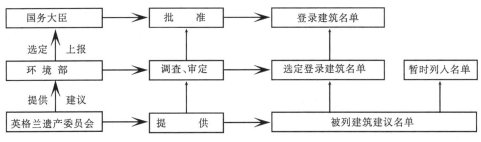

图5-4 登录建筑的选定程序示意

(2)登录建筑的保护管理

对登录建筑的保护管理主要依据1968年城乡规划法所规定的"登录建筑许可证"制度,(《英国古建筑及古城特色保护述略》,张钦哲)其目的是防止未经批准而对登录建筑进行任何形式的损坏及建筑与历史特征的拆毁、改建、扩建行为。

1)登录建筑的拆毁、改建与扩建

为得到拆毁、改建、扩建的许可证,业主必须向地方规划部门提出申请,规划部门在作决定前必须先在该建筑物上张贴布告,并在报刊上登广告说明业主的想法,还要通知指定的地方文明团体。如果属于拆毁的申请,地方规划当局还要同时通知有权介入法律程序的5个全国性古迹保护团体。在21天以内地方规划当局将进行检查并听取公众意见,然后将开始对申请作出决定。如果属于否决的,则通知立即可以下达,而业主可以继续向环境部上诉。对于Ⅱ级建筑的改建、扩建、拆毁申请,大体上只需走如上的程序。但另一方面,如果地方规划当局打算批准"许可证"给改建、扩建、拆毁属于Ⅱ级以上被列建筑的申请人,他们就必须将申请连同有关资料、公众反映及他们拟批准的理由呈报给环境大臣。环境部的古建筑副监察长通过适当的古建筑顾问委员会而对环境大臣起顾问作用。28天之后如果没有接到延长时间以等待环境大臣作出决定这类的通知,则地方规划当局可以签发"许可证"给申请人。若是被列建筑允许拆毁,则必须留出一个月时间让皇家古迹委员会对该建筑进行纪录。当考虑允许拆除时,也应同时考虑在此地点建筑的任何新建筑的设计质量,只有呈交新建筑的详细方案或者新的工程已被批准并且已签定建筑合同时,才可能签发拆除许可,这便保证了登录建筑不会被不必要地拆除并且基地不会长时间地停留在待开发状态。

2) 登录建筑的修缮

在法律上没有规定登录建筑的所有者必须对建筑定期维护、修缮使之状态良好,但如果该建筑状态很差,地方规划当局会发出一个"修缮通知"给业主或建筑使用者,明确规定要做的工作。如果通知发出两个月后业主没有执行修缮工作,当局可按市价进行收购。这种修缮通知有时也可用于保护区内的非登录建筑,多数情况下这种方式较为有效(见图5-5)。

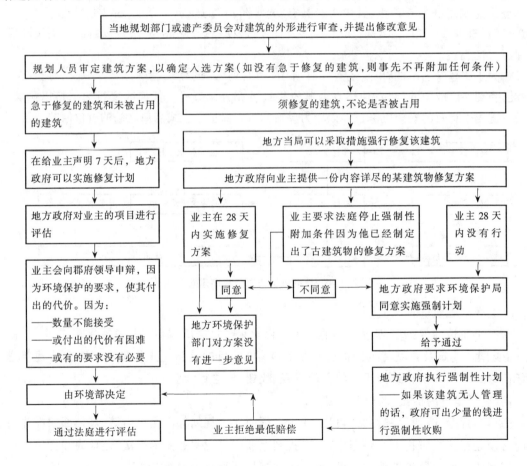

图 5-5 英国登录建筑修缮管理程序示意图

3) 违章处罚

在英国,任何未经同意而对登录建筑进行拆毁、改建、扩建等行为均属刑事犯罪(英国法律分民事、刑事两部分,后者更为严重)。该行为将有被判处两年以内的监禁和罚款可能,罚款金额没有上限,依该项工程的经济效益决定。受指控的人为自己辩护时必须要证明:① 这项工程有迫切的需要;② 该建筑不能修复或暂时维护;③ 只进行了很少一点实际工作;④ 地方规划当局已对这项工程的实施给出书面许可。

从这一系列复杂程序可看出,地方规划部门、地方文明团体、公众法定保护团体、环境部门对登录建筑建立了层层保护防线。为防止登录建筑遭受任何形式的破坏而设立的审查制度相当严格,对登录建筑的保护与维修地方当局也有相当的权力,它可以随时停止一项当局认为有损周围环境面貌的工程,业主和开发商一般都是接受保护规划官员的建议而进行某些必要的变更,待得到保护规划官员的同意才继续施工。按照法律程序,业主或开发商可以上告规划部门;但如果上告,即使规划部门败诉,按照不同的地方法规,工程也必须停工2~6个月,这样就大大减少了上告的案件。

2. 保护区的选定和保护管理

(1) 保护区的选定及范围划分

保护区的概念于1967年的《城市文明法》(Civic Amenity Act)首次引入立法范围,该法令要求地方政府提出行政辖区内的保护区,即"其特点或外观值得保护或予以强调的、具有特别的建筑和历史意义的地区";同时国家有权超越地方政府,直接把任何有历史、文化、艺术价值的建筑群列为保护区。发展到现在,英国共有保护区7500多处。

保护范围的划分要根据所在地段的具体情况,原则是有利于保护该区的特点和完整性,即着重考虑地段的整体效果,而不局限于单幢建筑。

在一个古城镇中确定保护区,可能出现三种(以上)的情况:

① 一个以上的保护区互相关联,有主有次;

② 整个城镇就是一个完整的保护区;

③ 保护区分为若干互不关联的独立地段。

(2) 保护区的保护管理

从1967年的条例颁布开始,保护区的划定及管理主要由地方政府及其行政管理部门负责,但在后来的实践中出现地方政府为保护本地的经济增长而损害到保护法规的贯彻的情况,因而中央政府又加强了自身在保护管理中的职责,包括:

1) 保护区的法律规定

1974年《城乡文明法修正案》中对保护区的管理有如下规定:

① 对在保护区内的未列建筑的拆毁加以控制;

② 国务大臣将亲自决定保护区;

③ 任何人要砍倒、去冠、修剪、拔根或者损坏保护区内超过76.2mm(3吋)直径的树木,必须在6周以前通知地方规划当局,以便拟定具体的保护办法;

④ 国务大臣将指定地方规划当局编制保护区改进计划,并提交地方公众会议上讨论通过;

⑤ 国务大臣将制定特别条款以控制保护区内的广告。

此外,地方政府在划定保护区的同时,还要向公众提交一份当地特色的说明书以及应保护的范围图。

2) 保护区内建筑的拆除、改建及新建

任何个人或集团要改建或拆除区内的建筑物都须在6个月前向当地政府提出申请。

指定保护区的目的并非防止新的开发,但任何新建筑的设计必须符合本地区特点及风貌。只有在呈交新建筑的详细方案之后才能得到拆除许可。新建筑必须是想象力丰富的高标准设计,虽然不必对古建筑复制或模仿,但在细部设计上应考虑规模、高度、体量、立面风格、门窗比例以及与附近古建筑的组合效果,此外还要考虑当地材料的性质与质量。

地方规划当局负责制定保护区内新建筑的设计及控制的详细准则,这些准则十分细致并通常附有示范实例的图示。一般情况下他们更多地考虑如何改进或改善保护区的特性、风貌以及更充分地利用现有街道、建筑、广场与绿地,通常不鼓励再开发。

在考虑以上政策执行时还须得到公众的支持。许多地方通过成立一个保护区咨询委员会(由当地居民以及商业、历史、市政和公共社团的代表组成)来共同商讨本地区的大致和具体提案(见图 5-6)。

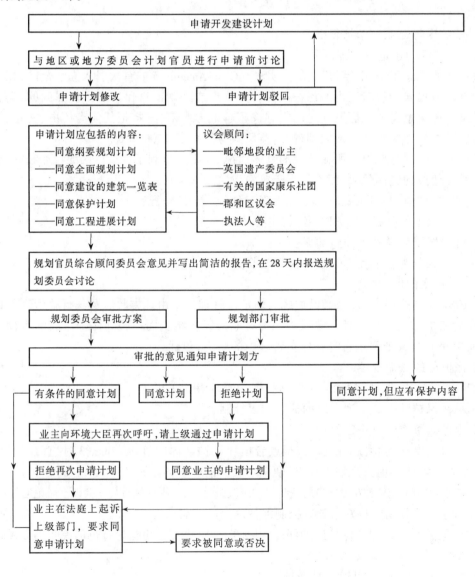

图 5-6 英国保护区内建设开发的管理程序示意图

3) 保护区内建筑的修缮

首先,对保护区内成组的建筑(有的虽不是登录建筑,但对整体效果起重要影响作用)进行修理的计划必须经环境部的建筑师批准,其经费由业主负担 50%,其余由环境部和地方当局均摊。

其次,如果产权人在官方的房屋维修通知下达 7 日内不主动修缮其保护区内的建筑物,那么地方政府有权对该建筑进行维修,而费用的全部或部分将由产权人担负。建筑修缮的管理程序与登录建筑的相同。

4) 违章处罚

违章工程则须负法律责任,任何未经同意的行动将被判处罚款,或最多为两年的监禁,罚款的金额没有上限。

3. 历史古城的选定和保护管理实例

如上所述,英国的历史文化遗产保护体系是以登录建筑和保护区为主要内容的,不太强调历史古城,至今只有巴斯(Bath)、契切斯特(Chichester)、切斯特(Chester)和约克(York)四座进行重点保护的历史古城,1968 年英国环境部组织了一个特别顾问组对巴斯等四座历史古城进行了调查研究。这 4 个城市古建筑众多,而且集中成片,又是风景优美的旅游城市,因此在 1969 年顾问组结论报告中建议这 4 个古城为全国重点保护的城市,环境部研究批准了这个报告。有关英国 4 个历史古城的选定的详细情况将在以后的章节中论述。

巴斯本是古罗马时代的消闲城市,在 1~5 世纪时曾利用地下温泉建了一座规模很大的温泉浴室,巴斯的城市名称也由此至今。巴斯古城是英格兰西南部的一座山丘小城,但该市有列级的登录建筑 4900 多座,划分了 6 个保护区,还利用古罗马遗址兴建了一座博物馆以吸引游客。

约克城市人口规模不到 10 万,古城保护完整。1951 年约克地方政府和规划部门公布了850 项被保护的登录建筑,其中 650 项在古城内。约克古城的保护在古城内采取了整体保护的方针,在古城外则是划定了保护区加以保护。约克市规划部门 1993 年 7 月编制的《约克登录建筑和保护区的保护政策(草案)》将该市分为登录建筑和保护区,其中现有登录建筑850 项,保护区 11 个。约克市的 11 个保护区的分布大体是以古城核心区为中心,形成一个大的片区,其余的几个保护区呈放射状分散在向外扩展的 7 条主要通道上,与古城向外拓展的历史一致,较好地反映了城市的传统格局。古城核心保护区比较大,基本包括整座古城及其西北侧的传统街区在内,它的东、南、北三面以古城墙外侧的环形路为界,西北部包括了城外的两条主要入城通道的入口地段。保护区范围内历史性建筑和环境都得到很好的保护。

确定重点保护四座历史古城,并不影响其他城市的保护。其他古城的保护是以登录建筑和保护区为核心的。以伦敦为例,它即是一座历史古城,同时又是一座高度现代化的国际城市。在寻求古城保护与城市发展的结合点时,于 1991 年在 1.6km² 的伦敦古城内划定了 23 个保护区,每个保护区都有明确的内容和保护范围,有 543 个登录建筑,33 项共 54 处古迹。从以上保护区和登录建筑的数量及范围上看,可以说明古城保护得到极大的重视,加之城市道路基本保持了原有的格局和宽度,建筑风格比较统一,因此古城保护的成效是显著的。

由上述实例可以看出,英国历史古城及其他古城的保护管理仍旧是以登录建筑及保护区的管理为主要内容的,由相同的行政管理机构负责,执行同样的管理程序。

4. 保护官员制度

英国的保护官员制度是于 1971 年设立的,其根本目的在于协调中央政府同地方政府以及地方政府同公众之间的矛盾,沟通法律概念、政策文本与实践之间的差距。他们作为受雇于地方政府专门从事历史文化遗产保护有关工作的专职官员,负责向政府和公众就历史环境保护问题提出专门的意见。目前英格兰已有保护官员 600 多人,对这种官员的资格审查是有严格要求的,他们之中有建筑师、设计师和城市规划师,其中大多数都拥有专业硕士证书。英格兰的 46 个郡一般都再分成 8 个区,每个区都有自己的保护官员。

保护官员的职能虽因各地情况不同而难于作统一的规定,但要求大体一致,可概括为政策的制定与实施、规划与管理、调查与登记、咨询与顾问、宣传与教育等五个方面。

(1) 政策的制定与实施

负责与地方规划部门一道结合地区情况制定地方保护政策,并通过协调有关各方面的关系,解释政策与运用,保证政策的具体实施。

(2) 规划与管理

参与编制地方发展规划和保护规划,向公众提交保护区说明书,负责登录建筑有关的规划申请事项,负责登录建筑有关的经济申请事项,并处理破坏历史建筑的日常纠纷。

(3) 调查与登记

对保护区(特别是残破和衰败中的保护区)的建筑、地段景观和风景点进行视觉调查并记录,协助或督促有关部门对当地建筑进行价值评估;对保护区内未得通知前不拟拆除的建筑物进行登记;对在传统材料运用方面有特殊技术的工匠和公司进行登记,以便在紧急情况下对登录建筑派出合格的修理组。

(4) 咨询与顾问

对登录建筑保护与维修、保护区内新建筑的业主及开发商就保护、维修、改造、新建以及地区经济资助方针等提供咨询服务。

(5) 宣传与教育

负责有关保护的展览和出版工作,向公众宣传保护的益处。

这种保护官员制度在英国地方政府的管理制度中起到十分重要的作用,它成为政府与开发商、建筑物房主、建筑公司、传统技术工匠及至公众之间的纽带,使其在保护城市这一事业中相互沟通起来。

英国的切斯特古城是第一个设立保护官员的城市,其保护工作也由此取得了很大的进展,包括对废弃土地的赎回、重要地段的重新规划和修复,大量被遗弃建筑的整修与重新利用等,而且在保护城市的同时也带来了城市的复兴。

5. 保护团体与公众参与

在英国历史遗产的保护并非只是建筑及规划的专业工作,众多民间组织的积极参与使之成为社会文明的一部分。从 1877 年莫利斯创建第一个古建保护团体发展至今,各种全国性及地方性保护组织已数目繁多,仅 1975 年登记的就有 1 250 个。他们收集和征求有关专家以及公众的意见,从另一个侧面督促和协助历史环境的保护。这些民间团体在不同的方面与不同的程度发挥着他们的积极作用。可以说,历史文化遗产的保护在英国已成为一个持续性的"群众运动"。下面是一些较有影响的保护组织的概况：

（1）全国性组织

英国最主要的民间保护组织，就是为环境部所规定、在一定程度上介入保护法律程序的五大组织：古迹协会（Ancient Monuments Society），不列颠考古委员会（Council for British Archaeology），古建筑保护协会（Society for the Protection of Ancient Building），乔治小组（Georgian Group）和维多利亚协会（Victorian Society）。

上述 5 个团体按期召开联席会议讨论各地被列建筑"许可证"的申请问题。写出评论意见送交申请者所在地规划局，并同时呈送给环境部。其中古建筑保护协会、乔治小组、维多利亚协会分别处理有关 1714 年以前、1714～1830 年间及 1830～1914 年间有关建筑的申请事项，而古迹协会和不列颠考古委员会分别负责古建筑修复的技术材料和对考古遗址的管理研究事项。由于介入法定程序，每年英国政府将给以上 5 个团体相当的资助。

（2）半官方机构

皇家美术委员会（Royal Fine Art Commission），不列颠皇家建筑师协会（Royal Institute of British Architects），皇家规划学会（Royal Town Planning Institute）。他们主要负责有关咨询活动，其顾问作用大于司法作用。

（3）全国性文化团体

伦敦文物家协会（Society of Antiquaries of London）、国家美术及装饰协会联合会（The National Association of Decorative and Fine Art Societies）、拯救不列颠遗产协会（Save British Heritage）和环境保护协会（Conservation Society）等这些民间团体通过不同的方式及渠道对城市文明和历史遗产保护作出贡献。另一方面，公众的意见可通过这些组织转达到协会，也可直接向政府反映，从而影响有关立法或历史建筑的命运。

二、英国历史文化遗产的保护立法过程及内容

英国历史文化遗产立法的一个强大推动力来自民间学术团体。19 世纪英国古建筑及古迹保护运动成为公众的重要舆论课题：首先是一场反对改变古建筑原貌的争论，之后又出现对古建筑的修缮是否整旧如旧之争。这些大规模的民间保护运动最终促成了有关法律的产生。（见表 5-2）。

表 5-2　　　　　　　　　　英国历史文化遗产保护立法主要年事表

年代	名　称	内　容　要　点	保　护　规　模	保护对象
1882	《古迹保护法》	无人居住的遗构及遗址可由国家收购或由国家监督	21 项古迹受国家管理	古　迹
1900	《古迹保护法修正案》	保护内容扩大到住宅、庄园等有历史意义的建筑	400 项	古　迹
1913	《古建筑加固和改善法》	一些特别委员会被授权编制私人所有古迹名单，这些古迹受法律保护，限制业主的处置权	1 万个私人所有古迹被编入名单	古　迹
1931	《古建筑加固和改善法修正案》			

续表

年代	名　　　称	内　容　要　点	保　护　规　模	保护对象
1933	《城市环境法》	古迹四周500m为保护区		古　　迹
1944	《城乡规划法》	授权部组织编制古建筑名单,这是迄今为止受法律保护的古建筑、登录建筑名单的基础	20万个建筑被列入保护名单	登录建筑
1953	《古建筑及古迹法》	授权环境大臣在古建筑委员会的顾问之下批准的突出的古建筑进行修理、维护的经济资助,并授权该大臣可以为国家购置或协助地方政府购置这些建筑		登录建筑
1962	《城市生活环境质量法》《地方政府古建筑法》	授权地方政权机构对登录建筑物的维修管理提供资助或贷款		登录建筑
1967	《城市文明法》	划定具有特别建筑和历史意义的保护区,这是首次在法律中确立保护区的概念	3200个保护区	保　护　区
1968	《城乡规划法修正案》	对被列建筑加强法律保护并授权保护组织参加处置登录建筑拆毁、改建等问题的法律程序,起顾问作用		登录建筑
1969	《住宅法》	确定巴斯等4个历史古城为重点保护城市,住宅法授权所有地方政府提供费用的50%资助(最多为1000英镑)以改进不合标准的老住宅(结构维修及卫生设备更新)	从1974年12月起资助有所增加,重点改进地区增至改进费用的75%	保护区,历史古城
1972	《城乡规划法修正案》	对重要的保护区的改进提供资助,同时包括对保护区内某些未列建筑的维修提供资助,实行规划控制	国家提供1亿英镑,地方政府提供50万英镑	保　护　区
1974	《城市文明法修正案》	将保护区所有未登录建筑纳入城市规划的控制之下,国家可干涉保护区的划定,加强对被忽视了的被列建筑的保护措施,为欧洲建筑遗产年提供特别资助	为欧洲建筑遗产年提供特别资助,英格兰为18万英镑	登录建筑保护区
1990	《登录建筑和保护区规划法》(属城乡规划法的一部分)	登录建筑及保护区确定改建、拆除、开发的控制措施、奖金保障及对违章工程的惩罚制度	英格兰50万个登录建筑及7000个保护区	登录建筑保护区

1877 年,在全英上下对旧城区大规模重修的局面下,由威廉·莫里斯和约翰·拉斯金创建了英国最早的民间保护组织"古建筑保护协会",其目的是对古建筑进行保护,反对拆毁古建筑以及对原建筑作面目全非的重修,并以文字和其他多种方式唤起公众的保护意识。他们的努力唤起了英国公众的保护热情,并促使国家开始将古建筑保护纳入立法的范围。1873 年卢伯克爵士提出的古迹保护议案经过长达 10 年的辩论终于获得通过,这就是 1882 年颁布的《古迹保护法》,自此开始了英国历史文化遗产保护制度的建立过程。到今天,英国已制定几十种有关的法令或条款,业主们都知道"他们不单是私有财产的所有者,同时也是国家财产的托管人"。受保护的对象也由石头遗址扩大到建筑、保护区及自然与人类的环境。

英国保护的国家立法同其他立法一样,首先在下院对法案进行辩论,获得通过后再送至上院通过,最后由国务大臣颁布实施。法律的解释权在环境部,由国家环境部、地方规划部门及二者合作具体执行,并在此基础上由地方政府制定地区法规、保护政策及规划等政策性、指导性的法规文件。

另外有环境部所规定的五个全国性的保护组织:古迹协会、不列颠考古委员会、古建筑保护协会、乔治社团和维多利亚协会,在一定程度上介入法律保护程序。凡涉及登录建筑的拆毁、重修或改建,地方规划当局都必须征得他们的意见作为处理这些问题的依据。

上表反映了近 100 多年来英国在保护立法方面的主要历程,从中不难看出英国历史遗产保护体系的三个主要层次:古迹、登录建筑和保护区,而历史古城严格说来是被作为特殊的保护区,尚未成为一个独立的保护层次。在所有的法律中,城乡规划法占有很重要的地位,足见在对环境的保护和控制中,规划政策及方案的制定是关键的一环。

三、英国历史文化遗产保护的资金保障制度

1. 保护资金来源

在英国,由国家和地方政府提供的财政专项拨款和贷款,是保护资金最重要的来源。这些款项的使用方式及数额的多少,一般由国务大臣和地方政府根据古迹、登录建筑或保护区的重要性决定。另一方面,国家和地方政府资金分担的份额也视重要程度而有所不同。

重要的列为一级的宫殿府邸,保护修复费用一般全部由国家支付。凡是登录建筑,房产主可以向国家和地方政府提出补助金申请,经批准后,即可分批付给,但必须专款专用,政府有关部门要对实施情况进行必要的监督。此外,如果私人无力进行古建维护,地方政府可以通过协商购置私人房产并向国家提出购房补助申请,或者作为礼物接收它们。

对于著名保护区,绝大部分费用也是由国家和地方政府共同分担的。具体的范围可以从单体建筑的外部修缮到整条街道的照明更换,从树木的种植到整条街道的清洗和粉刷。在全英 6000 多个"建筑保护区"中,2000 个国家给予了资助,而其余则主要由地方政府提供资金补助。

由国家资助保护的城镇,则必须满足下列条件之一:
(1)每年保留一定资金用于长期保护计划的重要历史城镇;
(2)具有与住宅计划或其他项目相联系的保护计划的城镇;
(3)需要额外资金来完成常规的城镇计划的城镇;

（4）具有小型合作保护计划区域的城镇。

作为英国4个历史古城之一的巴斯市每年可得到30～40万英镑的国家资助。其他列入保护名单的小的城市或乡村住宅的修复费可以由较低的市价得到补偿或由地方政府提供一定的资金补贴。

另外,英国政府要通过相关政策的制定,间接为保护提供资金。如1969年颁布的《住宅法》授权所有地方政府给旧城住宅区酌情提供资金补助,以改进不合标准的老住宅,主要进行结构维修及卫生设备更新,补助金额最高可达用于住房整修和环境改善总费用的50%（最高限额1000英镑）。1974年住宅法更将补助限额从50%提高到75%,在特殊困难的情况下可提高到90%。这一住宅更新政策的推行无疑为保护区及古城的保护提供了切实的帮助。

再有就是利用罚金作为一部分保护资金。在英国,对于损坏、破坏文物建筑的行为处罚是十分严厉的。对任何登录建筑或列为保护对象的建筑未经许可的拆除或改变都被认为是触犯法律的行为,必须给予不限金额的罚款或12个月的监禁或两者并罚,其罚金将用于保护事业。

由此可见,英国政府为历史遗产保护所提供的资金（直接的或间接的）数额是相当大的。以国家投资带动地方政府资金相配合,辅以社会团体、慈善机构以及个人的多方合作。

2. 保护资金的运转

保护资金的具体投入与运转,往往是由英国政府授权的各种有关机构负责实际运作。古建筑委员会是保护资金授予与政策制定的主要授权机构之一,它对登录建筑提供资助或贷款的权利是由1953年的《古建筑古迹法》规定的,1972年的《城乡规划法修正案》中又规定了该机构对重要的保护区提供资金和贷款的权利。这包括对保护区中某些未列建筑的维修提供补助金。类似的机构还有"英国文化遗产协会",仅1986年度国家对该协会的拨款就达6250万镑之巨,占该协会当年资金需求总量的95%左右。随着整体环境意识的提高,英国市民委员会的重要性与日俱增。现在它已被环境部指定来协助提高保护资金的计划,这些计划旨在使地方政府、基金会和社区团体联合起来。如按照1979年《古迹与考古区条例》有关条款建立的建筑遗产基金,就是由市民委员会管理,由它向地方基金托管会提供低息贷款用以购置或修复古建筑。

另一方面,地方政府也逐渐成为国家保护资金的地方代管者。在英国,国家通常希望地方政府提供与国家保护资金相当的地方财政拨款,以共同承担该地区保护所需的资金投入。从1980年开始,只要城镇中有具备足够说服力的专家报告,地方政府就将被授权管理国家提供的保护资金,用以鼓励地方政府任命专家小组来组织保护工作,合理规划和使用这些资金。

第三节　日本历史文化遗产保护制度

一、日本历史文化遗产保护制度概述

1. 法律制度

自1868年明治维新以来的100多年间,日本在历史文化遗产保护方面积累了丰富的经验,其保护制度的发展演变以相应法规的颁布为契机,逐步形成了比较完善的保护法律体系。以下是百多年来的日本国家立法的主要内容:

表 5-3   日本历史文化遗产保护立法主要年事表

年代	法 令	主要内容	保护对象
1897	《古神社、寺庙保存法》《古神社寺庙保护法施行细法》	社庙保存资金制度创立:向全国发放保护经费、保护对象确立与管理规则	历史建筑
1919	《古迹名胜天然纪念物保存法》及施行细则	保护古墓、园林、典型地质剖面、典型动植物产地等	遗址、文物等
1929	《国宝保护法》	将保护的对象由古神社、寺庙扩大到包括一般个人产权的建筑、工艺美术品等,并且制定了相应的各种保护措施	文物、历史建筑
1952	综合以上三个法令为《文物保护法》	确立了文物保护制度体系,对文物的保护与利用及产权的补偿进行了调整,引进无形文物的概念,设立文物保护委员会及国家、地方二级指定制度,确立国家与地方公共团体的协作体制	文物、遗址及历史建筑
1954	《文物法》第一次修改	明确地方公共团体的责任	文物、遗址及历史建筑
1968	《文物保护法》第二次修改	设立文化厅	
1966	《古都历史风土保存特别措施法》简称《古都保存法》	重点保护古都(京都、奈良、镰仓等)古迹周围环境及古迹区整体环境,明确古都、历史风土的定义及保护规划的制定	保护区
1975	《文物保护法》第三次修改	创立传统建造物群保存地区保护制度,公布国家级保护区 25 处	保护区
1980	《城市规划法》及《建筑基准法》修改	提出"地区规划"的整顿政策,把区域性历史环境保护作为城市规划的一部分	保护区

　　日本的法制体系是在宪法之下由立法府制定各种法律,行政管理是以法律为准绳执行行政。一般多数法律的细节规定委以行政命令,即政令(由内阁来制定)、省令(由各省来制定)的形式,这些统称为"法令"。如对《文物保护法》有关事项和技术的具体规定,委以《文物保护法施行令》和《文物保护法施行规则》的法令。这些法令,每年加以修改,在整体上不断地补充和完善。以上是国家的法制。地方自治体的议会可以在法律允许的范围内独自规定地方性法规,这叫做条例。

　　在国家法律中,以 1966 年的古都保存法与 1975 年修改后的文物保护法最具代表性,加上各地方自治体在城市规划法基础上制定的城市景观条例及相关地方法规,构成一个严密的多层次、多构造的法律体系。

　　2. 行政管理制度
　　日本的最高国家行政机关为行政府,由内阁总理大臣属下设 12 个省(厅)。各省、厅由最高官员的事务次官负责日常行政管理工作,下设局、课(部)、系(室)等阶梯型结构,根据法律实施管理和执行各种行政事务。日本的行政区域划分为 47 个都道府县:一都(京都)、一道(北海道)、二府(大阪府、京都府)以及 43 个县,都道府县的行政长官称为"知事"。都道府县下设市町村,是日本的基层行政管理机构(截止 1998 年 3 月,共有 654 个市,2000 个町和591 个村)。

在日本,与历史文化遗产保护密切相关的行政管理主要由文物保护行政管理部门和城市规划行政管理部门两个相对独立、平行的组织机构体系负责。与文物保护直接相关(《文物保护法》中确定的保护内容)的法律制度及管理事务主要由国家文部省文化厅负责,地方政府及下设的教育委员会主管行政辖区范围内的文物保护管理工作。与城市规划相关(《古都保存法》《城市规划法》及地方法规中确定的保护内容)的法律制定及管理事务主要由国家建设省城市局、住宅局负责,地方政府及下设的城市规划局主管行政辖区范围内的保护规划管理工作(见图 5-7)。

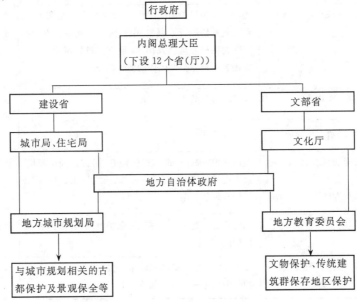

图 5-7　日本历史文化遗产保护行政管理机构体系示意图

日本在地方政府机构中还设立法定的常设咨询机构——审议会,其作用是提供技术与监督,为政府决策提供高层次的参谋,使行政与学术有效地结合起来。如城市规划地方审议会、城市美观风致审议会、市町村传统建筑保存审议会等。以京都设立的与历史环境保护直接相关的"京都市美观风致审议会"为例。它于 1970 年成立,是京都法定常设咨询机构。审议会委员 20 人,组成成员有城市建设专家,土木建筑专家,历史学、文学、土木学大学教授,国立美术馆馆长,民间建筑师协会会长,还有美术家、造型艺术专家,此外还有经济界人士。它的活动分两部分,大审议会每年开会 2～3 次,20 名委员会全部参加,研究确定重大问题。专业小委员会每月开会一次,5 名常委参加处理有关的常务。城市规划局技术行政主管(技术长)是这个专业委员会的常委召集人。京都市美观风致审议会具有很大的影响力,为市政府的行政执行机构提供技术咨询及决策参谋。

3. 资金保障制度

日本保护事业的经费来源是以补助金、贷款和公用事业费为主。补助金是指由国家和地方政府提供专门用于历史文化遗产保护的财政拨款，是保护事业最重要的资金来源。日本文化厅的财政拨款主要用于文物保护和文化艺术活动及设施建设两个方面。1968年度文化厅预算总额为50亿日元，并逐年攀升，至1993年度增长至539亿日元，相当于1968年的11倍，其中用于文物保护事业的费用占文化厅总预算的3/4。各地区的文物保护补助金中，约50%来自国家，其余部分由都道府县和市町村分担。一般说来具体拨款多少视被保护对象的重要性及实际需要来确定。除政府直接拨款外，保护费用还可以通过担保贷款的形式由银行提供，并可向地方政府申请利息补助。日本还通过发行"历史文化城镇保护奖券"或"文物保护奖券"的方式将所得收益用于保护事业，当然这需要事先获得国家许可。

由于日本的保护事业多种多样，因此保护资金的筹措方式及使用分配方式是根据不同保护对象的实际情况，由所在地居民决定。一般成立由当地居民参加的财团等组织负责具体管理。各类文化保护财团在保护资金筹措及资金使用分配上起到了十分重要的作用。财团的职能就是接受国家、地方公共团体的补助金以及金融机关的贷款，利用这些资金进行城市建设、征购空房和景观保护所需的土地以及停车场、住宅的建设等等，并且有计划地进行资金筹措和分配，进而借助财团的信用而为私人转借、债务担保等，对多样性的保护事业发挥灵活筹措资金的作用。各地区居民亲自经营的种种便民设施收入还作为财团进行各种保护事业资金的来源。这一方式的采用也反映出公众参与制度已渗透到日本保护事业的方方面面：首先由于地区居民的参加，整个地区的保护事业获得保证；其次，申请资金者与接受资金者合二为一，有利于财源的筹措以及资金的合理分配与运用。同时，资金作为保护事业落实的重要保障，由居民参与就可以制定出符合地区实际情况的保护措施。

另外，日本提供税收优惠政策，对与历史文化遗产相关的固定资产税、遗产税及城市规划税等税收实行免税。

以上是对日本历史文化遗产保护制度中的法律制度、管理制度及资金保障制度等整体情况的简要介绍。在此基础上，我们将进一步详细介绍其历史文化遗产保护的主要内容及相关法律的发展，并试图由此获得对日本保护制度更深入的了解。

二、日本历史文化遗产保护内容及保护制度的发展

1. 文物保护与《文物保护法》

1950年制定的《文物保护法》是日本关于文物保护方面的第一个全面的、统一的国家立法，它确立了日本文物保护制度的最初体系，设立了文物保护委员会，确立了国家与地方公共团体的协作体制，对文物的保护以及产权的补偿实施保障与调整，并引进了无形文物这个新概念。在此之后《文物保护法》进行了三次修改：1954年第一次修改中明确了地方公共保护团体的文物保护工作的责任，并增加了对国家指定文物以外的文物保护活动给予奖励的内容；1968年第二次修改设立文化厅，作为文物保护的中央行政管理机构；1975年第三次修改创立了"传统建造物群保存地区"保护制度，将"传统建造物群"作为文化财产列入文物保护范畴，形成现行的日本文物保护体系(见图5-8)。

日本文物保护行政管理主要依据《文物保护法》来执行，法律中明确了文物的基本概念，并将文物分为五类,即有形文物、无形文物、民俗文物、纪念物和传统建筑群。

（1）有形文物,是指有价值的物质遗存,可以分为建筑物和美术工艺品。前者在法律上的定义为:历史上、艺术上有很高价值的建筑物。有特色的建筑、绘画、雕刻等共同构成一个整体的环境也被看作文物。具体地说一栋建筑周围有护城河、围墙、大门等,虽然仅是建筑物在历史上和艺术上有较高价值,但其周围的环境也属于文物保护范围。后者则是由绘画、雕刻、工艺品、书籍、考古资料和历史资料等组成。

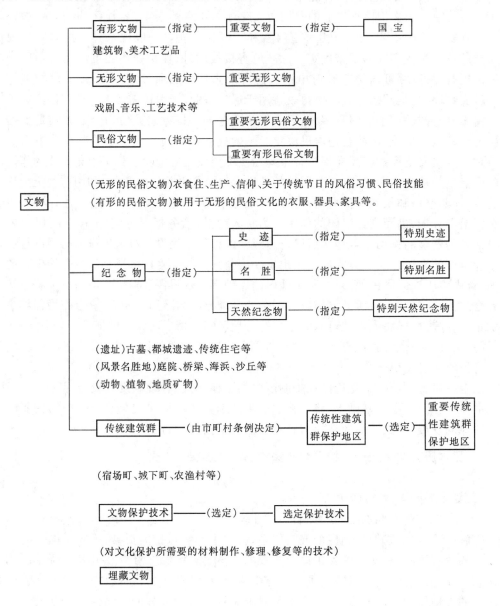

图 5-8　日本文物保护体系

（2）无形文物就是指没有具体物质形态的,在历史上、艺术上有一定价值的戏剧、音乐以及工艺品的制作技术等。

（3）民俗文物是指民间和世俗的物质和精神遗存。它是人们在理解生活方式变化时不可缺少的东西。民俗文物也分为有形和无形的。有形的文物包括衣服、生活用品、生产工具等等，而无形文物则包括因信仰、宗教等而举行的祭奠和舞蹈等活动。

（4）纪念物包括历史古迹、名胜、天然纪念物等。由于历史古迹是与土地联系在一起的，因而主要是古代当权者的古墓、城池、名人旧居、大事件的发生地等。名胜是指人工庭院、自然界的海边、山川等风光明媚、风景优美的地方。天然纪念物是指名贵的动植物等。

（5）传统建筑群是指和周围环境形成一体构成历史景观的并具有较高价值及传统建筑形态的建筑物及构筑物的集合体。

日本文物的选定及指定由国家文物保护审议会提供名单及技术咨询，报文部大臣审批。文物中被国家指定为重点文物时，有形的文物被称为重要文物，无形的文物就被称为重要无形文物；纪念物则称为古迹、名胜、天然纪念物。在重点文物中最珍贵的重要文物就被称为国宝；古迹、名胜、天然纪念物就被称为特别古迹、特别名胜、特别天然纪念物，而传统建筑群保护地区被称为重要传统建筑群保存地区。其中国宝和特别古迹占重点文物和古迹的1/10左右，而目前所有的传统建筑群保存地区都被选定为重要传统建筑群保存地区。

由此可见，日本文物概念的外延是非常广泛的，与我国及欧洲文物保护体系相比较具有以下几个特点：

（1）日本把戏剧、音乐等规定为无形文物，它们是了解日本民族历史和人们生活习俗方面不可缺少的民俗文化，因此作为文物来保护。

（2）纪念物中的天然纪念物包括自然的动植物、名胜，例如富士山这样的名山或者非人工建造的美丽怡人的地区也作为保护对象。把它称为文物的理由是在古代、中世纪和近代诗歌、歌曲和唱词等中都多次出现过，如这些文学作品所赞美和描写的名胜地以及动植物一旦消失，后代就无法正确理解诗和小说的意境。

（3）依据文化的内涵和现实意义，对文物进行了具体的规定。如在日本，若建筑物在建筑史上占有重要地位、具有较高的艺术价值和特殊的设计造型或是采用了新技术及新材料等都指定为文物。大部分建筑物被归为有形文物，但名人故居以及发生重大历史事件的建筑物则被指定为纪念物。另外，一些农家的建筑物、戏剧舞台则被指定为民俗文物。这一划分方法并不是简单地从形态上进行分类。

（4）专门将具有一定历史和艺术价值的技术作为文物保护对象，这也是日本文物保护体系的一个特点。例如制瓦技术、茅草屋顶的修葺技术或修缮古建筑的木工技术等保护文物所必须的技术也被列为文物保护的内容，并确保其技术人员的培训和材料的供给。

（5）埋藏文物与以上分类有所不同。埋藏文物被埋在地下，它的价值还不明确。关于埋藏文物的保存主要是根据这个地区挖掘出来的东西来定。如根据某地曾挖掘出或出土过古瓦片或发现了某遗址等，这些地区将全部登记注册列为保护对象。登记注册就是在图上标明埋藏文物的地区，到目前为止已登记了40万处。如果在这些地区要进行建设，须事先进行学术上的调查研究。

2．传统建筑物群保存地区保存制度

本世纪70年代，在国际文物保护浪潮的推动下，日本国内不满于现有法律对城镇、村落及自然景区保护不力的情况，要求修改有关法律，各公共团体联合向政府提出"关于城镇村落保存制度法制化"和"保存预算措施"的请愿书。1972年由文化厅发起创立"城镇村落保存对策研究协议会",并在全国范围内开始了"传统建筑群保存地区"调查工作。经过调查研究和反复讨论,在1975年修改《文物保护法》时将"传统建造物群"纳入国家文物保护的范畴。

1975年《文物保护法》的修改首次引入了民俗文物和重要传统建造物群的概念,并建立了独具特色的"传统建筑群保存地区制度",开始把城镇、村落的保护问题纳入法制化的轨道。与其他文物保护制度不同,它不是由国家进行直接指定。它是在以市町村地方政府为主体并且同当地居民协商的基础上,制定本地区的传统建造物群保存地区保护条例,然后由国家根据市町村的申请选定该地区之全部或一部分为重要传统建造物群保存地区。这种由下至上、居民与地方、中央政府共同参与的保护制度使保护工作卓见成效。此外,该法规还详细规定了保护区的申报、选定、废除,保护区内修景、复原、新建等建设活动,建筑色彩、高度、外观变更及修缮标准,建筑搬迁、拆除,市政公用设施的施工影响,地方保护条例的制定、修改、废除等,法规的操作性很强。

根据该法规,截止1997年12月止,已有47个地区被日本文化厅指定为日本国家级的重要保护地区,相当一部分具有日本传统的历史地区由此得到有效的保护。可以说传统建筑群保存地区制度已成为目前日本历史环境保护体系中的基本核心。

(1)保存地区保存工作程序

传统建筑群保存地区的保护工作已经形成了一套较为规范的工作程序,依次包括了保存对策调查、保存条例制定、保存地区划定、保存规划编制及重要传统建筑群保存地区的选定5项主要内容。

1)保存对策调查

首先,在地区指定之前必须先进行"保存对策调查"。调查是由基层市町村的行政主管部门负责(一般为地方教育委员会),调查过程中一般有专家、学者参与和指导,居民也往往自发地成立民间保护组织,以促进居民、学者、行政3方面的合作,为今后的保护工作打下基础。这一阶段的工作主要包括以下3项内容:

① 把握该地区的历史环境现状,确定保护的必要性及可能性:调查的结果形成一部详细的调查报告书,报告书中除了说明地区的概况之外,还必须明确保护对象、保护区域、保护内容、对保护对象的评价以及今后的保护方针和方法。

② 取得地区居民的协助,明确居民的权力和义务:由行政主管部门组织听取该地区居民的意见,以取得居民同意,划定保存地区。由于日本的土地和建筑都属私人所有,所以取得居民的同意是划定保存区和确定保护对象的前提,也是今后保存地区一旦被指定后,居民明确自己权力和义务,积极参与保护的前提。

③ 行政协调:由行政主管部门听取地方政府即市町村政府的意见,进行行政部门内部的意见统一,形成相互协调的行政体制。这也可以说是今后顺利地开展保护行政管理工作的基础。

不论该地区最终是否被指定为保存地区,调查报告完成后均予公开。调查的目的之一在于引起当地政府和居民对所在地区有进一步的认识,以便促进今后的保护工作。

2)保存条例制定

在划定保存地区之前,市町村必须先制定"传统建筑物群保存地区条例"(以下简称为

"保存条例")。条例的制定是实施该制度的法定程序。制定和审批条例的主体均为基层的市町村政府,条例的制定实际上是地方自治体的自主立法。国家颁发了"标准条例",希望各地区以此为标准,根据自己的具体情况制定。但是,从法律上说,"标准条例"只是参考,并无遵守的义务。

"标准条例"的基本内容如下:① 制定条例的目的;② 条例内各项专门用语的定义;③ 决定或取消保存地区的方式、方法;④ 编制保护规划;⑤ 对保护对象的现状变更行为的限制;⑥ 批准或取消现状变更行为的基准;⑦ 国家行政部门可行性的特例;⑧ 居民损失的赔偿;⑨ 保护经费的补助;⑩ 审议会的设置;⑪ 罚则。

制定"标准条例"的目的主要是:提示条例所应具有的基本内容;确保地方法令与其上级法令以及其他各种相关法令的一致,以避免实行中产生矛盾;明确条例的技术水准和技术规范。制定条例后,还须编制"保存条例实施细则"、"补助金交付纲要",以及其他的特别措施等,以进一步规定具体手续、方式,确保条例的实施。同时,有的地区还组成了反映居民意见,联结民间与政府的居民组织,并以居民为中心制定了非行政性的"居民宪章"等,以提高地区全体的保护意识和水平,配合行政方面落实保护工作。

3)保存地区划定

保存地区的划定是"保存地区制度"的重要内容之一。关于保存地区的范围,包括其规模、形状、界线等的设定并无具体的法定标准。日本文物保护法只是极为原则性地划定了其范围是"传统的建筑群以及与其紧密连成一体、形成共同价值的环境"。但是根据目前47个指定地区的范围设定情况分析,以下三点可以认为是地区范围设定时的重要依据。

① 确保景观上的连续性:街道的传统景观一致性(立面的连续性);居住建筑配置上的传统构造及特点上的连续性(平面的连续性);建设高度的统一性(空间尺度的连续性)。

② 在可能的条件下保持现有地域共同体的连续性:维持原有的居民组织结构(一般为町内会,与国内的居民委员会相类似);考虑不动产(土地、建筑、道路等)的所有范围。

③ 范围限定在传统的建筑群以及与其密不可分的周围环境之间:排除与地区原来的传统特点和风貌相异的内容,如工厂、新居住区等;排除非直接相关的环境要素,如远离的山脉、河流、道路等。

保存地区的范围及保存地区内的保护对象一旦被确定,国家文化厅便有义务给予财政上的担保(提供补助金、减免各种国税、地方税等)。因此,尽可能不扩大保存地区的范围是共同的原则。但是,也有例外的保存地区,如长野县南木曾町的妻笼保存地区,其范围包括了周围的山岳,面积达 1245.4hm²,远远超过了其他保存地区的范围。

4)保护规划编制

如前所述,在确定保存地区范围之前,市町村必须先参照国家的标准条例制定保存地区的"保存条例"。同样,标准条例中也包括了保存规划的基本内容。根据或参照这个基本内容,由市町村为主体编制具体的保存规划。保存规划的基本内容可大致分为五个部分:

① 以制定保存方针、内容为主要目的的基本规划;

② 确定具有特别重要保存价值的保护对象(包括建筑物、构筑物以及建筑小品);

③ 保存地区内建筑的保护整治规划:保护整治规划的目的在于明确以何种标准对各类保护对象实施恢复、景观保护、修复和修理等各项保护措施。其基本内容包括保护整治规划的基本方针、传统建筑的恢复、传统建筑以外的建筑物的景观保护以及其他构筑物、环境建

筑小品的复原和修复；

④ 关于对被认为特别有必要予以保护的对象提供补助的方式、方法；

⑤ 以确保保存地区内的管理设施、设备等的环境整治为目的的环境整治规划：环境整治规划的目的在于明确保存地区内需要完善的设施种类及建设方法。通常包括有以下几项内容：配置管理设施（管理中心、告示、标志、说明栏等）；配置防火设施（警报器、消火器、自动火灾报警器等）；设置停车场；整顿电力设施（埋设地下线路等）；修整道路、路肩等；将传统建筑对外开放（用于参观、展示等）；设置有关保存地区内建筑设计的免费咨询所；展示传统文化设施等。

5）重要传统建筑群保存地区的选定

如前所述，保存地区的指定负责机构为基层的市、町、村政府。保存地区经市、町、村确定后，国家再根据标准选定其为"重要传统建筑群保存地区"。选定标准包括：

① 传统建筑群整体上独具匠心（指建筑的形式、风格和设计构思等）；

② 传统建筑群在位置、布局上保持良好的原始状态；

③ 传统建筑群周围环境独特，体现了该地域特色。

上述三条标准极为概括，但执行的范围相当大。原则上讲，各保存地区只要符合上述其中一条标准，便有可能被选定为国家的"重要传统建筑群保存地区"。正因为如此，所有的市、町、村确定的保存地区实际上均已被选定为国家的"重要传统建筑群保存地区"（截止1997 年 12 月共计 47 个地区）。

选定的真正意义不仅仅在于进一步确立保存地区的重要地位，而主要是确立了保存地区以市町村自治体为主体的自下而上的保护制度，其目的是以自治体的自主性为前提提高各基层町村的保护意识和保护水平。国家在各自治体制定条例的前提下，对保护地区予以经济上和技术上援助，直接减轻保护地区内居民的个人经济负担，维持保护地区内长期稳定的保护和整治工作的开展，促进保护地区内传统景观的延续以及与传统景观相协调的景观的形成。

6）保存地区保护工作流程图（见图 5-9）

（2）保存地区保护资金筹措与使用情况

传统建筑群保存地区的资金也是以补助费、贷款及公共用事业费为主要渠道的。具体到建筑保存、自然景观保存、环境设施整顿等不同保护工作，其经费的负担分配、财源筹措及使用又各有考虑，具体如下：

1）和地区居民生活场所相关的保存事业　对居住、商店、旅馆等居民生活场所相关的建筑物的保存，首先以补助金充当，进而希望再以条件优惠的融资制度进行补充。

2）地区居民共同的保存事业　乡土博物馆的整顿、空关房屋的征购、修复，广告及霓虹灯的拆除，环绕着生活场所的保存事业，各地区活动要积极创造出历史传统文化的特征，要采取适应各地区特征的种种形态而进行。因此，保存事业费的分担也多种多样。征取入场费的受益者负担一部分，同时也希望有一部分贷款和一部分无偿补助金。

3）补充保存事业的公共事业　有些事业可作为保存事业的有效补充，即使将其财源使用于保存事业上，例如：利用自然景观的公园等的公共事业，可以充分发挥其对历史街区保存事业的补充作用。

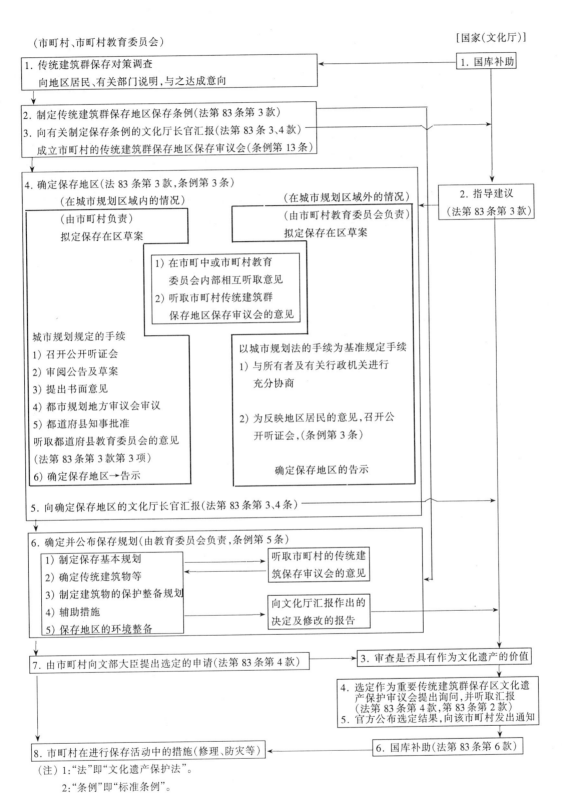

（市町村、市町村教育委员会）　　　　　　　　　　　　　　　　　　[国家(文化厅)]

1. 传统建筑群保存对策调查
　　向地区居民、有关部门说明，与之达成意向

1. 国库补助

2. 制定传统建筑群保存地区保存条例(法第 83 条第 3 款)
3. 向有关制定保存条例的文化厅长官汇报(法第 83 条 3、4 款)
　　成立市町村的传统建筑群保存地区保存审议会(条例第 13 条)

4. 确定保存地区(法 83 条第 3 款,条例第 3 条)
　　（在城市规划区域内的情况）　　　　　　　　（在城市规划区域外的情况）

2. 指导建议
　（法第 83 条第 3 款）

（由市町村负责）
拟定保存在区草案

（由市町村教育委员会负责）
拟定保存在区草案

1) 在市町中或市町村教育
　　委员会内部相互听取意见
2) 听取市町村传统建筑群
　　保存地区保存审议会的意见

城市规划规定的手续
1) 召开公开听证会
2) 审阅公告及草案
3) 提出书面意见
4) 都市规划地方审议会审议
5) 都道府县知事批准
　听取都道府县教育委员会的意见
　(法第 83 条第 3 款第 3 项)
6) 确定保存地区→告示

以城市规划法的手续为基准规定手续
1) 与所有者及有关行政机关进行
　　充分协商

2) 为反映地区居民的意见,召开公
　　开听证会,(条例第 3 条)

　　确定保存地区的告示

5. 向确定保存地区的文化厅长官汇报(法第 83 条第 3、4 条)

6. 确定并公布保存规划(由教育委员会负责,条例第 5 条)
1) 制定保存基本规划
2) 确定传统建筑物等
3) 制定建筑物的保护整备规划
4) 辅助措施
5) 保存地区的环境整备

听取市町村的传统建
筑保存审议会的意见

向文化厅汇报作出的
决定及修改的报告

7. 由市町村向文部大臣提出选定的申请(法第 83 条第 4 款)

3. 审查是否具有作为文化遗产的价值

4. 选定作为重要传统建筑群保存区文化遗
　　产保护审议会提出询问,并听取汇报
　　(法第 83 条第 4 款,第 83 条第 2 款)
5. 官方公布选定结果,向该市町村发出通知

8. 市町村在进行保存活动中的措施(修理、防灾等)

6. 国库补助(法第 83 条第 6 款)

（注）1:"法"即"文化遗产保护法"。
　　　2:"条例"即"标准条例"。

图 5-9　日本"传统建筑物群保存地区"保存流程图

4）补充保存事业的收益事业　停车场、与景观调和的旅馆设施、餐馆、传统工艺品商店等是旅游者所需的设施，又是受益者明确的可以得到收入的事业。因此，可以借贷作为财源，但是和单纯追求利润的观光事业在本质上性质不同，所以需要十分优惠的融资条件。

需要特别提到的是，中央及地方政府给予保护区的补助金数量是很可观的，并随着保存地区数量的增加，年度补助金预算额逐年上涨。1976年度日本全国传统建筑群保存地区的国家补助金预算额为5.7亿日元，1995年度增长至128.7亿日元，为1976年度的22.6倍，同时划拨到每一个保护区的平均补助金总体上也呈现上升的趋势。1995年的平均额度已上升为1976年的4倍左右(见表5-4)。补助金主要用于保存地区调查、建构筑物的保护修缮

表5-4　日本全国传统建筑群保护地区国家补助历年预算统计表(单位：千日元)

年度	地区数	调查费	保护修缮	防灾设施	购　买	补　差	合　计	平均/地区
1974		8,000	0	0	0	0	8,000	
1975		8,000	0	0	0	0	8,000	
1976	7	8,000	24,500	17,250	8,000	0	57,750	8,250
1977	9	6,624	46,651	39,525	7,200	0	100,000	11,111
1978	11	5,034	47,500	62,216	10,250	0	125,000	11,364
1979	14	5,034	·47,500	91,150	10,250	0	153,934	10,995
1980	15	5,034	72,250	103,744	10,250	0	190,278	12,685
1981	17	5,034	83,045	103,744	10,250	0	202,073	11,887
1982	19	4,500	80,000	88,366	9,000	0	18,866	9,572
1983	19	4,342	77,200	85,273	8,685	0	175,500	9,237
1984	21	4,125	103,700	76,745	8,250	0	182,820	9,182
1985	22	4,125	103,700	76,745	8,250	0	182,820	81,765
1986	23	4,125	103,700	76,745	8,250	0	182,820	8,384
1987	26	4,125	103,700	76,745	8,250	0	182,820	7,416
1988	28	4,125	103,700	76,745	8,250	0	192,820	6,886
1989	29	4,150	152,938	78,932	8,485	0	244,505	8,431
1990	29	4,150	152,938	78,932	8,485	0	244,505	8,431
1991	34	4,150	152,938	118,932	8,485	13,540	298,045	8,767
1992	34	4,150	172,938	176,963	8,485	0	362,536	10,663
1993	34	4,150	340,000	176,963	8,485	0	529,598	15,577
1994	37	7,000	380,000	176,963	8,485	67,144	639,592	17,286
1995	40	10,000	427,000	196,963	8,485	644,455	1,286,903	32,173

（包括传统建筑的修理及非传统建筑修景等）、防灾设施的配置以及有关土地及建筑的收购。其中用于建构筑物保护修缮的费用约占总补助金的 50% 左右。

应该指出的是,对于大多数保存地区来说用于街区建筑的修理、修景的费用是由国家、地方和个人共同承担的,通常的作法是规定补助金额占所需修理费的比例及上限额度。以秋田县角馆町角馆保存地区为例,保护补助金费用的 50% 由国家承担,都道府县和市町村各负担 25%;用于保存地区每幢建筑主屋的修理费用的 80% 由政府提供补助,上限额度为 700 万日元;用于建筑主屋修景费用的 70% 由政府提供,上限额度为 300 万日元(见表 5-5)。

3. 古都保护与《古都保存法》

50 年代末 60 年代初日本经济复苏并逐渐进入高速增长的时期,城市化进程加快,在全国范围内各个城市的自然和历史环境均遭到了不同程度的损害,具有代表性的古都京都、奈良、镰仓等也都受到了严重威胁,为此于 1960 年制定了《古都历史风土保存特别措施法》即《古都保存法》。该法规首次引入了"历史风土"这一概念,所谓历史风土即指在日本历史上有意义的建构筑物、遗址等,它们与其周围的自然环境成为一体,并具体体现形成古都传统文化与地理风貌的区域。

《古都保存法》及其施行令、施行细则中所确立的内容包括:保护对象的定义、保护范围的划定、国家及地方团体的任务、受保护地区的城市规划及保存规划。在保护区内活动的申报与限制、相关法律之应用、土地的征购与管理、保存经费来源、专职管理机构、报告及调查制度、对违反规定行为的惩罚与赔偿制度等。

部分条款具体规定如下:

(1) 保护规划:必须对以下各项作出明确规定:保护区内行为限制,保存设施的整理完善,有关规划控制指标;

(2) 城市规划:划出历史风土地区的中枢部分作为特别保存地区;

(3) 活动的申报与限制:通过法定程序对以下行为的申报进行审批:

① 对高度在 5m 以上、基底面积大于 $10m^2$ 的地面非临时性建筑的新建、改建、扩建进行控制;

② 对面积在 $60m^2$ 以上、产生倾斜高度超过 5m 的堆挖土或改变土地性质与形状的行为进行控制;

③ 对超过 15m 高、1.5m 树干直径的单棵树进行保护;

④ 对竹木土石的开采、建筑色彩变更、室外广告形式等进行控制。

(4) 保护团体及管理机构:规定人数、人选、任期、组织形式等;

(5) 与城市规划法、建筑基准法、文物保护法、道路法、轨道法、河川法及地方建设法规结合运用;

(6) 有关保护费用纳入国家预算并担负部分征购土地费及损失赔偿费;

(7) 派遣专职人员进驻被保护地区进行情况调查并提出报告。

《古都保存法》的建立标志着日本在历史文化遗产保护中由"点"向"面"的保护迈出一步;其次,促使保护与城市规划走向结合,编制历史风土保存地区规划;规划控制成为地区保护的重要手段,保存地区规划纳入城市规划的范畴。同时《古都保存法》的制定也带动了其他城市的地方政府在城市规划领域内制定各类保护区的保护条例与规划,如京都市的《风致

表 5-5 1995 年度日本全国传统建筑群保存地区补助金额及分担情况表

序号	都道府县名	地区名称	是否人口过疏	国家负担率%	道府县负担率%	市町村负担率%	修理建筑物主屋 %最高额度		修景建筑物主屋 %最高额度		备注
1	北海道	函館市元町末広町	×	50	25	25	80	6,000	2/3	5,000	
2	青森	弘前市仲町	×	50	8	42	80	3,000	2/3	2,000	
3	秋田	角館町角館	×	50	25	25	80	7,000	70	3,000	
4	福島	下郷町大内宿	○	65	6.5	28.5	90	8,000	60	4,000	95.4 修改
5	新潟	小木町宿根木	○	65	17.5	17.5	90	9,000	60	9,000	
6	富山	平村相倉	○	65							研究中
7	富山	平村菅沼	○	65							研究中
8	山梨	早川町赤沢	○	65	17.5	17.5	80	5,000	60	5,000	
9	長野	東部町海野宿	×	50	15	35	80	6,000	60	2,000	
10	長野	南木曽町妻籠宿	○	65	15	20	直 接		直 接		
11	長野	楢川村奈良井	×	50	15	35	80	※	60	※	
12	岐阜	高山市三町	×	50	10	40	80	5,000	60	2,000	
13	岐阜	白川村荻町	○	65	10	25	90	日币	70	日币	
14	三重	関町関宿	×	50	10	40	80	8,000	2/3	3,000	95.4 修改
15	滋賀	近江八幡市八幡	×	50	50×1/3	50×2/3	80	5,000	60	4,000	
16	京都	京都市上賀茂及其他三处	×	50	0	50	80	6,000	2/3	6,000	
17	京都	美山町北	○	65	(0)	(35)	70	3,000	50	1,000	
18	兵庫	神戸市北野町山本通	×	50	0	50	2/3	日币	1/2	日币	
19	奈良	橿原市今井町	×	50	25	25	按建筑构件设定最高限额				
20	島根	大田市大森銀山	×	50	25	25	80	5,000	60	5,000	95.4 修改
21	岡山	倉敷市倉敷川畔	×	50	11.7	38.3	90	6,000	80	4,000	
22	岡山	成羽町吹屋	○	65	35×1/3	35×2/3	90	无	90	无	
23	広島	竹原市竹原地区	×	50	50×1/4	50×3/4	80	6,000	80	6,000	
24	広島	豊町御手洗	○	65	65×1/4	65×3/4	80	8,000	80	8,000	
25	山口	萩市堀内地区其他 1 处	×	50	50×1/3	50×2/3	4/5	无	4/5	无	
26	山口	柳井市古市金屋	×	50	50×1/3	50×2/3	80	9,000	2/3	6,000	
27	徳島	脇町南町	×	50	50×1/3	50×2/3	80	6,000	2/3	3,000	
28	香川	丸亀市塩飽本島町笠島	×	50	12.5	37.5	80	7,000	2/3	4,000	
29	愛媛	内子町八日市護国	○	65	35×1/3	35×2/3	80	6,000	2/3	4,000	
30	佐賀	有田町有田内山	×	50	25	25	80	6,000	2/3	4,000	
31	長崎	長崎市東山手其他 1 处	×	50	20	30	2/3		1/2	6,000	
32	宮崎	日南市飫肥	×	50	50×1/3	50×2/3	80		80	日币	
33	宮崎	日向市美々津	×	50	50×1/3	50×2/3	80	8,000	2/3	4,000	94.7 修改
34	鹿児島	知覧町知覧	○	65	35×1/2	35×1/2	80		80		
35	沖縄	竹富町竹富島	◎	80	10	10	90	5,000	80	3,000	
							比率,千日元		比率,千日元		

※ 印〔楢川村奈良井〕:修理最高限额＝标准额 250 万日元＋开间(米)×50 万日元(临中山路的主要建筑,其他为 250 万日元)
修景最高限额＝标准额 100 万日元＋开间(米)×20 万日元(临中山路的主要建筑,其他为 100 万日元)
◎ 特别严重 ○ 是 × 不是

(资料来源:《日本的文物保护行政与传统建造物群的保护制度》,齐藤英俊,1995.6)

地区条例》(1970年)、岐阜县高山市的《环境保全基本条例》(1972年)、《城市街道景观保存条例》(1977年)、《传统建筑群保存地区条例》(1977年)、神户市的《市民环境保护条例》(1972年)、《景观条例》(1978年)……等。另外,该法规对保护立项、保护规划、管理、监督、财政等方面都作了系统严密的规定,法规的操作性很强。《古都保存法》因此成为日本历史文化遗产保护历程与保护体系中最重要的法律之一。

《古都保存法》所确定的保存地区有明确的资金保证,中央政府出资80%,地方政府负担20%。资金主要用于补偿限制土地使用造成的损失、土地的征购、保护地区基础设施的建设、环境整治、建筑维修、防灾等。如奈良县的明日香村,全村7200人,面积24.04km²,是日本飞鸟时代(相当隋末唐初)的皇宫所在地。该村范围内有许多日本最有价值的宫殿遗址,所以法律规定全村整个辖区均为"历史风土保存地区"。1980年制定了保护整治规划,5年投资30亿日元,其中国家补助24亿日元,奈良县补助5亿日元,该村支付1亿日元。可以看出,重点保存地区的资金是充裕的。

4. 城市风貌特色保护与"城市景观条例"

应该指出的是,上述《文物保护法》及《古都保存法》对保护区的保护是以立面、外观和整体景观的保护修缮和调整为核心内容的,对现代生活要求所提出的居住环境、基础设施的改善并未触及。居民生活受历史文化遗产保护制度的约束,实际生活得不到多少改善,这已成为保护立法体系中的明显缺陷。为此日本政府在1977年曾以国土厅提供的国土整顿量为基础,由建筑省和文化厅共同研究该问题,在1980年修改的《城市规划法》和《建筑基准法》中提出"地区规划"的概念,旨在把区域性历史环境保护作为城市规划的一部分。由此,文物保护与城市规划的结合开始成为日本保护立法发展的主要方向。

地方规划是指从建筑形态、公共设施等的配置来看,形成符合各区域特性的优美环境及街区的保护计划。这是在许多居民参与下制定的城镇地区设施配置、规模、建筑用途、容积率、墙壁位置、设计构思和设计意图、色彩、外结构等多方面的限制措施。但是,要在较大的范围内符合多数居民的意见是很难的事。同时,由于缺乏具体的鼓励和诱导措施,因此地方规划的执行主要依靠居民的自觉意识。1982年政府实施"土地利用规制缓和"政策,把大量的国有土地卖给民间,增强了民间开发活力,居民及私有开发公司成为城市建设的主体。随之也带来了与地方规划相矛盾、相对立的建设增多的现象,城市景观面临失去特色的威胁。地方政府针对这一情况,陆续加快了与城市景观相关联的条例制定。历史遗产及其环境的保护与城市规划中城市景观规划充分融合而成"市街地景观保全条例"。

高山市是较早制定市街地景观保全条例的城镇,在条例中把市街地景观定义为"本市具有历史性的建筑物与其周围环境相和谐,体现本市的传统与文化,以及其形成的状况。"并把保存之作为目的。同样,京都市市街地景观条例中,也以历史景观与现代建筑相融合为目标,实施全面综合的保全措施。1978年神户市都市景观条例中,把注重神户城市地位、建造优美都市景观作为景观诱导政策,并对很多城市产生了影响。

日本各城市制定的城市景观条例具有以下共同特征:

(1) 历史景观的保护与城市景观规划的融合

在很多城市景观条例中,重视城市共有的各种景观,并且符合各地区特征。一般规定形成城市景观的主要区域包括有:

1）有海岸、山地等丰富自然环境的区域（自然风景的保护）；

2）有传统、历史建筑的区域（历史景观的保护）；

3）主要道路、沿河区域（沿道路、沿河景观的修复、建造）；

4）住宅、商业、文化和观光等区域（一般市街地的修复，新都市景观建筑的美化）；

5）有必要形成景观的区域。

同样，以城市整体景观为出发点对历史性区域保护条例进行修改的情况也很多。例如："金泽市传统环境保存条例"中的"金泽市传统环境的保存与优美景观的形成条例"、"秋市历史景观条例"中的"秋市城市景观条例"、"长野市传统环境保存条例"中"长野市景观的延续与发展条例"都进行过修改。

（2）建筑的开发指导与景观规划融合

在城市开发中，保全稀少的遗产，是产生具有地域个性的城市的手段之一。在这个过程中，人们逐渐对在城市建设中单纯追求企业利润的经营姿态、对不考虑历史背景现状的建筑基本法，以及都市计划的目标产生了疑问。人们感到过去土地所有者所认为的"自由"建筑的行为实际上是一种"自私"的表现。于是在城市规划中加入了形成视觉感受的"景观规划"的内容，由"景观"来统一城市建造的方向。同时，在民间企业建造的公寓、旅馆以及大规模开发的指导条例、纲要中都显示了美化城市景观的倾向。

神奈川县真鹤町1989年制定了"宅地开发指导纲要"，1993年又颁布了"真鹤町城镇建造条例"。该条例中以"美的原则"为宗旨，明确规定建设行为的基准、手续及技术法规，在景观指导方面做了有益的探索。

新泻县汤泽町，1987年制定了"宅地开发及中高层建筑指导纲要"，1992年制定了"建造与自然相协调的优美的汤泽町条例"，把环境基准、色彩基准、规划合作基准等概念引入到建筑指导中，通过对建筑及环境更加细致的规定与引导继承和延续城市风貌特色。

（3）地区性景观条例的制定

除去以市町村地方政府制定的城市景观条例外，"都道府县"地区性景观条例的制定也在逐渐增加。大多都道府县景观条例，以地区指定和大规模建造行为的申报为中心，来诱导开发行为。条例除了对已经制定条例的市町村地域适用外，对没有制定条例的市町村也起到一定的指导作用。例如滋贺县1984年制定的"延续并发展故乡滋贺风景条例"，就是对全县范围内以琵琶湖为中心形成的景观进行保护及开发行为诱导。

由此可见，针对不同范围的保护地区和不同价值的保护对象实施具体的保护控制措施是城市景观条例的主要特点；同时，多层次、多类型景观条例的制定，从城市景观规划与整治的角度出发，为城市整体风貌与特色的保持与延续提供了立法保证；另一方面，在为文物、古迹、传统建筑群保存地区创造良好的整体环境的同时，也使它们成为城市景观中最富有特色与活力的有机组成部分。

一般说来，城市景观保护工作主要由地方政府解决资金。如仓敷市实施"仓敷市传统景观保护条例"，每年筹款6000万日元，其中中央补助1500万元，县补助500万元，本市自筹4000万日元。保护区内房屋翻修时政府补助50%～90%，个人支付10%～50%。所以实施保护的经费中还有向私人筹措的一部分。

第四节　中外历史文化遗产保护制度比较

各国的历史文化遗产保护制度结合自身的政治体制、经济体制、管理体制等各方面情况形成了各自的特色。

相比较而言,英国及日本已建立起一套涉及立法、资金、管理等方面的较为完整的保护制度。这套制度最重要的特点之一就是以立法为核心,主要表现在两个方面:一是保护体系的形成、发展及逐步完善的过程是以相应法律的制定为标志的,法律基本原则的连贯性与内容的不断深化与调整是保护事业成功的基础;二是保护内容的形成及确立、保护管理的运行程序、保护机构的职能、保护资金的来源、乃至监督咨询机构以及民间团体、公众个人的参与方式等等涉及保护制度的各个方面都最终以法律、法规的形式明确下来。另外,公众参与已成为国外历史文化遗产保护的另一重要特点。它渗透到保护制度的方方面面,使得自下而上的保护要求和自上而下的保护约束能在一个较为开放的空间中相互接触和交流,并经过多次反馈而达成共识,使得民间自发的保护意识能够通过一定的途径实现为具体的保护参与。

我国的历史文化遗产保护的发展历程不同于英国与日本,并不是一段公众运动与法律的颁布相交替的历史,而是专家不断地呼吁和政府批示,因此基本上是以自上而下的单向行政管理制度为保护制度的核心,而相应的法律与资金保障体系则很不完善。另一方面,长久以来公众历史保护意识的淡漠造成城市保护缺乏广泛的社会基础,也是保护工作的不利因素。

总的来说,英国和日本的保护制度已经形成一个比较成熟的框架,而我国则需及时借鉴国外的经验尽快填补起一些明显的空缺,适时调整,建构起一个完整而稳固的保护制度。

一、各国立法体系比较

英国立法体系是以国家立法为核心,建立针对古迹、登录建筑、保护区以及历史古城不同层次保护的对象,对保护办法、保护机构与团体、地方政府职能资金政策等都给予了较为详尽的规定,地方政府主要执行、解释这些法律条文,并为公众提供规划指南、建设与保护咨询,同时通过制定本地区的规划及法规性文件对国家立法作有限的补充与深化。最为显著的特点是将保护组织的监督以及立法参与都纳入了立法与执法的程序。

法国的保护立法体系则采用国家与地方立法充分结合的方式,以《历史古迹法》和《马尔罗法》分别作为文物建筑与保护区两个层次内容的保护法的核心,明确保护对象、保护方法及保护资金的原则性内容,地方政府根据城市自身特点结合城市规划制定更为详尽、深入及有针对性的保护、管理、控制性、法规与法规性文件。完善的国家立法框架与灵活、详尽的地方立法的相互结合是法国历史文化遗产保护法律制度的特色。

日本的保护立法体系同法国相似,也是采用国家与地方立法相结合的方式,不同的是日本的国家立法保护的对象往往只是确定由中央政府负责的全国历史文化遗产的最重要的部分,而更广大的地区由地方政府通过地方立法确立保护。以日本 1966 年著名的《古都保存法》为例,其保护的对象限定为京都市、奈良市、镰仓市以及奈良县的天理市、樱井市、橿原市、班町和明日香村,京都市的非历史风土保存区域则不受《古都保存法》的保护,由京都市地方政府另行制定的法规如《京都风貌地区条例》进行补充。同样,其他城市的类似地区通过城市自己制定的《历史环境保护条例》、《传统美观保存条例》等进行立法保护。这些被保护地区的名称、范围、保护方法、资金来源等都是由地方政府自行制定的地方法规予以确定。日本《文物保护法》中传统建造物群保存地区的情况也如此,地方政府可以自己设立传统建造物群保存地区,制定保护条例,编制保护规划,而国家在此基础上通过选择重要地区作为重要传统建造物群保存地区纳入中央政府的保护范畴。因此,日本历史文化遗产保护的立法体系实质上是以地方立法为核心的,这是它的重要特色之一。

尽管各国保护的立法体系与侧重点各有不同,但是它们都有以下一些共同特点:

(1)全国性的法律、法规健全,与各自的历史文化遗产保护体系相配合,形成完整的历史文化遗产保护的法律框架。

(2)给保护对象提供资金保障是各国法律的重要内容之一,资金保障的内容往往不仅包括资金投入的对象,还明确提供资金的机构,甚至还涉及具体的金额与比例等,非常详细而落实。在英国的主要保护法令中2/3的文件涉及保护资助费用的提供及其来源;法国最重要的两个法令《历史古迹法》和《马尔罗法》中对资金补助的规定也是最重要的内容之一;日本在法律文件中不但规定了资金的来源,而且对国家、地方政府的资助比例也有明确的规定。保护资金的立法保证是各国历史文化遗产保护的重要保障。

(3)法律文件内容的操作性很强。法律文件在明确对象和范围的基础上,对保护的方法与手段仅给予原则性的限定,而对保护管理的程序、国家、地方及民间团体的各自职责与相互关系,以及保护资金的来源及违反罚则的规定内容则更为详尽与严格。这就是说,对保护管理过程本身的严格控制与约束的同时,给予具体的保护做法一定的灵活性,这无疑使法规本身兼具了操作性强与适应性强的双重特点。

我国的保护立法体系采用国家立法与地方立法相结合方式,国家制定全国性保护法律、法规及法规性文件,地方在立法权限范围内制定地方性法规、法规性文件。与英、法、日等国家的法律制度相比,我国历史文化遗产保护的法律制度仍显得很不健全。

首先,与我国历史文化遗产保护体系相对的全国性法律、法规不完善。在由文物、历史文化保护区及历史文化名城组成的三个保护层次中,文物保护法律体系相对完善,名城与保护区目前仅有数量很少的法规性文件,缺乏与之相对应的法律、法规,历史文化保护区的立法几乎还是空白。

其次,目前有关保护的法规文件多以国务院及其部委或地方政府及其所属部门颁布、制定的"指示"、"办法"、"规定"、"命令"、"通知"等文件形式出现,大部分文件由于缺乏正式的立法程序,严格意义上都不能算作国家或地方的行政法规,法律和法规的比例很少,上述政策性文件和措施则在相当长一段时间内行使着国家或地方法规的职能。由此反映出我国的保护仍过多依赖于行政管理,过多依赖于"人治"而不是"法制"的现实状况。

第三,法规文件涉及内容的广度与深度不足,可操作性不强。我国现行的法规文件的内容往往以明确保护的对象、保护的内容与方法为主要内容,而对保护运行过程中具体管理操作所涉及的问题的法律规定十分缺乏,如保护中具体范围的确定方式、保护管理的机构设置与运行程序、监督、反馈机构设置与运行程序、保护资金的来源与金额比例以及违章处罚规定等均无具体内容。这就扩大法规在执行过程中人为量度的范围与尺度,加上历史文化遗产保护本身涉及问题的复杂性,造成在实际操作过程中法规的执行存在相当的弹性与出入。

中国历史文化遗产的立法工作已经有了一个良好的基础。但完善和充实保护的法律体系和加强法规的可操作性仍是我国保护立法中的首要与紧迫问题,同时在法规中还需补充经济制约、部门协调、发挥民间保护组织作用、鼓励公众参与等等具体问题。

二、各国保护行政管理体系比较

英、日、中三国的历史文化遗产保护行政管理都是实施中央及地方两级管理体系。

在英国,国家环境保护部和地方规划部门分别是中央和地方的历史文化遗产保护的行政机构。环境保护部负责保护有关法规、政策的制定,地方规划部门负责辖区内保护法规划的落实及日常管理工作(见图5-10)。

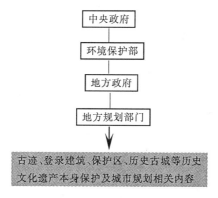

图 5-10   英国历史文化遗产保护行政主管体系简图

在日本,历史文化遗产保护是由文化部门和城市规划部门两个相对独立、平行的行政体系分管。其中文化部门主管文物保护(包括传统建筑群保存地区保护)管理工作,中央主管机构为文部省文化厅,地方主管机构为地方教育委员会。城市规划部门主管古都保护及城市景观保全等与城市规划密切相关的保护管理,中央主管机构为建设省城市局,地方主管部门为地方城市规划局(见图5-11)。

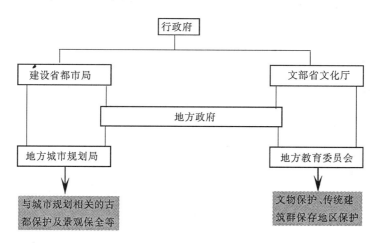

图 5-11   日本历史文化遗产保护行政主管体系简图

与英国单一体系的行政管理制度相比较,我国现行的行政管理体系与日本的较为相似,保护工作亦是由文化部门和城市规划部门两个平行的行政体系来共同承担。所不同的是,除文物保护外的历史名城、历史文化保护区等的保护管理工作是由规划部门和文化部门共同负责,即在中央由建设部(城市规划司)和国家文物局主管,在地方由地方城建规划部门和文物、文化部门负责(见图5-12)。

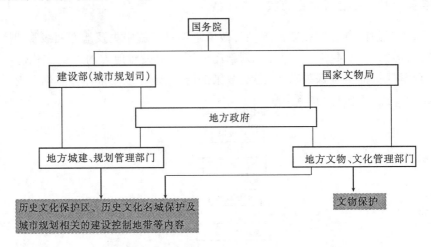

图 5-12　中国历史文化遗产保护行政主管机构体系简图

　　由此可见,英国与日本尽管在保护的行政管理体系的组织结构上有所不同(前者为单一体系,后者为双平行体系),但共同之处在于:对城市历史遗产保护的不同内容、不同层次的保护管理都只设立有一个行政主管部门,其他相关部门在自身职责范围内协助或监督该主管部门工作。这样就从体系上避免了在行政管理过程中因存在两个或多个主管部门而造成的互相扯皮、推诿、职责不清的状况。如英国保护机构的组织程序由中央政府(国务大臣)—环境保护部—地方政府—地方规划部门,管理机构的主线十分清晰,下级不能解决的通过上级解决,而不会出现混乱或扯皮的局面。相比之下,我国在保护行政管理职能上的分工还有待明确,由两个部门共同主管的体制应适时进行调整。

三、各国保护资金保障制度比较

　　英国和日本两国虽然在历史文化遗产保护内容体系及保护管理体系上有很多差异,但在资金保障制度方面却十分相似。它们共同之处表现为以下四个方面:

　　(1)国家和地方政府的财政拨款是保护资金最主要的来源,款项数额巨大,并呈逐年上升的趋势。

　　(2)以国家投资带动地方政府资金相配合,并辅以社会团体,慈善机构及个人的多方合作。国家和地方资金分担的份额,由保护对象及重要程度决定。如日本规定对传统建筑群保存地区的补助费用,国家及地方政府各承担50%,对古都保存法所确定的保存地区,国家出资80%,地方政府负担20%,而由城市景观条例所确定的保存地区一般由地方政府自行解决。

　　(3)资金保障与立法制度相结合。在立法中明确规定保护对象的资金补助的额度成数量,为保护资金来源的长期稳定提供了立法保证。如英国从1982年至1990年的13项有关保护的重要法令或法令修正案中,有一半以上的法令明确规定了用于保护的补助金额或比例,由此可见资金保障已成为英国保护立法的一项重要内容。

(4) 各类相关政策的制定为保护提供了多渠道、多层次的资金筹措方式。如减免税收、贷款、公用事业拨款、发行奖券、自筹资金等形式。

相比较而言,我国历史遗产的保护资金问题无论从资金投入的绝对数量,资金筹集的渠道与方式以及政策的配合与引导上都有相当大的差距。

本章小结

英国是欧洲历史城市保护最为严谨的国家,日本的历史城市和我国有很多相似,他们有连贯持久的法律,有完善保护的体系,有效率的管理机构,有必要的资金,有广泛的群众参与,因而就能确保历史城市得到认真和切实的保护,这是对人类文明的贡献。

我国的历史城市保护立法刚刚开始,有些历史名城名镇制定了地方法规,但有法不依的情况时有发生,在立法方面,任重而道远。

问题讨论

1. 英国和日本的城市保护法规主要特点是什么?
2. 国外城市保护法律制度其成功经验有哪些?
3. 中国当前紧急需制定什么法规? 在没有建立之前应采取怎样的应急措施?

阅读教材

1. 日本观光资源财团编. 历史文化城镇保护. 北京:中国建筑工业出版社,1991
2. 国家文物局法制处编. 国际保护文化遗产法律文件选编. 北京:紫禁城出版社,1993
3. 历史文化名城研究会秘书处编. 中国历史文化名城保护管理法规文件选编

第六章　中国历史文化名城保护规划编制实践与实例简介

　　我国历史文化名城保护规划的编制工作从 1982 年公布第一批国家级历史文化名城开始，至今已有 16 年的发展历程。保护规划的内容从孤立的文物保护到城市的整体保护，从城市空间的物质实体保护到名城内涵挖掘及特色延续的文化艺术领域不断扩展与深入；保护规划的方法从规划设计到立法控制，从对城市总体布局的把握到城市专项规划的研究，从整体保护框架的建构到重点地段的详细规划及点的城市设计，不断地丰富与深化；保护规划的编制也随着《历史文化名城保护规划编制要求》的制定与颁布走向系统化与规范化。总的来说，我国历史文化名城保护规划的编制经历了三个阶段。

　　1. 起步阶段——由孤立的文物保护走向城市整体保护
　　以北京、西安、苏州等为代表的第一批编制历史文化名城保护规划城市，分别从城市的性质、总体布局、古城容量、整体格局、空间结构以及点线面组成的系统保护内容等整体、全局的角度来把握城市的保护，将文物的保护有机地融合到城市整体保护之中，摆脱了孤立地看待文物保护的作法，这也是我国历史文化名城保护制度的特点与优势所在。
　　著名古都西安是我国第一批国家级历史文化名城，它的保护规划主要特点是提出以保护古城的棋盘式道路格局来继承这座宏伟长安城的气魄，其次保护和修复明城墙，形成以明城墙为主体的环城绿化，修复并整治古城内的南院门、北院门传统街市。西安保护规划最重要的特点是对古城北汉长安城、唐大明宫等大遗址的保护，不但划定了严格的保护范围，制定了保护措施，而且在城市规划中确定了向东、西、南三方向的城市发展方向，使之在城市建设发展中得到了妥善的保护。这些作法不但对西安古城风貌的保护起到重要的作用，甚至对全国历史文化名城的保护规划工作产生了积极的影响。
　　北京有众多珍贵的文物古迹和著名纪念建筑物，但作为全国的首都，其建设活动频繁，保护工作难度很大。它的保护规划中建筑高度的控制方法对全国有重要的指导作用。
　　闻名于世的江南名城苏州是唯一在总体规划中提出全面保护古城风貌要求的城市，并果断致力于开辟新区疏散古城，其保护规划的制定对我国名城保护事业有着十分重要的影响。
　　首先，作为长江三角洲地区政治、经济、文化中心城市之一，城市性质定为"著名的历史文化名城和风景旅游城市"，并提出了"全面保护古城风貌，重点建设现代化新区"的城市建设方针。在古城之外开辟新区的作法摆脱了我国长期以来以古城为单一中心的城市发展模式，对其他名城的保护与发展工作起到了良好的借鉴作用。
　　其次，为保护古城空间格局，改善城市生活环境，规划严格控制古城容量、调整用地布局、限制建筑高度，比如将古城人口逐步疏散至新区，由原有的 40 多万人逐步减少并控制在 25 万人左右，古城区内新建筑高度一律不得超过 24m，控制古城内工业生产及新建建筑的功能等措施。概括地讲，在古城内做减法而不是做加法。

另外,苏州名城保护规划中以"一城、二线、三片"* 的简洁提法概括城市保护的重点范围,被城市保护工作者引申为点、线、面相结合的系统保护方法,在之后许多城市的保护规划中被广泛地接受和采用。

2. 发展阶段——由城市整体的把握走向深入细致的保护

以洛阳、平遥、安阳、上海、济南及张掖等城市为例的历史文化名城保护规划,针对城市自身的特点分别通过采用建立规划展示体系、揭示名城文化内涵、实施规划立法、落实保护规划管理、分析名城特色等,硬件与软件相结合保护,建立城市保护框架,保护与发展相结合,以及划分历史风貌保护区、运用控制性详细规划、修建性详细规划、城市设计以及与专业规划相结合等多种规划手法,在城市整体保护的指导思想下扩展和深化我国名城保护规划的内容与层面,丰富和拓展了保护规划的手段与方法。

洛阳保护规划是一个系统、全面且富有特色的保护规划。规划针对洛阳地上地下历史遗存极为丰富的特点,通过建立起 11 种类型的保护展示体系,揭示名城历史文化内涵,丰富了名城特色的保护措施与规划手法,把我国历史文化名城保护规划的编制推进到揭示名城文化内涵的新阶段。

平遥古城是迄今国内历史风貌、文物古迹及历史建筑保存最为完好的古城,它最重要的特点就在于运用规划立法手段完整全面地保护古城,将保护规划落到实处。1980 年同济大学编制的《平遥县城总体规划》中,就已经确立全面保护历史风貌的总体规划原则,1989 年编制的《平遥县历史文化名城保护规划》中又制定了明确详尽的古城内外保护区范围、等级和具体要求,建筑高度控制,街巷保护范围、等级,以及典型民宅与店铺的保护范围措施等,保证在古城墙内基本不做大规模的城市改造,实行全面保护古城的政策,保持原汁原味的明清街市民居风貌。明确细致的规定为保护管理工作提供了良好的操作性,从而使全面保护古城初步走上了立法保护和系统操作的新的历史阶段。1994 年 12 月,根据保护规划内容制定的《平遥古城保护条例(试行)》将平遥古城保护完全纳入法制轨道。

安阳保护规划在考察城市历史、城市遗存等物质实体的同时,比较早地将名城特色的分析与延续纳入其保护规划内容之中,这一作法带动了许多名城对自身特色认识的重视与研究,进而扩展和深化了我国名城保护规划的内容与层面。另一个重要特点是尝试将"指标控制体系"引入到古城保护工作中来,通过对人口密度、建筑面积密度(容积率)等最基本指标的合理控制,在逐步改善城市生活环境的同时,保护包括古城及古遗址、古建筑等整体空间环境。定量方法的采用实际上是将控制性详细规划方法应用到名城保护规划中,在对全城宏观把握的同时具体控制城市细部(地段),这无疑在很大程度上增强了保护规划的实施可能与操作性,深化了保护规划的内容,丰富了保护规划的手段与方法。

上海是我国拥有近代历史文化遗产最多、价值最高的历史文化名城之一。它的保护规划在系统全面地分析城市特色及其构成要素的基础上,针对城市所独具的古今中外文化交融与拼贴的海派特征,在中心城区划定了 11 处各具特色的历史风貌保护区作为城市保护的核心。这种选择若干历史街区加以重点保护、以这些局部地段来反映名城风貌特色的作法,具有现实性与操作性强的特点。各历史风貌保护区根据其价值及完好程度,实事求是地划

定具体的保护范围,极大地减少了保护与建设的矛盾,在探求建设现代化国际大都市与保持独特城市传统风貌的兼顾中找到一个良好的切入点。其中外滩优秀近代建筑风貌保护区的规划分析探索了如何保护我国有艺术价值的近代建筑群及其天际轮廓线,对通过房产置换实施保护等方面也进行了有益的尝试。

泉城济南以"一城春色半城湖"著称,林泉密布,仅城区泉眼就有百多处,潺潺泉水穿流于小巷民居之间,构成独特的泉城风貌。1994年编制的济南历史文化名城保护规划就紧紧抓住这一特点,制定专业性极强的古城泉水保护规划。在济南古城泉水保护规划的编制过程中,山东省专业水文地质大队不仅调查古城 3.26km² 内的情况,而且对 3 960km² 范围内与济南泉水有关的地下水资源进行了深入细致的调查、观察和分析,获得了对济南泉水资源分布与流向情况的完整认识,为济南的保泉供水提供了科学合理的依据。保护规划中专业规划的应用与结合,既丰富了名城保护规划的手法,提供了科学依据,又加强了保护规划的深度与力度。这是济南名城保护规划最突出的特点。

张掖属一般史迹型的历史文化名城,城市范围较大,不可能进行完全意义上的全面保护。为了不阻碍城市的发展并且保证城市景观的和谐统一,保护规划中把城市各处零星的文物古迹从消极的保存变成城市设计中的积极因素,通过建立城市保护的整体框架,在保存真实历史物质遗存的同时保护张掖传统文化的内涵,兼顾城市的保护与发展。张掖大佛寺地段保护详细规划作为保护框架中的一个重要组成部分,在解决城市较小范围内保护与发展的问题上做了有益尝试,并且取得了显著成效。

3. 前进阶段——迈向系统化、规范化

1994 年 9 月由建设部、国家文物局颁布的《历史文化名城保护规划编制要求》是我国历史文化名城保护规划的编制工作迈向系统化、规范化的标志,武汉名城保护规划可以说是这一阶段的典型代表。

如武汉名城保护规划是严格按照《要求》进行编制的,其特点是分层次的体系保护,即将保护的内容进行层次上的划分,并在此基础上建立各种保护体系,进而对每一保护体系的各类内容编制规划范围及保护内容与措施。这一做法使得整个规划在全面铺展的同时保持层次清晰,在深入细致到每个保护的对象和实体的同时又能够把握整体,明确自身所处的位置与作用。系统保护与重点保护相结合使得不同的体系从各自的角度共同建构历史文化名城的总体形象与整体风貌。

以下将有针对性地介绍一些城市历史文化名城保护规划的内容、方法及部分图纸,为其他城市保护规划的制定提供参考与借鉴。这些名城分别是西安,北京,苏州,洛阳,商丘,平遥,安阳,上海,济南,张掖及武汉。

第一节　西安历史文化名城保护规划

西安是我国第一批国家级历史文化名城,也是我国最早开始进行城市保护工作的城市之一。作为我国第一批编制的历史文化名城保护规划的代表城市,它在名城保护中的一些作法,不但对西安古城风貌的保护起到重要的作用,而且对全国历史文化名城的保护规划工作产生了积极的影响。

西安历史名城保护规划的最主要特点是提出了以保护古城的传统空间格局与秩序为核心内容的"保持古都风貌"的规划基调和建设原则。主要规划手法如下:(1)继承城市传统的棋盘式道路格局;(2)保护并发展城市中轴线,维护城市严整对称的格局;(3)保护和修复明城墙,实施明城墙、环城绿化、护城河、环城路四位一体的环城工程,强化古城空间格局;(4)划定整个古城(明代老城区)为保护区。在保护区内实行梯级高度控制(由中心的钟、鼓楼向明城墙外侧递减),并提出通视走廊的规划概念与作法,用以控制古城的整体空间效果。(5)另外,为保护西安古城北汉长安城和唐大明宫遗址等,规划中的城市沿东、西、南延伸,向城北不作大的扩建,为遗址保护打下基础。

这样的一些规划内容、手法及建设决策,不仅对保持西安的古城风貌及历史文化遗产起到了积极的作用,也成为我国历史文化名城保护规划中值得肯定的经验,并在以后许多名城的保护规划中被广泛地学习与采用。

一、城市概况

西安是世界久负盛名的文化古都,是国务院首批公布的历史文化名城之一。拥有3100多年的城市发展史,有1500年的时间作为中国历史上11个朝代的都城,是当时中国的政治、经济、文化中心。隋唐长安城的中心皇城,即是现在西安旧城区所在地,至今唐城的格局依稀可见,在此基础上发展建设的明城,格局保留完整。西安及其附近地区,地上、地下遗存着人类社会发展的各个历史时期的大量的丰富多彩的文物古迹。

1. 文物古迹

西安是我国历史文化名城中文化遗存最多的城市。有全国重点保护单位16个,省级文物保护单位68处,市县级文物保护单位230处,登记在册的文物点2944处。

西安现存的文物保护单位可分为以下几类:(1)古人类遗址:如蓝田猿人遗址、半坡氏族公社遗址等。(2)城市遗址:现今格局完好的明城,或略显形态的唐城遗址,汉长安城遗址,周沣京、镐京遗址。(3)城墙:保存修复完好的明城墙以及城门城楼。(4)古宫殿遗址:包括秦阿房宫遗址、唐大明宫遗址、华清宫等。(5)宗教建筑:包括大慈恩寺、青龙寺、大兴善寺、兴教寺等名刹,大雁塔、小雁塔以及法门寺等世界著名的佛教圣地。(6)陵墓遗址:西安保存完好的古陵墓星罗棋布,包括最有代表性的秦始皇帝陵及兵马俑,其他各朝各代的帝王陵寝广泛分布在西安城周围。(7)革命纪念物:包括西安事变旧址、八路军办事处等。(8)皇家园林及风景名胜:包括兴庆宫公园、曲江池。(9)民居、店铺:集中在西安市区内书院门、北院门等处。其中"秦始皇陵"被联合国教科文组织列为"世界文化遗产";"秦兵马俑"被誉为世界八大奇迹之一;历史上的汉长安城是当时唯一一座可与罗马媲美的城市,唐长安城的建筑规模与气度均属当时世界之最。

2. 城墙

西安城墙为明代建筑,建设在唐长安皇城基础上,环绕13km²的旧城区,全长13.7km,南北城垣各约4.2km,东西城垣各约2.65km,墙高12m,顶宽12~14m,底宽15~18m,全城有敌台98座,角楼4座,四垣各有城门一座,均有正楼、箭楼、闸楼三座。城外侧有宽14~24m的城河环护。城墙沿城市中轴线对称,以轴线上的钟楼为对称中心,南北城门与轴线重合,对称的东西城门与钟楼处于同一水平线上。

3. 城市格局

西安旧城区包含有历代城市建设的影响,形成了独具特色的空间格局。其特点表现在以下几个方面:(1)明确的城市中轴线。以市中心的钟楼为中点,贯穿北城门、南城门,向南、北方向延伸。(2)完整的明城墙。现存完整的城墙长 13km,与环城公园、城河、一环线,形成四位一体的环城工程,已成为西安城市的重要景观。(3)平直整齐的方格网城市道路系统。城市道路中心点的钟楼,与东南西北四座城门及大雁塔等重要文物相互连接,形成棋盘式道路格局。(4)与城市发展密切相关的江湖水系。城市外围,渭、产、皂、灞等河流古有八水绕长安之称,以及市内的曲江池、兴庆湖等水系,为缺水的古城增添了水面。(5)周、秦、汉、唐的古遗址,相对独立完整,是中国城市建设发展史的体现。

二、城市保护规划

西安历史文化名城的保护,主要体现在两个层次:一是对城市的传统格局,重大遗址历史风貌的直接保护,另一方面是体现在城市功能调整、整体布局上的间接与宏观上的保护,它为历史文化名城保护创造了有利条件,是重要的战略措施。历史文化名城整体保护以总体上突出"保护明城的完整格局,显示唐城的宏大规模,保护周、秦、汉、唐的重大遗址"为原则,保护和延续古城的格局与风貌特色,继承和发扬城市的传统文化(见图6-1)。

1. 城市结构布局

对于历史文化名城的保护应同样体现在整个城市的结构布局之上。目前明城范围之内,只有 13km² 土地,由于钟楼的中心感、城墙的围合感,以及历史上建设相对集中,造成明城是市中心的感觉,目前建设的投资集中于此,建设量大。就此,规划采取宏观上的保护措施:(1)外围建设未央、洪庆等 11 个组团,疏散市中心过于密集的人口,提高绿化用地量,妥善保护重大遗址。(2)市区内通过坚持实施两个转移,以缓解明城区的压力,即:一是严格控制中心集团规模,将部分城市功能转移到外围组团;二是调整和改造中心集团,将一环以内的城市功能转移到二环、三环之间。旧城区拟向以旅游、商贸为主要功能转移。(3)通过二环沿线地带的建设,以及环线高速通畅的交通,提高二环两侧的城市化水平,连通城市新区,缓解旧城区内的建设与交通压力。改善明城区环境,集中力量搞好历史文化名城的保护工作。

2. 古城格局

西安明城城墙保护比较完整,是面积较大的古城墙之一。城墙厚重坚实,城楼巍峨凌空、气势雄伟,城内有钟楼、鼓楼、寺院、庙宇、府邸、宅院、传统民居等古建筑。西安市明城墙内的旧市区,多是明清时代建筑,其街道总体布局是在唐皇城的基础上沿袭下来的,所谓西安的古城风貌,人们可见的就是明清时代的城市风貌。所以,保持现存的明西安城的整体格局和城市风貌,对维护古城风貌至关重要。西安古城格局的保护主要通过环城工程、城市中轴线的强化与发展,以及河湖水系等保护加以体现的。

(1)环城工程规划

西安历史都城变迁示意图

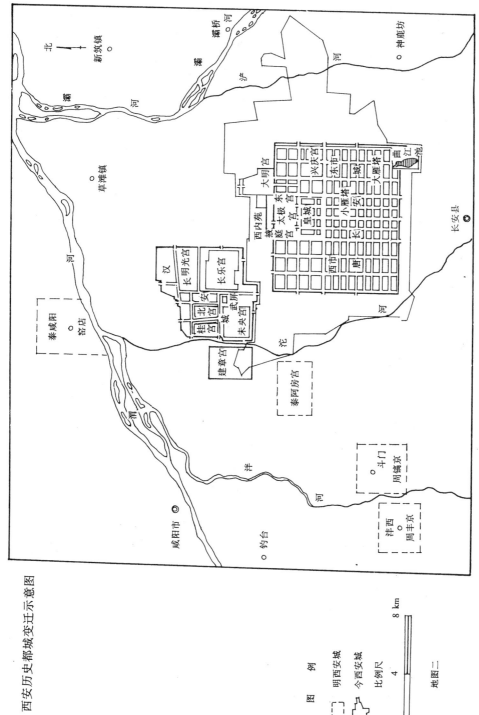

图 6-1 西安城与历代城市遗址位置关系图

图　例

明西安城
今西安城

比例尺

0   4   8 km

地图二

西安城墙的保护建设,根据总体规划综合考虑城墙保护、市政交通、绿化等各项要求,将明城墙、环城绿化(公园及林带)、护城河与内外环城路综合为四位一体的环城工程。规划范围:东西约 4.4km、南北 2.8km,平均宽度 250m,面积约 3.6km²。按照"保护与建设相结合"的建设方针,把保存、保护、复原、改建与新建开发密切结合,统一规划、分期实施。环城工程以新旧结合的独特景观,在保护的同时,利用城墙环城公园及护城河为市民生活创造良好环境,注入新的内容。同时,坚持控制城墙附近范围内的建筑高度,控制内外两侧建筑的体量与形式,保留足够的空间,以烘托明城墙的宏伟气势。从 1983 年动工至今,明城墙 13.7km 已基本维修完毕,同时进行了护城河整治城市排水管道铺设,环城河岸绿地建设等,综合整治面积达古城面积的 1/6。规划实施以来得到了社会各界的好评,产生了明显的环境效益、社会效益和经济效益,为西安历史文化名城保护工作做出了很大贡献。

(2) 保护发展城市中轴线

历史上曾有 11 个王朝在西安建都,在城市范围内遗留下了数条城市中轴线,对西安城市的布局有很大的影响,大部分都有明确的位置。50 年代的城市总体规划中,确定了以明西安府城的主轴线作为原西安的城市中轴线,如今向南北两个方向扩展 10km,在西安的总体布局中,集交通轴、功能轴、历史文化轴、城市景观轴等四位一体,它是西安发展的脊柱。中轴线在旧城区内全长 2.65km,以南城门与北城门为端点,以东南西北 4 条大街的汇集点钟楼做为中心,它也是整个轴线的中心。轴线与城市主干道重合,与西安城墙南北中轴线重合,与北城门、钟楼、南城门的建筑轴线重合,对轴线两侧的建筑形式、高度与体量有明确的规定,以保持城市的整体风格与开阔的轴线空间,形成了新旧结合的城市风貌。同时开辟轴线上的广场,即钟鼓楼广场,西华门广场,南北城门广场,赋予轴线新的形式与内容,增加市民活动空间。

(3) 保护与西安城市密切相关的河湖水系

西安北临泾、渭、产、灞、沣、镐、皂河水,古有"八水绕长安"之称,市区内有太液池遗址、唐曲江池遗址,较完整的有兴庆湖、护城河等水系。除对上述水系进行保护外,还在渭、产、皂、灞河两岸栽植特色林木,以利于城市环境质量。

3. 建筑高度

市区建筑高度控制采取分区梯级控制的布局,以突出代表西安历史文化名城特点的古建筑、古遗址。按照《西安市控制建筑高度的规定》严格控制旧城区的建筑高度。该规定以旧城内控制,旧城外放开;历史文物景点附近限制,其他地区放开为原则。制定了以钟楼、鼓楼、明城墙和城楼,主要文物古迹以及关中传统居民区为保护主体,建筑高度按保护圈和实际情况实行分区控制。从明城墙各市区中心依次分为:9m、12m、15m、18m、21m、24m、28m、36m 八个层次。整体控制高度以旧城内标志性建筑钟楼的宝顶(36m)为限。在 36m 高层可行区范围内可分散安排少量不超过 50m 的高层建筑。旧城以外除一环路限高过渡区、文物保护建设控制地带、文物古迹通视走廊和经规划管理部门批准的微波通讯、广播、气象雷达、高度控制走廊外,其他区域的建筑高度可不受限制。

4. 通视走廊

在西安开阔平缓的城市背景上点缀着许多标志性的建筑,如旧城中心的钟楼、大雁塔,东、西、南、北4座城门等,它们是古城风貌的精华,这些不可缺少的决定性景观要素,也是历史文化名城保护规划的主要对象之一。(1)在旧城区内要保留4条通视走廊,即钟楼到北门城楼、钟楼到南门城楼,钟楼到西门城楼,钟楼到东门城楼。东大街、北大街通视走廊宽度为50m,东大街通视走廊内建筑高度不得超过9m,通视走廊外两侧各20m内,建筑高度不得超过12m。南大街通视走廊宽度为60m,西大街通视走廊宽度为100m,在100m范围以内的建筑高度不得超过9m。(2)在旧城区以外的通视走廊为:南门城楼至大雁塔、大雁塔至青龙寺遗址、青龙寺遗址至东门城楼。这三条通视走廊的宽度为10m,通视走廊部分要跨越非道路地带,因此要严格控制,不得在通视走廊上插建建筑。

第二节 北京历史文化名城保护规划

北京历史文化名城的保护,是以保护北京地区珍贵的文物古迹、著名纪念建筑物、历史地段、风景名胜及其环境为重点,达到保持和发展古城的格局和风貌特色,继承和发扬优秀历史传统的目的。

城市的性质和发展方向,要根据其历史特点和在国民经济中的地位与作用加以确定。名城的发展与建设,即要考虑如何有利于逐步实现城市的现代化,又必须充分考虑如何保存和发扬其固有的历史文化特点,力求把两者有机结合起来。北京名城的保护与发展在这一方面有着十分深刻的经验与教训。

北京的名城保护工作还具有以下几个特点:(1)从城市格局和总体环境入手实施城市的整体保护,对城市总体规划布局、城市设计和新旧建筑的协调等方面进行控制与指导。(2)坚持以旧城为中心的"分散集团式"城市总体布局,严格控制旧城发展的同时,积极扩大和完善边缘集团,达到保护与发展的双重目标。(3)建筑高度控制采用故宫为中心、由内向外、由低渐高的分层次控制,以保持旧城平缓开阔的空间特色。(4)重视历史文化保护区的确定与保护,逐步恢复历史地段的原貌并加以合理利用,已成为北京名城保护工作的重要环节。

一、城市概况

北京是中华人民共和国的首都,是全国的政治中心和文化中心,又是世界著名的文化古都,是国务院首批公布的我国历史文化名城之一。有文字可考的城市历史3 000多年,其中北京作为封建都城历经辽、金、元、明、清800多年的历史,特别是明、清两代的修建,古城布局更加完整宏大,集中国封建都城之大成,在世界城市史上也享有很高的地位。北京城内外有着大量的文物古迹,他们被有机地组织在传统格局之中,形象地再现出历史发展的脉络。故宫、长城和周口店北京人遗址被列为"世界文化遗产"。

1.古城格局

北京古城自元大都以来格局未变,经明清两代经营,形成了以故宫为中心的中国传统都城的宏伟壮丽的城市格局、华丽宫殿和严整的胡同四合院民居,独具特色。从永定门至钟鼓楼这条明清北京的中轴线,总长约8km,故宫以此轴线形成水平的对称布局和长度、进深上有相对次序的空间连续,在太和殿达到高潮。与严谨的中轴线相对应的是3个优美的水面:

中南海、北海、什刹海,以其自然曲折与之形成了强烈的对比。北京古城区内,规整的道路网格和传统的胡同、街巷、四合院井然布局。灰色的民居屋顶和千顷碧树衬托着红塔黄瓦辉煌壮丽的宫殿建筑群,构成了北京城市的优美形象和强烈独特的整体效果。

2. 街道系统与胡同四合院

明清北京城的街道系统继承元代大道与街坊的特点,与南北中轴线平行的有两条贯穿南北的大道,犹如鱼脊,胡同列于两旁,以东西向居多,枝干分明。东西向的胡同为北方的传统四合院民居的安排创造了良好的条件,形成了极富特色的居住环境。商业与手工业多集中于大道两旁,不同的营业内容有不同的铺面形式,形成丰富有特色的商业街。

3. 文物古迹

北京保存有丰富的文物古迹。现有国家级重点文物保护单位 28 个,市级文物保护单位181 个。主要包括城市遗址、以故宫为主体的宫殿建筑群、皇家园林、珍贵的坊、庙、寺、塔、革命纪念物、名人故居、戏楼、会馆及民间建筑等。

二、城市保护规划

1. 城市性质

有 800 年都城历史的北京一直担负着全国行政、文化中心的职能,1949 年以后城市的性质发生了变化,提出了加强"经济"中心职能的城市发展方针。旧城中出现了许多生产性工厂,在这以前北京中心城内基本上没有什么工业,至 1982 年底已发展到 500 多家,占当时市区工业总产值的 30%,职工总人数的 1/4。这不仅增加了旧城人口、交通、住房紧张的压力,并占据了大型四合院、会馆、寺庙等传统建筑,造成优秀文化遗产的破坏、传统空间特色的丧失及严重的环境污染。1991~2010 年北京城市总体规划中重新确立北京城市性质为"全国的政治中心和文化中心"。通过对工业结构与布局的调整,逐步改变了工业过分集中在市区的状况,从而减轻了伴随城市经济发展而带来的古城压力,加强了保护古城的力度。

2. 城市总体布局

北京古城是历史留下的精华,是否把城市的中心放在古城内,在建国初期就有一场争议。以梁思成为代表的专家们提出在古城西侧另设行政中心,不以古城为中心发展的布局,但未能被当局接受。结果造成了古城严重的破坏性建设,同时也不能满足发展的要求。其实,这个不在古城中心发展的设想在三四十年代规划方案中都有体现,并在当时起到了对古城控制和保护的作用。1958 年,北京确立在城市总体上是采用以古城为中心的"分散集团式"布局形式,至今一直坚持这一规划战略。规划要求严格控制市区规模,将城市建设逐步从市区向远郊区作战略转移,适当扩大和完善边缘集团,缓解市区现实存在的各种矛盾(见图 6-2)。

3. 城市的整体保护

除了文物保护单位和历史文化保护区的保护外,北京从整体上考虑历史文化名城的保护,从城市格局和总体环境上保护历史文化名城。北京旧城传统风貌的主要特点有:(1)以

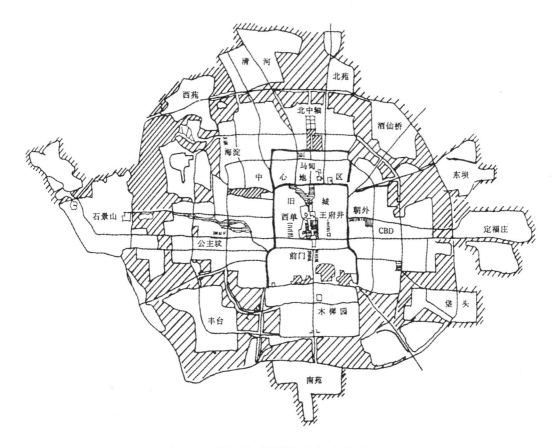

图 6-2 北京市区"分散集团式"布局示意图

（资料来源：《迈向二十一世纪的北京》，北京市城市规划设计研究院编，1992）

故宫为中心,有一条从永定门至钟鼓楼的严谨对称、富有变化的城市中轴线。在这条中轴线上或其两侧,布置了紫禁城太庙、社稷坛、景山、钟鼓楼、天坛、先农坛等封建王朝最重要的建筑群。（2）与严密对称格局形成强烈对比的是在中轴线西侧间有活泼典雅的"六海"园林水系,形成红墙黄瓦与绿荫碧波、建筑与绿化、刚柔相济的景观空间。（3）全城有平直整齐的棋盘式街道网,并由城楼、牌楼和亭、塔、殿堂构成丰富的街道对景。（4）在大片平房四合院民居衬托下,形成以故宫为主体,以景山万寿亭为制高点,起自永定门,终止于钟鼓楼的,并由城墙和各城楼拱卫的、起伏有致的城市天际轮廓。（5）以大片青砖灰瓦的民居和绿树为基调,突出金黄琉璃瓦的皇宫以及蓝、绿琉璃为主的王府、坛庙,形成统一而重点突出的城市色彩。

北京历史文化名城的整体保护,就是要继承传统城市风貌的主要特点并加以发展,从城市总体规划布局、城市设计和新旧建筑的协调方面提出指导性的方案。（1）保护河湖水系。北京缺水,保护水系尤显重要。特别是与北京城市沿革密切相关的河湖水系,如护城河、六海、长河、莲花池等应妥加保护。（2）保持原有棋盘式道路网骨架和街巷、胡同格局。对旧居住区改造时,,不要把"小区规划"的模式生硬地套搬,搞乱原有街巷体系。为适应现代化城市交通需要,拓宽、新辟道路应在原有棋盘式格局基础上进行。（3）保护旧城平缓开阔的空间格局。北京旧城是一个"水平型"城市,精华位于城市中心。总体规划确定北京市区的城市空间,是以故宫为中心,由内向外分层次地、由低逐渐升高的城市空间。(4)保护遥观西山及各重要景点之间的通视走廊。如"银锭观山"、景山至北海白塔、北海白塔至鼓楼、鼓楼至德胜门、景山至鼓楼、前门箭楼至天坛祈年殿等。在通视走廊内的建筑高度和建筑体量要加以控制,不得在通视走廊内插建高层建筑。(5)保护街道对景。注意街道对景是老北京城规划设计中的一个特色。要保护好传统的街道对景,如前门大街北望前门箭楼、地安门北望鼓楼、北海大桥东望故宫角楼等。此外对于可能形成新的街道对景地段,要提出建筑景观设计要求,形成新的城市景观。(6)注意吸收传统城市色彩特点。建筑色彩是体现城市特色的一个重要因素。虽然目前对北京全市的建筑色彩做出规定的条件还不成熟,但对一些区域或重点地段提出色彩要求是可能的和必要的。如旧皇城以内,应以青砖灰瓦为基本色调,禁止滥用金黄琉璃屋顶,以维持皇城原有的色彩主调。(7)增辟城市广场。除了天安门广场外,要在城市主要街道路口,如西单、东单、西四、东四、新街口、菜市口、珠市口、鼓楼前等增辟新的城市广场,供人们游憩和美化城市面貌。(8)保护古树名木。古树名木是历史的见证,越"古"越"名"则越珍贵。对具有上百年树龄的古树和有特定意义的名木要妥加保护。有的树木即使不算"古",能保留的也应尽量保留(见图6-3、图6-4)。

4. 城市中轴线

从永定门至钟鼓楼全长7.8km的南北中轴线,是明清北京城在元大都的中轴线基础上向南延伸发展而成,突出表现了城市独有的壮美和秩序,是北京最重要的城市景观。1953年以后,天安门广场经过了多次改建扩建,在轴线上增加了人民英雄纪念碑和毛主席纪念堂等建筑,两侧新建了人民大会堂、中国革命和历史博物馆,初步形成了新旧结合的、体现首都中心广场的独特风貌。根据北京城市总体规划,这条轴线将再向南北两端延伸,继续成为北京市区的脊梁,并确立了"保护并发展传统城市中轴线"的城市建设方针。

5. 城墙与城楼

北京的城墙长达40km,有16座巍峨城楼,明代兴建,清代多次修葺,是珍贵文物。1958年开始全面拆除,只剩下正阳门及箭楼、德胜门箭楼和东南城角角楼等四座,内城东西南三面护城河被盖板。当时,北京城墙的拆除在全国范围内引起了连锁反应,许多古城墙纷纷被毁。

6. 建筑高度

北京古城的城市空间特色是平缓开阔的。低矮的四合院落、大片的湖面绿化辉映着宫殿楼台,构成了舒缓有致的水平城市空间。要保护北京古城这一特色,最关键的一点就是控制建筑高度。从80年代起,北京高层建筑发展很快,在古城中心地区大量见缝插楼,形成对传统风貌的严重破坏。这些高楼阻断了重要景观走廊,破坏了平缓开阔的空间格局,形成了闭塞、呆板、枯燥的天际线。1985年首都规划建设委员会公布建筑高度控制规定,1986年市政府明令禁止在旧城区分散插建楼房,1987年又通过了《关于控制建筑高度的规定》,对皇城核心地区提出了更加严格的保护要求。1989年颁布了"关于严格控制高层楼房住宅建设的规定"。市政府分4批公布的文物保护单位的保护范围和建设控制地带的规定,都对旧城

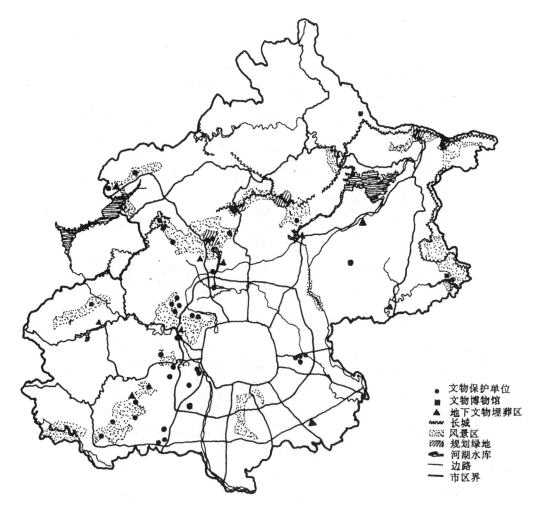

图 6-3 北京市域历史文化名城保护规划图

资料来源:《迈向二十一世纪的北京》,北京市城市规划设计研究院编,1992

传统风貌起了有效的保护作用。但由于法制不严,管理不力,在经济利益的推动下高楼仍常有出现,北京古城的风貌仍不断遭受破坏。根据北京传统历史和具体条件,为了更好地实施保护,在 1991～2010 年北京城市总体规划中,提出了建筑高度的总体方案:以故宫、皇城为中心,由低逐渐升高,由内向外分层次高度控制。

7. 历史文化保护区

1990 年北京市政府已确定国子监街、地安门内大街,陟山门街、景山前街、景山后街、景山东街、景山西街、五四大街、文津街、阜城门内大街、东交民巷、琉璃厂东街、琉璃厂西街、大栅栏街、牛街、东华门大街、西华门大街、颐和园路以及南锣鼓巷、西四北、什刹海地区等 25 个街区为北京市第一批历史文化保护区。这是北京历史文化名城保护工作中对历史地段保护的开端。由于这些地区不是文物保护单位,过去对其环境缺乏严格管理,风貌正在不同程度地受到破坏。锣鼓巷、西四北等处,虽在 1983 年总体规划中已被列为四合院成片保护区,但

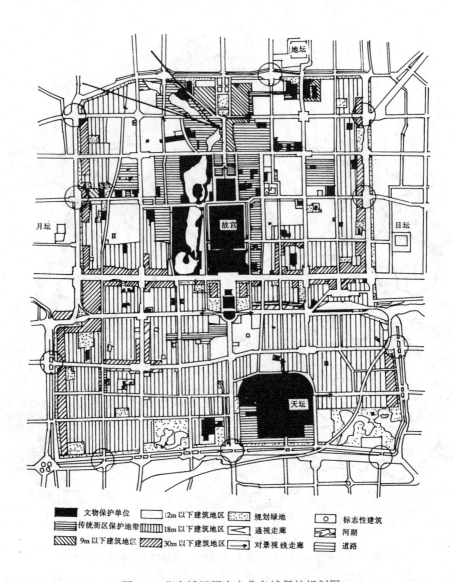

图 6-4　北京城区历史文化名城保护规划图

因缺乏具体保护措施、缺少资金和传统建筑材料供应,原貌已受到较大破坏。西四北至八条保护区内除三、四、五条尚有十几座较好院落外,其他胡同内好四合院已只剩下一两个了。锣鼓巷地区也仅剩30多座较为完好的四合院。这些情况说明,对传统民居四合院及其街区已到了要紧急抢救的时候了。北京历史街区的保护经历了一个认识深化的过程,从琉璃厂街的改建到国子监街的保护,就是它的写照。

(1) 琉璃厂街

琉璃厂是北京的传统文化街市,以经营书籍、古玩、字画、碑贴、文具等闻名。它有200多年历史,自清乾隆年间以来,逐步兴盛,以其高雅的文化气息和浓郁的民俗风情吸引着北京市民和四方来客,它作为老北京的代表常见诸于各种文学与艺术作品中。在历经"文革"的浩劫之后,琉璃厂陈旧破败、景象萧条。1978年开始对琉璃厂进行改建规划,以恢复当年文化街市的风采。琉璃厂的做法主要有以下几点:① 开辟步行街:琉璃厂地处繁华街区,人、车流稠密。规划中,在它的南北面各修一条辅助道路,将车辆从琉璃厂引到外围,形成回路,从而开辟为步行街,创造了一个安全清静的环境。② 加宽红线,铺设管线:为解决市政管线的铺设问题,将建筑红线由原来的 4~8m,加宽到 7~20m。沿街建筑均设地下室,将管道、电缆吊挂其间,既解决了管线铺设问题,又增加了仓库面积。③ 建筑拆旧、仿古:琉璃厂街是采用拆去原有的老建筑,参照琉璃厂街市极盛时期清代乾隆、嘉庆年间北方店堂和民居的建筑艺术风格,选用北方几种典型的店铺形式来进行设计,重新建造的。

琉璃厂是我国最早提出保护和恢复的历史地段之一,在步行街的采用及市政设施的更新方面探索了一条比较新而合理的路子,但由于采用了"拆旧仿古"的方式,从世界历史文化遗产保护的原则及现今我们对于历史地段保护的认识看来,是一种完全错误的作法,拆掉了真古董,造起假古董。它的影响还引发了全国各地掀起的"仿古一条街"的热潮。

(2) 国子监街

位于北京旧城东北部的国子监街,是一条距今有 700 多年历史的具有浓厚的老北京街巷风貌的古老街道。但是在 1990 年前,它也同北京城内许多普通街道一样,集贸市场林立,添建、搭建的建筑杂乱无章,许多古老建筑年久失修、破旧不堪。1990 年,在市规划、文物部门与区政府密切配合下,开始了国子监街的保护整治工作,并确定了"在原有基础上,从整治环境入手,保留历代叠加,整旧如旧"的保护原则。

在环境整治方面,国子监所做的努力与尝试是十分突出的,具体开展了以下工作:① 调整了原定的城市道路规划,改变了将该街道由现状 12m 拓宽至 25m 的拓宽道路的计划,保留了历史街道的原有尺度;② 搬迁了农贸市场,拆除了违章侵占的街道用地;③ 拆除了文物保护单位内外影响景观的违章建筑;④ 对沿街的公共厕所、垃圾站等公用设施进行拆除与搬移、使之与周围的环境互相协调;⑤ 拆除沿街 2 层轻型结构的办公用房,炸掉高大破旧的厂房及烟囱等严重影响街景的建筑物。

在旧建筑的保护方面不搞大拆大建,坚持修旧如旧、逐步恢复古街风貌、以传统民居衬托古建筑群的原则。在对古建筑进行了大规模修缮的同时,对沿街一万多平方米的残垣断壁、破旧门窗进行了修缮、粉刷、油饰。还将进一步细化建筑改造、装修、装饰的审批规定,计划将这个地区历史上的各种建筑部件绘成图录,如门头式样、墙窗等的各种类型,供居民选择。

国子监街在经过了 5 年的整治后,传统风貌得到了初步的恢复,既改善了居住和生活环境,又改善了投资和旅游环境。实践证明,这种通过整治,逐步恢复历史地段的传统风貌,使其"延年益寿",而不是"返老还童"的做法是切实可行的,是历史文化保护区的一个成功尝试。

第三节 苏州历史文化名城保护规划

苏州,这一闻名于世的江南水乡名城,一直站在我国名城保护工作的前列。其保护规划的制定对我国名城保护事业有着十分重要的影响。

首先,始终作为长江三角洲地区政治、经济、文化中心城市的苏州,将城市性质拟定为"著名的历史文化名城和风景旅游城市",并提出了"全面保护古城风貌,重点建设现代化新区"的城市建设方针。这不但有效地加强了城市保护的宣传力度,使名城保护意识深入到城市每一个居民之中、渗透到城市建设的方方面面;同时,在古城之外开辟新区也很大程度地解决长期以来城市建设中存在的一系列矛盾,适应了城市发展需要,充分发挥苏州地区中心城市的功能。这一作法,摆脱了我国长期以来以古城为单一中心的城市发展模式,对其他名城的保护与发展工作起到了良好的借鉴作用。

其次,为保护古城空间格局,改善城市生活环境,规划严格控制古城容量,调整用地布局,限制建筑高度。如采取古城人口逐步疏散至新区,并由原有的 40 多万逐步减少并控制在 25 万人左右,古城区内新建筑高度一律不得超过 24m,控制古城内工业生产及新建建筑的功能等措施,即在古城内做"减法",而不是做"加法"。

第三,重视古城区改造,小步探索实践,摸索经验,不急于求成,做到既保护城市传统风貌,又改造居民生活环境。

另外,苏州名城保护规划中,以"一城、二线、三片"的简洁提法概括了城市保护的重点范围,被城市保护工作者引申为"点、线、面"相结合、系统保护的规划手法,在之后许多城市的保护规划中被广泛地采用。

一、城市概况

苏州,这座世界闻名的古老城市,已有 2 500 年的历史。早在公元前 514 年的春秋时代,它已是吴国的都城,漫长的历史中虽历经沧桑,但城址至今未变。古城内河道纵横,河、路结合构成双棋盘式格局,居住房屋临水建造,前街后河,粉墙黛瓦,形成了"小桥、流水、人家"的江南水乡城市风貌。苏州古城的布局结构充分反映出我国古代高水平的城市规划与建筑技术,并典型地呈现了封建时代地区中心和州府城市布局的特征。苏州还拥有闻名于世的江南私家园林及传统特色产品,如丝绸、刺绣、雕刻、服装等,以及传统绘画、书法等,充分反映了这座古城的历史与文化。

1. 古城格局

苏州古城始建于公元前 514 年。宋代的《平江图》是一幅反映当时城市布局的珍贵的城市平面图。因上所记载的城市格局与今天苏州古城的主要道路和水系基本相符,一些重要的城门、寺庙、高塔、园林、名胜及桥梁、道路等许多尚存,名称也沿用至今,实是弥足珍贵。苏州古城布局以水为中心进行规划和建设,自然和人工开掘的方格网河道系统与方格网道路系统密切结合,形成水、陆配合,路、河平行的双棋盘式城市格局。

2. 江南民居

苏州的民居分布广、数量大,无论平面、造型还是装饰均具有浓厚的水乡风格,是江南民居的典型代表。其民居整体构图与空间处理、建筑手法与装饰艺术等是城市面貌的重要反映。其中保存较完整的地区有平江区、中街路等地区。

3. 文物古迹

苏州古城内外建筑遗存众多,尤其是明清建筑比比皆是,如古城盘门的水陆并存的城门等。苏州古典园林是江南私家园林的代表,大小园林之多、艺术造诣之高,为当今世界园林艺术之精华。历史最盛时曾有 220 多处,现经过修整、恢复,目前开放的有 12 处,尚可恢复的还有 20 余处。苏州现有国家级文物保护单位 8 处,市级以上文物保护单位共 93 处,其中古城内有 57 处。另外,还有 253 个较完整的古建筑。

二、城市保护规划

苏州是一个重要地区中心城市,随着经济的发展,古城内外工业也得到进一步发展,保护与发展、传统与现代的矛盾就更加突出。对于苏州这座世界上少有的极富特色的历史文化名城,1986 年国务院在批准苏州城市总体规划时,确定了"全面保护古城风貌"的城市建设方针。

1. 全面保护古城风貌

苏州古城风貌主要体现在以下几个方面:(1)从春秋建城开始逐步形成的"水陆平行"、"河街相邻"、"前街后河"的双棋盘式城市格局。(2)城河围绕城墙,城内河道纵横,桥梁众多,街道依河而建,民居临水而造,构成"小桥、流水、人家"的水乡城市特色。(3)巧夺天工、精美无比、各具特色的古典园林。(4)城内北、东、西南三方面有高耸挺拔的古塔,加上市中心玄妙观古建筑群,以及城门、城墙、寺庙、署馆、阁楼、民居等有机地构成古老而美丽的城市立体空间构图。(5)淡雅朴素、粉墙黛瓦的苏州地方风格的民居,以及幽深整齐的小街小巷、点缀小品的庭院绿地,构成古朴宁静的居住环境。(6)星罗棋布的文物古迹名胜。

由此而形成的古城是一个整体,保护从整体着眼,全局入手。为此"在整个古城(护城河范围以内)以及与古城有密切历史文化景观联系的地段和园林风景名胜地区(山塘河、上塘河、虎丘、留园、西园、寒山寺)等范围内"实行"全面保护"的原则。

苏州的"全面保护"是指古城保护总的指导思想和控制原则。主要是从保护范围和保护内容两个方面强调古城保护的整体性、综合性,以及在保护的前提下逐步改造古城环境和各项生活服务设施;从城市整体上提出控制性的保护原则,对城市容量、环境、建筑和建设工程进行全面控制,使构成古城风貌的内容不再继续受到损害或破坏。保护范围:一城、二线、三片。一城是指外城河范围内的整个古城;二线是指山塘河、山塘街和上塘河、上塘街、枫桥路沿线范围;三片是指虎丘,枫桥镇、寒山寺和留园、西园及其周围地区(见图 6-5)。

2. 全面控制古城,积极发展新区

苏州 14km^2 的古城区内超负荷主要表现在过多的人口、不协调的工厂和设施等造成城市环境的恶化。在"六五"期间,苏州从古城内搬迁、转产和停产了 54 家污染重、治理难的工厂。然而,到 80 年代中,古城内仍有 35 万人,286 家工厂,每天进城交通量、旅游流动人口达10 多万人次,穿城而过的机动车达 5 000 辆。1986 年,经过反复论证,决定在古城的西面和东面开辟新区,形成"古城—新区"的城市布局。经过近 10 年的努力,苏州古城内的人口已减少了 10 万人。古城、新区既相对独立又相互联系成为一个整体。古城区以历史文物、文化艺术、古传统工商业和旅游事业为主;新区以经济贸易、现代工业为主。这样,既全面保护了古城风貌,又为城市注入了新的活力。90 年代,苏州在运河以西规划建设国家高新技术开发区,新加坡又在古城东面投资建设庞大的工业园区,面积将是古城的五倍以上,这对古城的保护将产生重要的影响。在新一轮的城市总体规划中,形成了"新区—古城—新区"的城市布局。

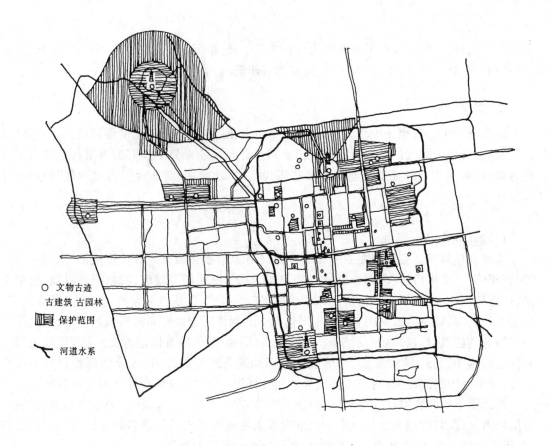

○ 文物古迹
古建筑 古园林

▦ 保护范围

⌒ 河道水系

图 6-5　苏州古城风貌保护规划图

在苏州古城保护规划中对古城的容量和环境有明确、严格的控制:① 采取严格措施,把古城内人口逐步控制在 25 万人左右。② 工业逐步调整,古城内不再新建工厂,现有工厂扩建也要严格控制。③ 加强交通管理,有的道路组织单向交通及划定自行车专用街巷。加速外环路建设,今后严格控制过境车辆进城,对市内运输车辆在交通高峰时,也要采取控制措施。④ 控制城市用地,要"见缝插绿"。对无保留价值的古建筑的拆除,必须经市政府批准。⑤ 不再在古城内新建吸引大流量交通的公共建筑。⑥ 控制环境不继续受污染,对现有工厂、单位的"三废"和噪音、震动等限期治理,否则予以搬迁。⑦ 降低建筑密度,增加庭院绿地,改善居住条件和环境。

3. 建筑高度的控制

苏州对古城内新建筑严格控制,建筑高度一律不得超过 24m,以保持古城整体良好的尺度感。苏州在历史文化名城的保护规划中分别在分级保护、高度控制以及视线走廊建筑控制上进行了研究分析,并绘制了图纸,为保护的落实与深入打下了基础。(1) 从景观现状,古城内建筑高度原为三个层次,一是古塔(32 ~ 75m);二是高大建筑物如玄妙观、文庙等(18 ~ 24m);三是民居与桥梁(3 ~ 6m)。经过 30 多年,城内新建住宅高 18 ~ 22m,而烟囱水塔又更高,为此将古城内定为 12m、18m、24m 三个高度层次,做到从整体上既保持了古城传统空间轮廓,又增加了起伏与层次,发展了古城空间艺术风貌。(2) 对古典园林、古建筑周围按保护范围原则上确定:一级为 6m,二级为 12m,三级为 18m。(3) 考虑到古城内外特色景观

— 128 —

的视廊要求,如从沪宁线火车上望见北寺塔,在拙政园内塔倒影在池内,盘门三景互借等等,都要留出视廊。河道两岸,街巷两侧,均提出了高度要求,最后作了保护范围圈及高度控制规划图(见图6-6)。

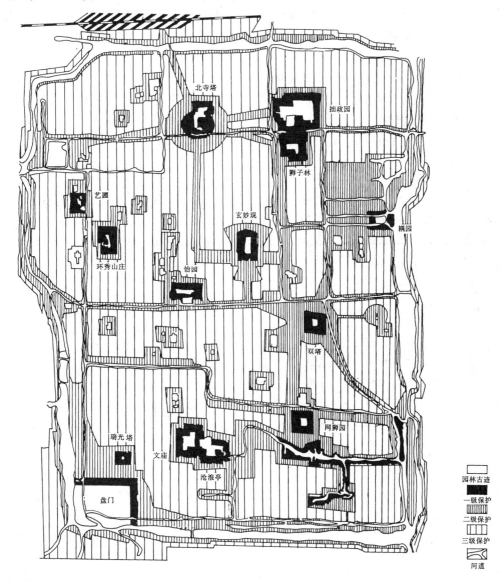

图6-6 苏州古城保护范围分级图

4. 城市基础设施的改造

1993年在古城内实施干将路改建工程,这是建国以来苏州古城中进行的最庞大的改造工程。干将路是苏州古城中一条东西向道路,为解决古城的交通以及古城基础设施的现代化改造,将原本不通畅的道路全线打通并拓宽。它西连新城区和国家高新技术开发区,向东可达新加坡工业园区,贯穿古城,是古城三纵三横道路体系的骨架。同时它又位于由观前街、宫巷等重要商业街所形成的传统商业区的南缘,在交通、商业、旅游和古城风貌等方面具

— 129 —

有很重要的意义。为此编制的干将路改建详细规划在满足一般城市中心地带的功能要求的同时,特别注意控制开发强度与建设方式,以保证古城风貌不被严重破坏。从整个古城保护与更新来说,干将路的改造意义在于:古城中都是小街小巷,多少年来都无法解决的基础设施(特别是排污管道的设置)问题,现在通过干将路改造,使水、电、煤气、通讯等各种管道得以在古城中心地带向两侧辐射,为各个街坊提供了改造基础设施的先决条件。

5. 街坊改造中传统民居的保护与更新

苏州古城同全国其他历史性城市一样,都存在着大量的危房陋屋,其基础设施匮乏,人口密度大,整体环境质量日趋恶化,并严重影响着古城风貌的维护和一些重要古迹的保护。据 1988 年统计,苏州 400 万 m² 的传统民居中 60% 已破旧不堪,危房达 24 万 m²。因此无论

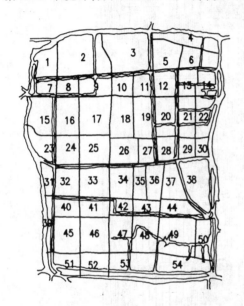

图 6-7　苏州古城 54 个街坊划分图

是为保护古城风貌,还是为改善居住环境,更新改造都具有迫切性与现实性。苏州的做法是:在古城内,按街道和河道的自然分段、及行政权限等要求反复调整后,划分为 54 个街坊,并逐一做控制性规划方案。采用先做小范围试点,审慎稳妥、步步为营、逐步改造的方法,聘请全国著名的保护专家协同进行认真研究。先试点进行精心规划,再分批实施,从住宅单体到街坊,一步一个脚印,及时地汲取试点中的经验与教训,在持续不断的努力中,获得了专家学者、政府部门及社会公众的一致认同与支持,取得了令人满意的成果(见图 6-7)。

（1）街坊的规划与管理

苏州的 54 个街坊,大多数都有很高的历史传统文化含金量,都可以认为是历史文化地段。因此在规划时,一定要把传统风貌的保护和历史文脉的延续放在第一位来考虑(见 6-7 图)。之后,又以街坊为单位进行了大量的艰苦的调查、问卷、统计、计算,并输入城市规划数据库中。运用电子检索,可以迅速了解各个街坊的建筑和绿地面积,人口总数和密度,工厂、单位情况等等。54 个街坊划分和建立档案,为苏州古城的规划、更新做了第一步基础工作,提供了第一批科学的、系统的数据资料。在此基础上进行了以街坊为单元的控制性详细规划,制定了用地性质、用地面积、人口、建筑容量、建筑密度、绿地面积和建筑面积密度等 7 项控制指标,使街坊的规划管理有了依据。

由于这些街坊各具特点,在规划处理上采取了不同的手法:① 平江保护区的 21、22 号街坊,采用形态学总结、继承、发扬传统的空间组合手法,并解决了在比较窄小的街巷中初步安置各种市政管网的问题。② 处于商业和交通枢纽中心的 52、53 号街坊规划,运用市场力这个经济杠杆安排用地,充分、全面地考虑交通、人流、商业之间的关系。③ 1 号街坊规划尝试运用"规划载体理论"模式,对控制性详细规划作了较为深入的探讨和研究,希望能提高规划的科学性和可操作性。④ 具有综合性特点,相对复杂的 37 号街坊规划,在充分认识和分析现状特点的基础上,重点研究了文物古迹的保护和传统风貌的继承与发展问题,提出了较

为合理的规划方案和规划指标,率先明确提出了保留特色民居的重要性,并首次将保护性控制详规的概念引入古城的街坊保护规划之中,进行有益的尝试,为古城其他街坊的规划设计和更新改造起到了先导的作用。

（2）传统民居的保护与更新

通过对苏州古城大量旧民居的调查分析,苏州古城民居中,在规划上必须保留和打算拆除的旧民居都只占少数,多数民居的建筑质量尚可使用,但缺少必要的生活设施,虽然具有一定的传统特色,但不属于保护对象,它们在古城中数量最大,处理好这些民居对于最大限度地维护古城风貌,避免大拆大建,对于社会网络的稳定和延续都有着积极的意义。

1988年,苏州市建委进行了单个民居的更新方式试验,对位于37街坊中心的十梓街50号宅院进行试点性改造。这是一个典型的江南四进院落式宅院,西部的改造采用加固大修,内部设施更新,重新分隔空间等措施,引入各种适应现代生活的各种管线,隔成独用厨卫的成套住房,而整幢建筑的外观基本保持不变。东部房拆除,按江南民居风格重新建造院落式的三层楼房。这两种更新模式,各有利弊,西部原房改善模式,增加了建筑面积和建筑寿命,减小维修量,外观风貌上基本保持了原来的传统特色。之后,又进一步选择了列为一般保护的三幢传统住宅进行保护性的改造。这三幢民居各具特色,分别是临河民居——山塘街480号;庭院民居——干将路144号（孝友堂）;临街民居——十全街275号。按照"合理利用、适当调整、保持风貌、充实完善"的原则,在1991年实现了"当年设计、当年施工、当年竣工"。

单个院落民居的更新改造成功,为苏州古城传统民居地段的保护与更新创出了一条新路,其意义是显著的。首先,保护传统的居住环境是维护古城风貌的基础。单个院落民居的更新改造,保持了其外观的传统特征,就是保护古城传统风貌的物质体现。其次,原有居民的回迁,维持了原有的社会网络,有利于保持社会稳定和古城气氛。第三,由于采用"国家补一点,单位出一点,居民拿一点"的办法,并按市场经济规律办事,出售部分商品房,使投入产出保持平衡,摸索出一条国家投资不多,而可以进行大面积改造旧住宅的路子。第四,规划和建筑设计密切结合实际,居民始终参与改造的全过程,设计人员很累,但很充实,是群众参与的好范例。这些宅院改造先后完成,摸索出一套古城民居改造的经验和对策,住户群众无论是迁出的,还是迁回的,都很满意,也获得了全国专家学者的注意和好评。

1997年,苏州市划出了一块能较为完整地体现苏州古城风貌的地段——平江历史街区,要求必须原汁原味把它保留下来,把真实的历史信息传下去,严格按照历史文化保护要求进行这一特殊街区的规划、建设和更新。并计划将平江历史街区上报国家级的历史保护街区。

6. 历史传统风貌的继承与延续

城市要更新,但历史要继承并在延续中发展。在近20年的苏州城市建设中,为苏州古城建设和保护,规划师、建筑师们正努力地创造有苏州历史传统特色、又具有时代特征的苏州建筑风格。许多建筑精心设计,有的匠心独运,很有风采;有的探索追求,力求新意。当然也有相互模仿、追求时髦,迎合潮流的。但这些都是苏州在继承和延续历史传统建筑风貌中不断的努力与追求,也是一场了不起的艰难的艺术实践,在全国的许多历史文化名城中,苏州市的名城建设是独步芳苑的。

1992年,桐芳巷小区作为建设部确立的全国第3批住宅建设试点小区,实施全面改造。

街坊地处古城东北角,临近著名的狮子林和拙政园。桐芳巷的改造是拆除原址上的大部分房屋后,重新建造住宅。虽已不属于保护的范畴,但在桐芳巷的规划中,仍以原现状巷弄格局为基础,适当拓宽打通,以十字形巷为主要骨架,以树枝状弄、备弄连接巷与入户口,保留了街—巷—弄—备弄的传统民居骨架格局;在建筑上以2~3层建筑群体,采用仿造江南水乡民居传统的屋面、檐口、门窗的形式,成功继承了城市传统特色。

苏州市旧城中的主干道——干将路的规划和城市设计中,本着"既要有传统风貌,又要有时代精神",着重在四个方面下功夫:第一,保护水乡城市河街相间的格局,并扩大水面,丰富街道景观;第二,保护沿街的历史文化遗迹,并藉以引伸为沿街的寓有传统意境的景点,使之成为苏州传统文脉的继承;第三,在建筑空间环境上注意整体的街道风貌,严格防止与古城格格不入的空间体型和不协调的材质与色彩,严格控制层高;第四,在规划中引导单体建筑设计,创造出融有苏州传统特色的新建筑。

第四节　洛阳历史文化名城保护规划

洛阳保护规划是一个系统、全面且富有特色的保护规划。最为典型的是,针对洛阳地上地下历史遗存极为丰富的特点,规划通过对不同保护对象,建立起各类型的保护体系(如遗址显示体系、标志物体系等8类),提出揭示名城历史文化内涵,丰富名城特色的战略措施。1988年10月,中国城市规划学会历史文化名城学术委员会召开会议对洛阳历史文化名城规划进行评审,认为这个规划"把我国历史文化名城保护规划的编制推进到揭示名城文化内涵的新阶段"。中国城市科学研究会历史文化名城委员会,1990年4月召开的第四次全国历史文化名城研讨会对这个规划给予高度评价,一致认为洛阳保护规划抓住并揭示文化内涵这条主线,是一个思路对头,具有一定深度和科学性的规划。

一、城市概况

洛阳位于黄河中游南岸,洛河之阳,从考古发现的夏都斟鄩始,距今已有4 000余年的建城历史。先后有夏、商、西周、东周、东汉、曹魏、西晋、北魏、隋、唐、后梁、后唐、后晋等13个王朝在此建都,累计约有1 400年,成为中国历史上建都时间最早、朝代最多、年代最长的著名古都。重要的文明发祥地,悠久的建城历史,显赫的都城地位,发达的古代文化,给洛阳留下了极为丰富的地上地下历史文物和富有深厚文化内涵的独特的名城风貌。

1. 都城遗址

在以邙山和洛河为依据,东西近40km的范围内,分布有夏都斟鄩、商都西亳、周都成周城与王城,汉魏洛阳城和隋唐东都城等五座都城遗址,是洛阳古代都城建设发展的历史印迹,是中国古代社会发展史、古代文明史、城市建设史的缩影。其城市的规划与布局、形制与规模,成为奴隶社会和封建社会中期以前中国城市乃至世界城市建设的杰出代表。

2. 风景名胜

位于城市近郊以龙门石窟人文景观为主,伊阙自然景观相结合,以佛教艺术为特色的龙门风景名胜区是集风景与名胜于一体的国家级风景名胜区。龙门石窟石刻艺术同时呈现着大体大面、刚健有力、雕塑感强烈的北魏艺术风格和造像丰颐秀目、圆润逼真的唐雕艺术风格。龙门石窟是中国三大石窟艺术宝库之一,对于艺术史、建筑史、服饰史、音乐史和佛教史等领域的科学研究有极高的价值。

3. 文物古迹

洛阳市有国家级文物保护单位 6 处,省级 53 处,市级 1074 处,据不完全统计,洛阳发现的古文化遗址有 330 多处,古墓群、古陵墓 500 余座(群),大中小型石窟塑像群 8 处,碑刻、墓志 2300 余方、馆藏文物 40 多万件,其中一、二级文物约 1500 多件。寺、庙、道观、古塔、会馆等建筑 163 处,革命纪念地 17 处,近代史迹 2 处。洛阳出土文物数量约占全国的 1/13。因此洛阳素有"地下文物宝库"和"历史博物馆"之称。

4. 城市格局

洛阳市由金元老城,距老城区西 8km 的涧西工业区和介于二者之间的西工区组成,东西长 20km,南北宽平均 3km,是典型的带形城市格局。西工区是全城的地理中心,也是行政中心和商业中心,涧西、旧城分别为商业副中心。5 条东西城市干道把 3 个区域连结为一个整体,南北向道路多为次干道。城市布局合理,功能分区明确。洛阳金元古城是金元时代在隋唐东城上修建的,城内面积 1.8km^2。虽然旧城格局风貌和城内文物古迹已遭受严重破坏,但由于它是洛阳历史上唯一保留下来至今仍然使用的城池,旧城格局和部分街区的风貌特色依然,可见,是城市历史连续性的见证。

二、城市保护规划

洛阳是国务院于 1982 年首批公布的国家级历史文化名城,并于 1988 年编制了洛阳历史文化名城保护规划。

1. 城市性质及发展方向

洛阳在"一五"初期,被国家确定为重点建设城市,开始由消费城市转向工业生产城市的过程,进行了大规模的工业建设。在 1953 年编制的第一期城市总体规划中,洛阳采用了在离老城区 8km 的三间西建新工业区,逐渐发展再与老城区连成一个完整城市的带形城市格局,未采用以老城为中心四面放射的格局,开创了国内从总体规划布局上保护的先例,被规划界专家学者誉为"洛阳模式"。

洛阳第二期城市总体规划(1981~2000 年)在总结了一期规划的成就与失误的基础上,认真分析研究了洛阳历史与现状,洛阳城市性质为"历史悠久的著名古都和发展以机械工业为主的工业城市",古今并蓄,有利于古都保护和发展旅游及第三产业。根据洛阳市文物分布,地形地势,城市现状来看,洛阳城市远期发展方向主要为洛河南岸,并提出在此建设新区时在保护和延续洛阳名城风貌方面应注意的几个问题:(1)须先进行文物普查,摸清地下文物分布情况,避免重犯覆盖隋唐宫城、皇城、含嘉仓城的错误。必须避开隋唐城里坊区,远离皇陵区及一般墓冢密集区。(2)新区路网应参照隋唐城路网布置,并与现代城市功能相结合。(3)重视景观轴线的控制与强化。

2. 保护规划指导思想与原则

洛阳历史文化名城保护规划的指导思想是:高瞻远瞩,对历史负责,为后人着想,解决好历史文化名城保护的战略性问题。在此前提下,以文物保护和城市环境风貌保护为重点,以洛阳在中国古代文明和都城发展史上的地位与作用为中心,采取积极措施,揭示文化内涵,提示古都历史,促进旅游事业的发展和经济发展,按照总体规划确定的城市性质和总体布局,建设一座具有古都特色和地方特点的现代化洛阳城。

保护规划的原则是:(1)保持城市总体规划确定的既有利于名城保护,又有利于经济发展的城市总体布局和功能分区,注意实事求是和科学性,避免牵强附会和形式主义。(2)分清轻重缓急,突出保护重点。主要包括文物古迹的抢救及其环境保护,都城遗址、皇陵墓冢及其环境的保护,龙门石窟及其风景名胜区的环境保护和古城风貌的保护。(3)重视名城整个空间环境的协调,重视体现名城历史的连续性,重视保护内容的广义性。(4)处理好保护名城与发展经济的关系,保护古城风貌与旧城改造的关系,地下保护和地上建设的关系。做到既要保护地上地下的历史文物遗迹,又要促进经济发展;使名城的发展和建设符合现代生产、生活的需要,又保持其特有的历史文化传统风貌。(5)受当前经济条件与技术手段的限制,各种保护和展示措施要节约可行,还要给后人留有余地。(6)鉴于地上遗存不能足以反映洛阳在历史上的重要地位,保护规划需在宏观上从全面综合考虑,采取积极妥善的措施,揭示文化内涵,提示古都历史,丰富名城特色。

3. 名城保护的主要内容及措施

洛阳历史文化名城保护的主要内容可概括为三山(邙山、龙门山、周山)、五水(洛、伊、瀍、涧、金水)、六城(斟鄩、西亳、周王城、汉魏洛阳城、隋唐东都城、老城)、一区(龙门风景名胜区)、三片(王湾遗址、孙旗屯遗址、矬李遗址)、五个点(关林、周公庙、白马寺、潞泽会馆、山陕会馆)。

保护措施是,首先划定保护范围和建设控制地带,进而可维护、加固、修复,甚至重建,进行合理利用。以"六城"保护及龙门石窟风景名胜区保护为例:

(1)二里头夏都斟鄩遗址 为了有利于遗址内的村镇发展和遗址保护,首先要进行全面文物普查,摸清情况,在此基础上搞好村镇规划,保障地下遗存不受损害。加固洛河堤岸,防止河水泛滥,淹没村镇遗址。显示宫殿、作坊基址及墓葬,建立夏都博物馆。

(2)商都西亳城址 偃师县各项建设需避开遗址区,遗址内村庄需以文物普查和探测发掘资料为依据,进行规划建设。在遗址区内集中展示 2~5 号宫殿及城墙、城门,以绿化方式显示城市格局及道路。在 310 国道东侧建商城公园,在 310 国道与城垣相交处立门阙造型标志,完善商城博物馆。

(3)汉魏洛阳城 2000 年以后,汉魏洛阳城汉代外郭城范围内不得划为城市发展区,白马寺亦不得规划为工业卫星城。大城以内及沿城外围村庄均需以文物普查探测资料为依据,进行规划建设。严禁继续破坏城垣遗迹及灵台、辟雍、太学遗址,城垣内 20m、外 50m 为绿化带。加强洛河河道及堤岸整治,以防止河水向南北两岸冲刷破坏遗址。保护是为了合理利用,汉魏洛阳城的利用可分为六片三环。① 宫殿显示区,重点显示宫城轴线上的太极殿等殿堂建筑及永宁寺。② 洛河南遗址,主要显示灵台、辟雍、明堂、太学的建筑平面。③

— 134 —

在白马寺以东,陇海铁路以北,310国道以南的东西狭长三角地带,建白马寺公园。④ 远期在金村北东汉上林苑旧址建森林公园。⑤ 在白马寺入口区以东,齐云塔以西建佛教艺术博物馆;在齐云塔以东,汉魏洛阳城西城垣以西建汉魏洛阳城博物馆。以植树绿化方式显示宫城、金墉城、郭城及路网格局,在城门旧址以及310国道与外郭城、宫城轴线相交处立标志物。

(4)隋唐东都城 应天门至玄门南北1000m的宫城轴线,其两侧300~500m范围内为一类建设控制地带,远期形成以宫殿遗址为主要内容的显示区,其余为遗址显示和新建筑并存区。含嘉仓城根据发掘情况实行成组成片展示;玄武门至龙光门,端门至定鼎门,其南北轴线两侧各60m范围内,新建筑高度不得超过12m,以显示故城轴线并衬托重建之应天门;洛河南三面城墙内侧50m,南城墙外侧200m,东城墙内外各50m,为一类建筑控制地带,远期形成以绿化为主的环城风光带;洛南里坊区,不作为城市建筑用地,沿里坊道路植树,以显示里坊路网格局;洛河南城址内村庄规划,需经城市规划及文物部门审批,新增宅基地及其他建设,需避开原里坊路网位置;宫城、皇城、夹城、东城、外郭城的城角、城门处,还有城墙及宫城轴线与现代城市道路交叉处,均应立标志物;经过充分论证,可在原地或易地重建应天门,以作为隋唐东都城博物馆,并可作为洛阳城市的标志性建筑。远期还可重建定鼎门、龙光门,以进一步突出显示全城轴线。

(5)周王城 对已发现的城墙和其他遗址区要控制建设,其余范围要配合基建进行普查发掘,城角、城门、地下粮仓以及城墙与现代城市道路相交处均立标志物。王城公园应继续围绕周文化规划建设。

(6)洛阳老城 调整用地布局,环城以内不得再建任何有污染的工厂企业。中州东路以南和东西大街以北的狭长地区为商业游览综合带。城内四隅各设一个小区级商业服务中心。南城墙以南至洛河北岸为生活开发区;古城格局保护与道路调整,在基本保存"九街十八巷七十二胡同"的同时,延伸唐宫路与五贤街,使之成为与中州东路平行的三条大道。护城河形成环城绿带;建筑环境谐调与建筑高度控制,将全城风貌分为三个小区,建筑高度分为三个层次。其中潞泽会馆、文峰塔、山陕会馆、洛八办、钟鼓楼、府文庙等文物保护单位及史宅、魏宅按划定保护范围进行保护,其周围建筑限制高度10m以下,以与之谐调不悖。重建东大街钟鼓楼,原四门处各建碑坊一座,设视线通廊六处;传统民居地段要采取改善、改建、成片改造相结合等措施加以保护;东西大街是洛阳唯一保留的历史风貌街。这条街长1700m,宽7m,规划该街为商业步行街性质,保留其曲线型街道格局,建筑形式以明清风格为主,其他加以重建、修缮,不搞整条街大拆大建,而是顺其自然,按规划建设,且适当开辟小块绿地。

(7)龙门石窟风景名胜区的保护 其指导思想是,以石窟和伊阙环境风貌保护为主,维护生态平衡。在此前提下,建设以石窟观瞻、景区游览、佛教艺术研究为主要内容的第一流的风景名胜。其保护措施是,首先划定保护范围和建设控制地带,以保存景区古朴典雅的风貌。根治损害或影响石窟造像及环境的雨水冲刷、震源和污染源。在石窟洞顶30m植草皮而不栽树。继续采用钢钎铆固、灌注环氧树脂等方法加固石窟造像和岩体裂隙。按功能划分为入口区、景区、管理区。景区内的铁路、公路按规划进行改线,使景区内变成环境幽静的游览区。规划对原始社会时期的文化遗址及古树名木也制定了适当的保护措施。对传统文化与名土特产的保护,规划提出:需要文化、文物、商业、农业、旅游等部门深入调查发掘,制定具体实施计划。

4．名城保护的框架与体系

由于洛阳地上地下遗存的历史文物极为丰富,规划提出了揭示历史文化内涵,揭示古都洛阳历史,丰富洛阳名城特色的战略措施。主要是建设八个体系,强化三条轴线,形成三条风光带。

（1）八个体系　①遗址显示体系;② 标志物体系;③ 博物馆体系(拟建 30 座博物馆);④诗廊文碑体系;⑤ 雕塑小品体系;⑥ 园林绿化体系;⑦ 民俗文化体系;⑧ 名土特产体系。城市园林绿化包括大环境绿化,河渠和道路绿化,公园游园街头绿化,历史名园重建和古代绿化景观再现。如上阳宫、洛浦秋风、白居易宅园、裴度园、窫朱樱、东城桃李及隋唐行道树景观特色。以遗址显示体系、标志物体系及博物馆体系为例。

① 遗址显示体系

表 6-1　　　　　　　　　　　　　　遗址显示体系

分　类	显示项目	显　示　内　容
原始社会文化遗址	王湾遗址、孙旗屯遗址、矬李遗址	建筑遗址、作坊遗址、墓葬等
都城遗址	二里头遗址	宫殿作坊
	商城遗址	外城城垣、规模主要道路格局提示,宫城城门城墙主体宫殿2-5号宫殿遗址显示
	周王城	待根据普查、发掘情况确定
	汉魏故城	外廓城、大城、宫城规模、道路格局提示:宫殿建筑、遗址、永宁寺遗址、太学、明堂、辟雍、灵台遗址显示
	隋唐城	宫城建筑群遗址显示、含嘉仓遗址显示;外廓城南、东、西(南陵)三垣绿化风光带提示定鼎门、应天门、龙光门远期重建(待论证)
古墓葬	景陵、长陵、秦陵	墓葬

② 标志物体系

立标志物的目的是用最简单的方法把古文化遗址、古墓葬,历史上重要的建筑遗址、五座都城遗址的位置、概况、格局、功能分区等通过(一)文字说明、(二)在现代城市中的位置图、(三)文献图或想象图、(四) 评价四个方面,把每个标志物的基本内容,介绍给当代和后代人。

表 6-2 　　　　　　　　　　　　　　　　　　　　标志物体系

分类	项目	标志物位置	建议标志物形式
原始社会文化遗址	凯旋路旧石器遗址;王湾遗址;东涧沟遗址;矬李遗址;东马沟遗址;史家湾遗址;孙旗屯遗址;西、高、崖遗址;黑王遗址;唐寺门遗址	1. 遗址位置; 2. 遗址附近干道路口	1. 自然石碑; 2. 代表性出土文物造型
都城遗址	二里头遗址;商城遗址;周王城遗址;汉魏城遗址;隋唐城遗址	1. 宫殿发掘点 2. 作坊,墓葬区 3. 外廓城、大城(皇城)、宫城、城垣转角处、城门处 4. 城市道路或过境公路与城墙、宫城轴线相交处 5. 重要建筑遗址	1. 碑 2. 门阙造型 3. 重要建筑遗址处、根据历史内容确定
古墓葬	东周皇陵区;东汉皇陵区;曹魏、西晋皇陵处;北魏皇陵区	1. 陵墓处 2. 陵墓附近国道路口	1. 碑 2. 方向、位置指示图
古墓葬	安菩夫妇墓等 5 处	原址	碑
历史名园	独乐园等 8 处	原址	碑
其他重要建筑遗址	西周铸铜作坊遗址;战国粮仓遗址;老子故宅;汉铸币作坊;天津桥;东大寺;唐香山寺;唐望春宫;唐奉先寺;唐菩提寺;先农坛遗址;宋太祖诞生地;明福王府	原址	碑

③ 博物馆体系

博物馆是历史和空间的浓缩,是立体的"百科全书",是物质文明、精神文明高度发展的产物。洛阳历史悠久,文化内涵基础浓厚,本身就是一座历史博物馆。

表 6-3 　　　　　　　　　　　　　　　　　　　　博物馆体系

分类	馆名	陈列内容	馆址
综合类	洛阳博物馆		现洛阳博物馆
社会历史类	原始社会文化博物馆	遗址显示和出土文物展览	孙旗屯遗址
社会历史类	人类学博物馆	人类进化过程,图腾、纹身原始文化,遗址展示和出土文物展览	王湾遗址
社会历史类	城市建设史馆	1. 城市沿革 2. 解放后洛阳城市建设情况展览	周公庙

分　类	馆　名	陈　列　内　容	馆　址
社会历史类	二里头博物馆	1. 遗址显示 2. 该阶段的历史、传说、出土文物展览 3. 城市模型与建筑模型	二里头遗址
	商城博物馆		已建
	周王城博物馆		根据发掘情况定
	汉魏城博物馆		齐云塔东、汉魏大城西
	隋唐城博物馆		恢复应天门作博物馆
	含嘉仓遗址馆	洛阳历代粮仓、出土粮食漕运储粮技术，突出展览含嘉仓巨大规模	含嘉仓遗址
	古墓博物馆	1. 集中恢复洛阳出土历代典型墓葬 2. 丧葬礼仪陈列	邙山冢头村已建
	历史名人馆	洛阳历史上有建树的名人	山陕会馆
	民俗博物馆	婚、丧、嫁、娶，风俗习惯，节日、礼节为内容	潞泽会馆
	汉陵博物馆	1. 陵墓展示 2. 出土文物展览 3. 与之有关的历史事件、名人	邙山汉陵
	八办纪念馆	陈列所征集的文物	贴廓巷现馆址,西院利用
文化艺术类	白居易纪念馆		龙门东山
	龙门石窟艺术馆	东西两山石窟	龙门石窟
	古代石刻艺术馆	征集散存古代石刻、碑志	关　林
	佛教艺术馆	寺院建筑、造像、经幢、文化、佛教陈设为内容	永宁寺遗址或齐云塔西
	民间工艺、陶瓷馆	古今民间工艺品、古今陶瓷、唐三彩等	史　宅
	青铜器及古铁币馆	1. 出土青铜器 2. 古今中外钱币	西周铸铜遗址
	文房四宝及文学艺术馆	1. 洛阳历史文学成就 2. 古书、古笔、纸、砚 3. 今古音乐、舞蹈、戏剧、书画等	魏　宅
	道教艺术馆		上清宫或吕祖庙
科学教育类	教育史馆	1. 太学遗址展示 2. 太学历史 3. 洛阳教育史及成就	太学遗址或府文庙
	哲学史馆	道、儒、佛、理四大学术派别与洛阳的关系	邵雍祠
	科技馆	1. 古代科技成就 2. 古代现代洛阳科技成就	延安路
名土特产类	名产特产馆	各种名产、特产展览	古唐寺
	牡丹馆	四季花开不断	国花园

（2）三条城市轴线　自七里河到偃师城，东西 30km 有 5 座都城及金元时期的洛阳老城、现代洛阳城一字排开，以便表明洛阳城池变迁、历史沿革的过程，是历史连续性的集中表现。规划将这条东西轴线作为洛阳的历史轴线。自邙山上清宫到龙门石窟，是洛阳南北的景观轴线。这条轴线上集中了许多洛阳古代著名景观，如邙山远眺、洛浦秋风、天当晓月、关林以柏、龙门山色等。同时也集中了众多历史遗存的人文景观和自然景观，如上清宫、下清宫、周公庙、邵雍祠、关林等，也是洛阳北靠邙山，南临洛河，遥对龙门地形地势的典型剖面，加之本来就是隋唐城的轴线，其上有龙光门、玄武门、天堂、明堂、应天门、天枢、定鼎门等。

（3）三条风光带　北自飞机场，南到洛浦公园的同乐园，其间有古墓博物馆、烈士陵园、洛阳车站、金谷园路、市中心游园、市政府办公楼、市体育场、电视塔等，可作为城市的时代轴线。通过 8 个体系的实施，强化三条轴线，揭示历史文化内涵，提示古都历史。为了重现洛阳著名历史景观，提高现代城市环境质量，规划提出建设邙山远眺、洛浦秋风、龙门山色三条与东西向城市区相平行的风光带。

（4）城市建筑风貌　城市区内建筑风貌实行大对比、小协调，即新区与古城区对比，古城内部协调。旧城为明清风格及地方民居特色区。涧西工业区，除 50 年代所建的洛阳饭店、2 号、10 号街坊、拖拉机厂入口区保护原建筑风貌以外，其余均应体现时代特色。西工区应体现时代特色和传统特色，其中市中心游园、火车站广场、五城公园一带，应是重点体现古都性质的地段。

（5）旅游规划　分为五区七线。a. 中心区，为综合旅游区，主要有城池、宫殿遗址、博物馆、古建筑、市容风貌、民俗风情、城市园林等。b. 东区为古城遗址和佛寺游览区。c. 西区为古今对比区。d. 南区为风景名胜游览区。e. 北区为古墓葬及道教庙观区。城市外围七线是：a. 黄河线。b. 新安、铁门线。c. 宜阳、洛宁线。d. 嵩县、栾川线。e. 伊川、汝州线。f. 洛阳至登封线。g. 洛阳至巩县线。

第五节　商丘历史文化名城保护规划

商丘县城是第二批国家级历史文化名城。城市历史悠久，至今仍保留较为完整的城墙、护城河、街巷网络及民居等。为了更好地发挥古城优势，保留城市特色，避免污染和建设性破坏，需对城市布局及发展进行调整、控制和改造。商丘县城保护规划的指导思想明确，由于城市不大，规划内容简洁明了，也便于操作，能较好地指导城市保护工作。

一、城市概况

商丘县地处黄河故道南侧，豫东平原，北邻山东，南靠安徽，是我国古代文化发祥地之一。夏商时为商国都，周封微子于此建宋国。公元 1127 年南宋赵构即位于此，曾为南宋故城。县城筑有坚固的城垣，外有护城河，南门外河面开阔，砖墙外还有一圈土墙，绿茵环覆，城内街衢井然，格网方正。鸟瞰全城，外圆内方，城廓俱全，实为难得完整之古城。城内外保存有阏伯台（火星台）、三陵台、壮悔堂、孔庙等历史建筑遗址。

二、保护规划

1. 保护价值的分析及保护的指导思想

现存县城距今有 470 年历史，建于明正德六年，是了解我国历史和社会变革的鉴证。整个古城保护较完整,城墙、土堤、护城河、方格网道路形成合理的城市格局,它的防洪、城市排水、传统民居及众多的古迹和革命旧址都具有较高的文化、艺术和历史价值,城区水面辽阔,风景优美,可作为人们进行教育、研究和旅游的胜地。

商丘的优势是古城格局完整,护城河、土堤、城墙、道路系统未遭破坏,且有众多文物古迹和特色民居,弱点和劣势是缺少大型的声震中外的古迹胜景,因此应扬长避短,不能在一两处古迹上作文章,而应把整个城市作为一座古迹,全盘保护、整理、开发。因此要注意保护现状格局,保存、开发特色,加强古迹和特色民居的维修,增加现代设施,适应现代生活要求。

2. 古城特色及保护分区

表 6-4   古城特色分析

名　称	内　　　　　容	特　　　点
城	护城堤、护城河、城墙、方格网路	完整、罕有,认同作用,文化价值,使用价值
宅	穆氏、察氏等四合院	富有北方特点,亲切宜人,地方特色
古迹	县城,大成殿、明伦堂等几十处文物	思古幽情,缅怀追溯
街	南街、东街、西街、北街、闹龙街等	地方特色,亲切宜人、古朴
名人	微子、灌婴、王怀隐、张方平、宋曛、沈鲤、侯方域等二十几名历史名人。	藏龙卧虎,人才辈出,以励后辈
民俗	民风、民情、服饰、民俗、婚嫁、礼仪、信仰、节日、游艺	强烈的地方色彩
特产	柳编、大有丰酱菜、刺绣、林酒、啤酒、针织内衣	爱不释手,馈赠佳品
特色菜	郭村烧鸡、虾子烧素、许家汤圆、荷叶粉肉、油酥火烧、四时鲜果	一饱口福、猎奇、尝鲜
风景	巍巍古城,涟涟湖水,蒲苇丛生,田园风光,名胜古迹	陶冶性情,增长知识

表 6-5   保护等级分区要求

保护分区	保护要求	地　段　范　围
重点保护地段	严格控制拆建,空间尺度	城墙、壮悔堂、六忠祠穆氏四合院、西关清真寺、圣保罗医院天主堂、阏伯台、大成殿、明伦堂及各处四合院、守备府祠堂
一般保护地段	控制层数、色彩、形式,力求与传统建筑一致	重点保护地段周围传统街区:西街、南街、东街、北街
环境协调保护区	尽量采用与传统协调的形式	古城风貌影响区,如关厢地带,鉴于商丘古城的特点,除前二种保护区外,土堤内均可划入三级保护区

附商丘县名城保护规划保护等级分区见图 6-8。

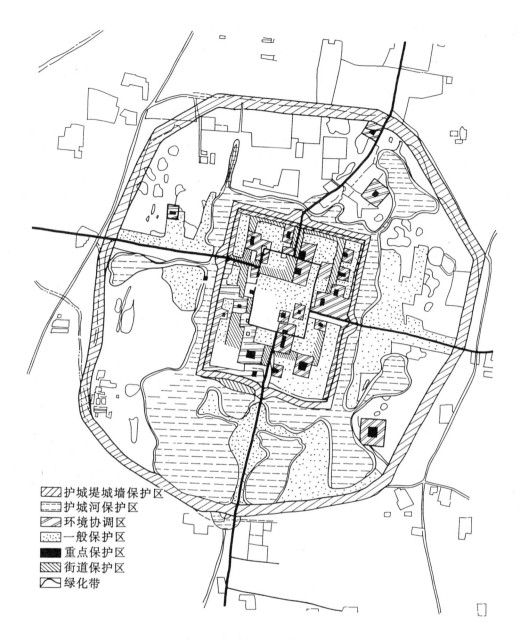

图 6-8　商丘县名城保护规划保护等级分区图

图例:
- 护城堤城墙保护区
- 护城河保护区
- 环境协调区
- 一般保护区
- 重点保护区
- 街道保护区
- 绿化带

3. 城市用地布局及道路交通调整

要保护好古城的结构和布局,必须对现有的城市布局进行调整。

工业用地的调整:主要将污染严重或影响古城风貌的酒精厂、造纸厂等9个工厂在近期内搬迁至新工业区。在砖城内今后严禁建任何工业,在土堤内严禁新建有污染或大型的企业,可设置无污染、运量小和古城联系密切的特色产业。比较大的有污染的产业,可布置在城北护城堤北。

居住用的调整:根据商丘县总体规划的人口规模,及每人的用地指标,在城内和城外布

— 141 —

置必要的居住用地,减少城内居住密度与人口,改善居住环境。

其他如道路、公建、仓库等调整均按古城保护要求协调进行。

4. 视觉环境保护规划

(1) 高度控制规划

·护城堤、城墙高度控制规划:1) 护城堤两侧各 30m 内为绿地或农田,严格控制建筑,(在入城路和护城堤的交叉处可适当建筑,但体量不宜过大),使护城堤有良好的视觉环境。2)护城堤至护城河之间的建筑,不宜设置大型工厂,以民居为主,建筑高度不宜超过 7m(城墙高度)。3) 四个城门的入口地段是砖城的门户,会给人以强烈的印象。应严格控制建筑物的高度。因此,北关街、东关街、南关街、西关街两侧的沿街建筑均不宜超过 7m,建筑尽量采用传统形式。要能在环城路通过各街看到城门楼,遥睹古城风貌。

·砖墙内的高度控制:① 视线走廊:为能在城墙上一睹古城整体风貌,保持古城的完整性,四个城门楼之间应有良好的视线通道,绝对控制通道 25m,建筑高度不能超过 7m,两侧各为 20m 宽的协调通道,建筑风格应和古城协调,高度不超过 10m。② 城墙风貌保护:为保护古城墙,沿古城墙内侧辟 6m 宽的马道。在城墙内 80m 内不宜建 7m 以上建筑(从城墙内侧算起),从城墙外皮向内 16m 不准有任何建筑。护城河外沿留 10m 绿化带。③ 街道高度控制:除去中山北街业已形成一些三四层的建筑因质量较好,进行立面改造跟古城风貌协调后可保留外,其余街道沿街均采用 1~2 层的坡顶建筑,特别是北关、东关、南关、西关街和规划中的步行街应严格控制高度和形式。以期形成完整的古城特色街道系统。

(2) 色调控制

一个城市的色调是形成城市风貌的重要组成部分。商丘古城色调的基本元素为青、黑、赭、红、绿,即:青砖、黑漆门、原色木板、红柱子、树木。在古城内,最大量的是青砖民居,因此,青为古城最基本色调,取古朴、淡雅之趣,其余色调作为衬托和点缀,形成协调统一、丰富的城市色彩。

(3) 建筑形式

土堤内的建筑形式应以传统的四合院和二层坡顶民居为主,采用低层高密度的形式,青砖黑瓦,以形成古城的特色,对历史遗留下来的许多小品如石柱、石鼓、石碑、砖刻、石井等均应刻意保护,并应恢复古城梅花形的水井布局。沿街及大型建筑要注意与古城风貌的协调,要精心设计,新建筑形式可不拘一格,但最好也应有地方特色。

5. 绿化及旅游规划

(1) 在城南利用天然沼泽湖面和应天书院遗址,因地制宜,修建城南水上文化公园,保留芦苇荡天然野趣,可栽植莲藕,加以利用,吸引游人。在城北利用沼泽地和湖面辟一小型公园,扩大绿化面积,为面绿化。

(2) 护城堤两侧宽 100m 的绿化带,供城内居民活动、休息。护城河两岸绿化带,为线绿化。

(3) 居民宅前(四合院)绿化和单位绿化,为点绿化。另外,古城街道一般尺度较小,不宜植树,更不宜做成林荫道。目前商丘绿化覆盖面积不大,且树种差,多为泡桐等速生树种,和古城风貌不尽协调。规划中考虑改树种,多植槐、松、柏、柳、梅等古朴苍劲的树木,并注意常绿与落叶、针叶和阔叶树木的配置。

商丘古城风貌独特,古迹众多,是一块未开发的处女地,有很大的旅游开发价值。但目前潜力尚未挖掘,还缺乏一定的吸引力,应进行系统开发。目前应加强旅游设施的建设。如不同层次的旅馆;良好的交通条件;方便的饮食服务;其他商业服务设施等。

第六节　平遥历史文化名城保护规划

平遥古城是迄今国内在历史风貌、文物古迹及历史建筑保存最为完好的古城。

平遥古城的保护是一个漫长的历史发展过程。古城内大量的历史遗存是历朝历代平遥先民不断维修保护的结果,为我们今天全面保护平遥古城奠定了良好的基础。加上地处偏远、交通不便,造成的信息和经济落后,也使得平遥古城幸免于历次社会动乱的破坏和经济发展随之可能带来的建设性破坏。但在十几年前,平遥古城的保护工作却未受到重视,当地政府准备拆除大片民居、拓宽古街道、打开古城墙,以适应所谓的现代化建设。所幸的是,同济大学的师生们及时地阻止了这种错误的想法和行动,并协助当地政府制定保护规划。

在1982年编制的"平遥县城总体规划"中,确立了全面保护历史风貌的总体规划原则,从而使全面保护古城初步走上了立法保护和系统操作的新的历史阶段。1986年,平遥公布为国家级历史文化名城后,根据新的标准和要求,于1989年重新编制了"平遥县历史文化名城保护规划",1992年作了部分内容的调整,使规划不断地完善与深入。1994年12月根据保护规划内容撰写"平遥古城保护条例《试行》"并开始实施,从而使平遥古城保护完全纳入了法制的轨道,开始全面实行古城的法规保护与法制管理。1996年,平遥申报世界历史文化遗产,并于1997年12月获联合国教科文组织批准,作为历史古城列入《世界遗产名录》。

从平遥古城的保护历程中,我们从中看到平遥古城保护最重要的特点就在于运用规划立法手段,完整、全面地保护古城,将保护规划落到实处。规划通过制定明确、详尽的古城内外保护区范围、等级、要求,建筑高度控制要求,街巷保护范围、等级、要求,以及典型民宅、店铺的保护范围要求、措施等,保证在古城墙内,基本不做一般的城市改造,实行"全面保护古城"的政策,保持了原汁原味的明清以来的街市民居风貌。

一、城市概况

从山西省太原南下,约90km,人们就会看到一座古城耸立在田野上,城墙完整壮观。进到城内,主要的十字大街两旁店铺林立。十字街北有一座街楼,高居全城之上。城内民居多是有几百年的历史,一式的砖墙瓦顶,四合院落,且多窑洞式房屋,拱顶券门,木窗精巧,临街宅门多建有装饰繁华的门楼。整座城市基本上还保持着五、六百年前的格局和风貌。这就是我国具有两千年历史的古城——平遥。

1. 城墙

平遥古城墙(国家级文保单位):始建于公元前827年～782年。公元1370年,筑为现存规模。以后明景泰、正德、嘉清,进行过十次大的补建和修葺,完善为砖石砌筑,并筑瓮城、吊桥于六门外,植树于四河。清代初期,筑了四面大城楼,使城池更加壮观。平遥城墙是国内保存最完整的古城墙之一。周长6163m,墙身素土夯实,外包砖石,底宽10m,顶宽3～5m,高

6～10m。有翁城六座,原有城门楼六座、角楼四座,现有庙宇一座(关帝庙,位于下东门雍城内),东南墙头建奎星、文昌二阁楼(无存),东墙建有尹吉甫将台,城墙上有垛口3000,敌楼72座,相传为孔子三千弟子七十二贤人的象征。

2. 城市格局

平遥古城以南大街为轴线。按中国古代传统城市法制,在中轴两旁有规律地分布了庙、署、观等。市楼居全城中央,南大街、东西大街、城隍街、衙门街构成"干"字型商业街,其规模超出一般传统城镇,反映了商业贸易的繁荣。街巷名称均保留了明清的特点,其格局成"井"字和"丁"字型街、巷、马道的形式。当地人称"四大街、八小街、七十二条蚰蜒巷"。

3. 民居建筑

(1)平遥民居的布局多为严谨的四合院形式,有明确的轴线,左右对称,主次分明。沿中轴线方向由几个套院组成,中间多以矮墙、垂花门分隔,形成了三进型的"目"字型基本布局形式。一般正房为三间或五间,拱券式砖结构窑洞,前部加木结构披檐,柱廊上覆瓦顶,屋顶为平顶,有的上设照壁风水楼,也有的在窑洞上建一层变坡顶的2楼,厢房及倒座等次要房间为木构单坡(向内)瓦顶。大门一般在中轴线左侧倒座稍间或轴线上。大门对面有影壁(厢房山墙上)。(2)平遥民居其空间和外观呈现一种封闭感。在中轴线上由几个封闭的院落组成,垂花门和矮墙就起到了从空间上分隔和从整体上连接的作用,形成了几个空间序列。在外观上(商业街除外),只可以看到高墙、屋顶和大门,一片清灰色——形成了古城基本色调。这种封闭型建筑体现出了中国传统的封建思想观念,给人们以财产和人身的安全感,达到了功能和艺术的高度统一。(3)平遥民居的建筑材料及其结构形式是砖、土、木相结合。在大多数民居中,正房为窑洞,外砌砖石,内填黄土或土坯(它不同于西北地区的土窑洞),其上或再筑一层砖木结构的建筑。厢房侧座均为砖木结构。这种窑洞结构坚固、保温性能好(冬暖夏凉),是当地民居常见的结构形式。(4)平遥民居内外的装饰华丽。有雕刻精细的垂花门、柱、墙和窗格等,在室内,墙裙大多都有壁画,家俱配置讲究,形成了华丽的民居建筑。在平遥古城中保存较好的民宅建筑,其数量多分布广,其中400余处保存完好的列入典型民宅。

4. 文物古迹

平遥县文物古迹甚多,有国家级文物保护单位3处,省级文物保护单位2处,县级文物保护单位71处。在古城内有国家级1处(古城墙),省级1处(文庙大成殿),县级6处(市楼、城隍庙、武庙、财神观、清虚庙、吉祥寺)。此外,还有保存较完整的民居院落400余处,像"日升昌"、"百川通"等传统字号的院落,都保存了原有的建筑布局和风貌。

二、城市保护规划

1. 保护规划的指导思想

(1)全面保护突出特色

平遥古城是国内现存最完整的古城之一。对于这一面积仅2.25km^{2}的古老城镇,必须全面地保护下来。所谓全面保护包含有两层内容:一指古城2.25km^{2}的整体风貌都应得到保护;二指古城应具有地方特色历史文化。保护规划应以突出和强化平遥特色为重点。

（2）环境整治与设施改造

要保存平遥古城的历史风貌必须从环境整治入手,在保护城市干净整洁市容的同时,拆除添建、增建的违章建筑,清理拥挤杂乱的居住环境。并逐步改造古城内的基础设施条件,使之适应现代生活之需要,逐步提高古城的生活居住环境。

（3）开辟新区

古城是平遥县城经济和生活的重要部分。它的保护与新区的开辟、建设有着密切的关系,诸如工业搬迁、人口疏散、用地调整、道路交通组织、旅游事业发展、生态环境及空间视觉环境的保护等都是古城保护与城市发展的重要影响因素。因此,古城能否保护好,新区的开辟是关键。要积极开辟新区,以减轻古城的压力。

平遥保护规划在遵循原城市总体规划的前提下,对城市结构进行了调整,其目的在于保护古城外部空间环境和生态环境,形成良好的城市布局结构,使古城不被新区发展所包围和穿越。整个城市形成古城区、西关区、东关区和城南区,各区间以绿化、河川进行隔离,城北形成视野开扩区。

2. 保护规划的内容

古城保护规划包含保护区规划、高度规划、街巷规划、典型民宅保护规划及文物古迹保护规划等五项内容。

（1）保护区规划

·古城内保护区的规划:① 绝对保护区:范围包括古城墙以及文庙、武庙、城隍庙、财神庙、县衙、清虚观、市楼等重要古建筑和古民居等。保护要求:上述地区未列入文保单位者,应在近期列入县级以上文保级别,均严格按国家文物保护法执行。② 一级保护区(重点保护区):范围包括一些传统特色的街巷及其周围地段。保护要求:严格保护传统建筑的群体布局、空间风貌、色彩和材料等,在维护、修复、重建中必须按原有风格或在详细规划指导下进行。③ 二级保护区(一般保护区):范围包括典型民宅不太集中和靠近古城墙地区,其面积占城区用地的 52.0%。保护要求:严格保护现存建筑的布局和风貌,在维护修复中应尊重原有的风貌,重建建筑应与古城风貌相协调。④ 三级保护区(环境协调区):范围包括典型民宅分布较少,房屋大都破旧或景观质量较差的地区。保护要求:保护现存传统建筑的布局和风貌,改造景观污染地区,使之与古城风貌协调(见图 6-9)。

·古城外保护区规划:① 绝对保护区:范围包括古城墙及马面外 24～35m。保护要求:恢复护城河及绿地,逐步拆除区内所有建筑物和构筑物,列入文物保护范围。② 一级保护区:范围包括北城外至太三公路、惠济河西岸,东、南、西三面视现状用地情况控制在 20～150m 之间。保护要求:保留现有农田,逐步拆除区内所有建筑,结合绝对保护区建成环城公园。③ 三级保护区:范围包括西至顺城路、南至柳根河、东离开古城墙马面 200m 内。保护要求:为保护和突出古城风貌,该区建筑形式应充分体现时代气息,与古城内的传统建筑形成风格上的对比。建筑密度控制在 20% 以下,绿化覆盖率控制在 40% 以上。

（2）高度规划

为全面保护古城风貌,必须对城内建筑高度进行控制。现状建筑高度特点:古城墙以及主要文物古迹大多在 10m 以上,民宅建筑在 6～10m 之间。①绝对保护区和一级保护区:在

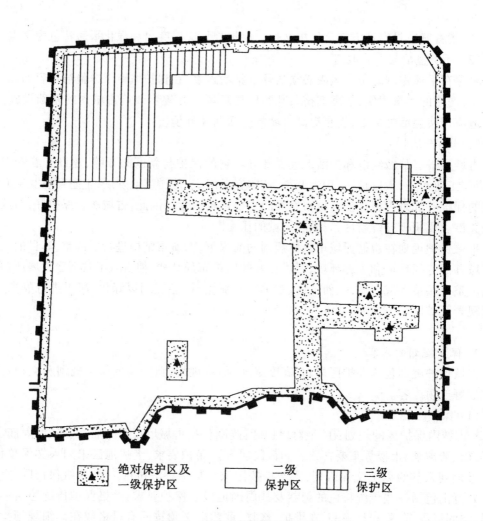

| 绝对保护区及
一级保护区 | 二级
保护区 | 三级
保护区 |

图6-9　古城内保护等级分区图

维护、修复、重建中必须按原建筑高度或在详细规划指导下进行,不得建造二层楼房。②
二、三级保护区:按原有建筑形式修建时,不得高于原建筑高度;改变原有建筑形式修建时,
其建筑总高度应按坡顶低于8m(屋脊线),平顶低于7m,允许修建部分二层建筑,但应符合
非沿街建筑(街指路宽在3m以上的街巷)及非典型民宅、文物古迹的视域范围内的要求。

（3）街巷保护规划

平遥古城街巷街景轮廓线丰富,外观具有封闭特点,其墙体等大都有上百年的历史,规
划提出沿街建筑的保护应以维护和加固为主,不得随意拆除或重建。依据现状保存程度划
为三级保护:一、二级街巷保护要求:严格保护沿街建筑外观,不得随意改变立面形式、色彩
和材料,每一建筑修复都应精心设计和精良施工;三级保护街巷(古城内除一、二级外均为三
级保护街巷)保护要求:严格保护现有传统建筑,对新建不协调建筑应逐步改造或拆除。

（4）典型民宅(店铺)保护规划

平遥古城保存完整的民宅院落较多。鉴于国家财力和现状可能,规划在现状调查基础
上提出400余处典型民宅作重点保护。保护措施:①在现状调查基础上尽快建立档案和挂
牌,对其建筑布局、造型、特色、使用状况、居住人口、建筑年代及其历史背景等进行注册。②

严格保护其建筑造型、色彩、材料乃至每一构件,不得随意拆除和改动。③ 制定典型民宅保护、维修、使用条例及法规,并发至各有关用户使之认真执行。④ 减少现有居住人口,提高居住面积和设施标准:一类民宅每户人均建筑面积应大于 35m²,二类民宅应大于 25m²,由此而改善环境,为保护建筑创造条件。

(5) 文物古迹保护规划

· 保护要求及措施:① 严格执行国家《文物保护法》,同时与名城保护规则总体要求相结合。② 自然性破坏:尽快提出维护、修复等计划与设计。③ 建设性破坏:目前有一些古建筑被一些单位所占,应明确其使用要求,限期搬迁,归文物部门管理。④ 列入文物保护的民宅(13 处):应加强管理,明确使用要求,有条件的逐步迁出其人口,今后随着名城保护逐步深入,可将更多的民宅列入文物保护单位。⑤ 文物古迹的挖掘与研究:广泛挖掘全县范围内的文物古迹、加强研究工作(见图 6-10)。

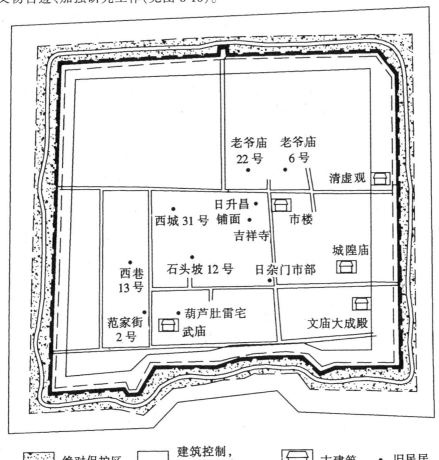

图 6-10　文物及古城墙保护规划图

· 主要文物古迹利用规划:① 古城墙:开辟城市居民文化娱乐场所,增加各种形式的夜间文化活动,如中秋节、火把节等,恢复城门楼、角楼作古代兵器陈列馆。保留南瓮城炮楼,南城墙作部分残迹保护,恢复护城河组成公园绿地。② 文庙:大成殿——儒家史料陈列馆;配殿——出土文物、碑碣陈列馆;原东学——地方文物管理机构(办公);原西学——公共绿地;古城庙会区——地方传统文化艺术活动,土特产品销售等。③ 武庙(关帝庙):戏台——民间戏曲活动。④ 城隍庙:继续作为文化宫使用。⑤ 县衙:本县社会历史根据史料陈列馆、地方社会历史文化研究机构、县图书馆。⑥ 清虚观:道教文化陈列馆。⑦ "日升昌"票号旧址:平遥"票号"陈列馆。⑧ "百川通"票号旧址:名人著作、绘画、书法陈列馆。⑨ 石头坡 1 号 2 号民宅:民俗陈列馆。

第七节　安阳历史文化名城保护规划

安阳是中华民族古老文化的发祥地,我国七大古都之一。作为我国第二批国家级历史文化名城,于 1989 年编制了历史文化名城保护规划。该保护规划在考察历史、城市遗存等物质实体的同时,进一步深入挖掘蕴含在物质实体之中的城市历史文化内涵,以及人们在观察、了解该城市时所获得的对名城总体特色的认知与感受,较早地将名城特色的分析与延续纳入其保护规划内容之中。这一作法带动了许多名城对自身特色认识的重视与深入,进而扩展和深化了我国名城保护规划的内容与层面。

安阳名城保护规划的另一特点是尝试将"指标控制体系"引入到古城保护工作中来,通过对人口密度、建筑面积密度(容积等)等组成城市的最基本的物质指标的合理控制,在逐步改善城市生活、物质环境的同时,保护包括古城及古遗址、古建筑等的整体空间环境。这一定量方法的采用,实际上是将控制性详细规划方法,应用到名城保护规划中,在对全城宏观上把握的同时深入控制城市细部(地段),这无疑在很大程度上增强了保护规划的可实施性与可操作性,深化了保护规划的内容,丰富了保护规划的手段与方法。

一、城市概况

河南安阳是一座有 3000 多年历史的文化古城,是有文字可考的中国最早的古都。位于城市西北的殷墟,史称"殷都"建于 3300 多年前,是商代后期的政治、经济和文化中心。殷都是中国历史上第一个有明确城市范围的、长期固定在一地的国都,所以史称殷都为"中国第一古都"。安阳古城历史悠久,文物古迹价值高、量多。甲骨文的发祥地、殷墟、完整的古城格局、典型的传统民居和丰富的人文、自然景观是古都安阳特有的风貌。

1. 殷墟

殷都是中国最早的古都,在 3300 多年前,有文字可考,在此建都长达 273 年,地下文物多,有宫殿遗址,殷王大墓 11 座和杀殉坑,出土甲骨文 16 多万片及品种繁多的青铜器,为全国重点文物保护单位。

2. 安阳古城

现城为明代初年建,原有城墙(现尚存城河),有 4 门,门上有箭楼和角楼各 4 座,敌楼40 座,警铺 62 座,1958 年拆。城市街巷整齐,井字布局,有 9 座 18 巷 72 胡同之称。南北大楼上有钟楼(已重建)、鼓楼,城门对称布置了许多重要古建筑如天宁寺、文峰塔(省文保单位)、高阁寺、乾明寺小白塔和多宝佛白塔。城中央有规模宏大的府城隍庙,其他还有韩琦庙、昼锦堂等,城中一些街坊民居保存完好,灰砖灰瓦,院落整齐,沿街宅门高大,店面装修精巧,呈现典型明清城市传统风貌。

3. 袁世凯墓、养寿园及袁氏小宅

袁墓规模较大,保存完好,布局与造型富有特点,呈现半封建半殖民地建筑风格。袁氏小宅在安阳城内,是传统四合院住宅,但装饰具有西方花纹,养寿园已毁,但基地尚存,现为苗圃,这些均为中国近代建筑艺术珍品。

4. 城郊部分

(1)修定寺唐塔,在安阳城北水冶镇清凉山,国家级文物保护单位;(2)羑里古城与文王演《周易》遗址,在汤阴县境内,有明代石刻,为省保单位;(3)岳飞庙、岳宅、岳飞先茔,均在汤阴县境内,已修缮完好,省保单位;(4)小南海、北齐石窟,尚完整保存,省级文物保护单位;(5)灵泉寺、万佛沟,为唐宋遗物,摩崖石龛共247处,为华北地区珍品,省保单位;(6)曹魏邺城遗址,铜雀台遗址,省保单位。

二、保护规划

1. 名城特色分析

安阳名城特色,主要体现在以下五类区域:第一类:指含有某历史时期的建筑珍品的重点文物和它的文物环境保护区,如殷墟、石窟、唐塔等;第二类,反映城市历史文化渊源、建筑文化价值形成原因的社会条件的地理范围,如安阳古城格局等;第三类,反映城市某历史时期生活方式和建筑特征的历史街区,如南北大街,传统四合院、府城隍庙等;第四类,反映城市新旧建筑融合,如袁林、袁氏养寿园、袁氏小宅等;第五类,历史上久负盛名,对城市特色形成有深刻影响的风景区,历史性自然环境区,如安阳河、小南海、万金渠等。

2. 保护指导思想

没有明确的指导思想,往往就会就事论事地对每个文物古迹划几道保护圈,而不能反映出城市历史文化价值的内涵和城市特色的完整体系。从安阳名城特点来观察,没有殷墟,就没有安阳古城的地位,没有古城,就没有了依托。因此,保护规划确定的指导思想为:"重点保护、突出特色、协调全局",即以殷墟为重点,突出保护殷商文化遗存,充分体现殷都的特点;以老城为中心,保存古城风貌;以安阳河为纽带,连系老城、殷墟、三袁、新城各具特色,并形成历史文化和旅游文化两个体系(见图6-11,图6-12)。

3. 古城用地调整

安阳古城面积2.4km²,城内现有居民8万人。古城存在许多文物古迹被占,环境质量较差,有许多与古城风貌不合的工厂,造成空气和水的污染,严重破坏了古城的原有特色。要保护好古城,保存古城的结构格局和风貌,必须对现有的功能进行调整,以适应城市的发展。对污染严重或影响古城风貌的如内衣厂、助剂厂、丝织厂、煤饼厂等应在近期内尽快搬迁至新区。在老城的环城路以内,不得再建任何有污染的工厂和大型企业;可以设置一些无污染的、运输量小的和古城密切联系的特色产业,如为旅游事业服务的工艺品工业等。在规划中逐个地列出了调整、迁出、改造、转变性质的单位,并提出了用地相应安排。

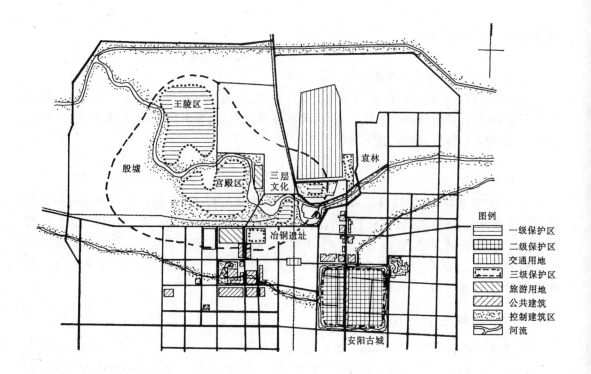

图例
▦ 一级保护区
▦ 二级保护区
▥ 交通用地
▧ 三级保护区
▨ 旅游用地
▨ 公共建筑
▨ 控制建筑区
〰 河流

图 6-11　安阳历史文化名城保护规划总图

4. 古城内部道路的调整

古城内道路经详细反复踏勘,从保护古城面貌及不破坏较好民居为原则,但必须兼顾到改善环境的要求。因为道路一拓宽,必然拆除沿街建筑,不拓宽又不能走车,所以要非常慎重地对待,规划确定:(1)原有南北街进行拆迁改造,平时禁止机动车及畜力车入内,规定运货时间,宽度为 12m;(2)开辟几条以自行车交通为主,可通汽车的道路,打通一些丁字路口,宽度为 7～8m。这些道路拆迁量不大,但却可解决古城内机动车交通及作为地下管线通道;(3)一般小街小巷,为满足消防救护需要,宽度为 5m,道路改造重点放在路面质量的提高。

道路改造和调整,着眼于保持原有城市格局和尺度,改善交通环境,控制机动车入城。

5. 古城区的视线规划

严格控制全城的新建房屋与构筑物的高度,视线控制规划包括四个方面:(1)视线走廊:从城内几个重要的制高点,考虑相互通视的要求,主要为角楼、钟楼和相州宾馆、文峰塔。视线走廊绝对控制区宽 25m,高度限制在 7m 以下。视线走廊环境协调区各侧 20m,高度限制在 7m 以下。(2)街道控制:有传统特色的街道两侧,建筑物高度限制宽 30m,高度为 7m 以下。(3)护城河高度控制:宽 25m,高 7m。(4)全城高度控制:全城所有建筑高度限制在 10m 以下。

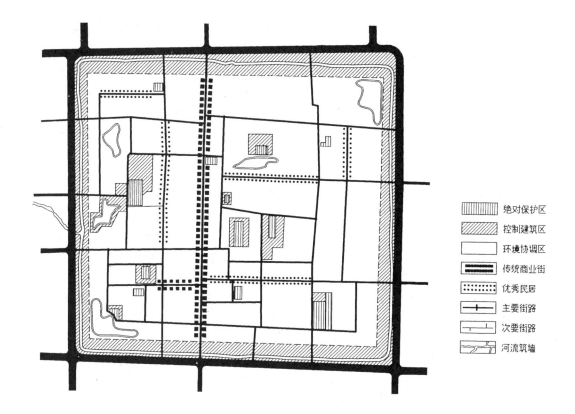

图 6-12 安阳古城保护规划图

图例：
- 绝对保护区
- 控制建筑区
- 环境协调区
- 传统商业街
- 优秀民居
- 主要街路
- 次要街路
- 河流筑墙

6. 古城指标控制规划

如我国大多数城市的旧城区一样,安阳古城区房屋密集、人口多、用地紧张,存在着居住环境差,基础设施差和生活水平低的问题。而另一方面由于多年来的建设,一般说商业及其他服务设施比较齐全,居民感到生活方便,且又具地方特色,是居民喜爱和熟悉的环境。因此传统古城的保护与改造的问题较为复杂,且牵涉的方面多。因此按传统一般的做法,画一些规划图纸,往往只能是作参考,对于实际规划管理部门很难发挥作用。

为保护古城环境,逐步改善旧城居住质量,采用提高组成城市最基本的物质指标,人口密度、建筑密度、建筑面积密度等,并求得合理的数据的方法,对全城进行定量控制。城建部门按此控制用地单位的性质和用地的组成指标,在宏观上和细部上进行控制,以达到古城建设和改造的合理性和科学性。

(1) 古城区现状物质指标调查:安阳古城面积 2.4km²,道路为卄字型格局,整个城区呈龟背型,按其道路格局划分为 21 个街坊,调查了每个街坊现状的详细指标。

(2) 社会调查及分析:城市不仅是一个物质空间,更主要的是人的表现与活动场所,城市的主体是人,因此在全城深入调查的基础上,对居民进行了一次社会抽样调查,主要是两方面的内容:一是对居民现状情况了解,包括有关家庭人口,居住水平等几个项目,二是对居民心态及古城认识的调查。从调查结果来看,老年人很多愿住古城区,青年人则较倾向于有现代化设施的生活环境。总之,大部分人希望住在老城区,住四合院形式的房屋。认为老城

— 151 —

区舒适方便,有人情味,希望建设一些新旧结合的房屋形式。这些调查分析为规划设计提供了依据。

(3) 控制指标的调整及制定:具体做法是从居住单体入手和居住组团两方面分析,分析传统的民居形式及现代居住功能的需要,做出典型旧住宅改建方案,寻求合理的居住水平,得出居住建筑密度值,然后根据每人用地数,得出合理的规划人数,再求得其他系列控制指标。

(4) 重点地段详细规划:在全城总体指标控制的基础上,以18号街坊,即高阁寺地段为重点,进行详细指标控制规划。高阁寺地段位于古城中心地段,与鼓楼广场紧相连,有城隍庙、文昌阁、高阁寺等文物古迹,是古城中文物建筑比较集中的地段。具体包括以下四项内容:

1) 建筑整治规划:对于此地段的房屋利用,可分为三类:① 绝对保留建筑——文物古迹。② 保留改造的建筑——新建楼房,这类建筑房屋的质量好,近期不可能拆除,可以通过外观装饰来与环境取得协调,例如粉刷外墙、外加小檐、屋顶,对于不符合层高要求的房屋,需减掉层数,以达到规划高度要求。③ 保护建筑——东大街沿路一带保存不少传统的"九门相照四合院",也为安阳古城特色之一,应予保护。使传统的建筑物如何符合现代生活的需要,这是古城保护的一大内容。可通过疏散人口、降低居住密度、提高居住质量,设置公厕,建筑内部通过装修内设厨房等措施来改善居住环境。

2) 住宅区的分类改造规划:古城的居住地段改造可分为三类:① 保护较好特色居住地段;② 房屋损坏严重,需要全部拆除,新建住宅地段,但因古城景观要求,建筑高度控制在7m和10m以下。③ 居民自己新建的住宅楼与古城传统风貌不协调,但近期不可能拆除,可先预以保留,种植绿化,进行外观装饰,使其掩影映其中。未解决新旧部分结合的问题,今后远期可以拆除,作为公共绿地,也可以重新建新楼。新建住宅,力求保持北方地区民居特色,平面布局也应与北方的传统民居相神似。

3) 旅游规划及细部设计:高阁寺地段位于老城的中心地段,在全城规划中,将北大街、中山街作为步行商业街,恢复鼓楼广场,将鼓楼、城隍庙、高阁寺几个重要景点连成一线,将城隍庙前拓宽加大,作为庙前广场,通过地面铺砌划分空间,供停车、车行、步行之用。建立一条小商品市场,出售传统工艺和土特产品,烘托庙前气氛,体会民俗风情。小街的立面尺度和布局,采用传统的商业街形式,既体现出新意,又与传统有着联系。将文昌阁作为民俗博物馆,展览艺术,陶冶情操,建立步行绿带,设置一些座椅、喷泉、石灯笼等建筑小品,供游人游览参观休息。高阁寺作为一个游园,与前面的城隍庙和小街的热闹氛围相对比,动静结合,相映成趣,整个旅游线,高潮迭起,令游客流连忘返;在空间处理上,放收得当,开辟庙外广场、博物馆前广场和步行绿带等开放空间,而小商品市场则采用传统的小尺度老街,空间上层次丰富,又通过地面铺砌进行空间限定,更加丰富了空间层次。对于停车问题,设置了两个机动车停车场和自行车停车场,有规划地组织车流,避免相互干扰。

4) 详细指标的确定:本地段在全城指标控制的基础上,进行分项具体指标的确定,降低建筑密度,增加绿化面积,在层高控制的基础上,提高建筑面积密度、降低人口密度、疏散人口、提高居住质量,具体调整指标如下:高阁寺地段指标控制具体调整见图 6-13、图 6-14。

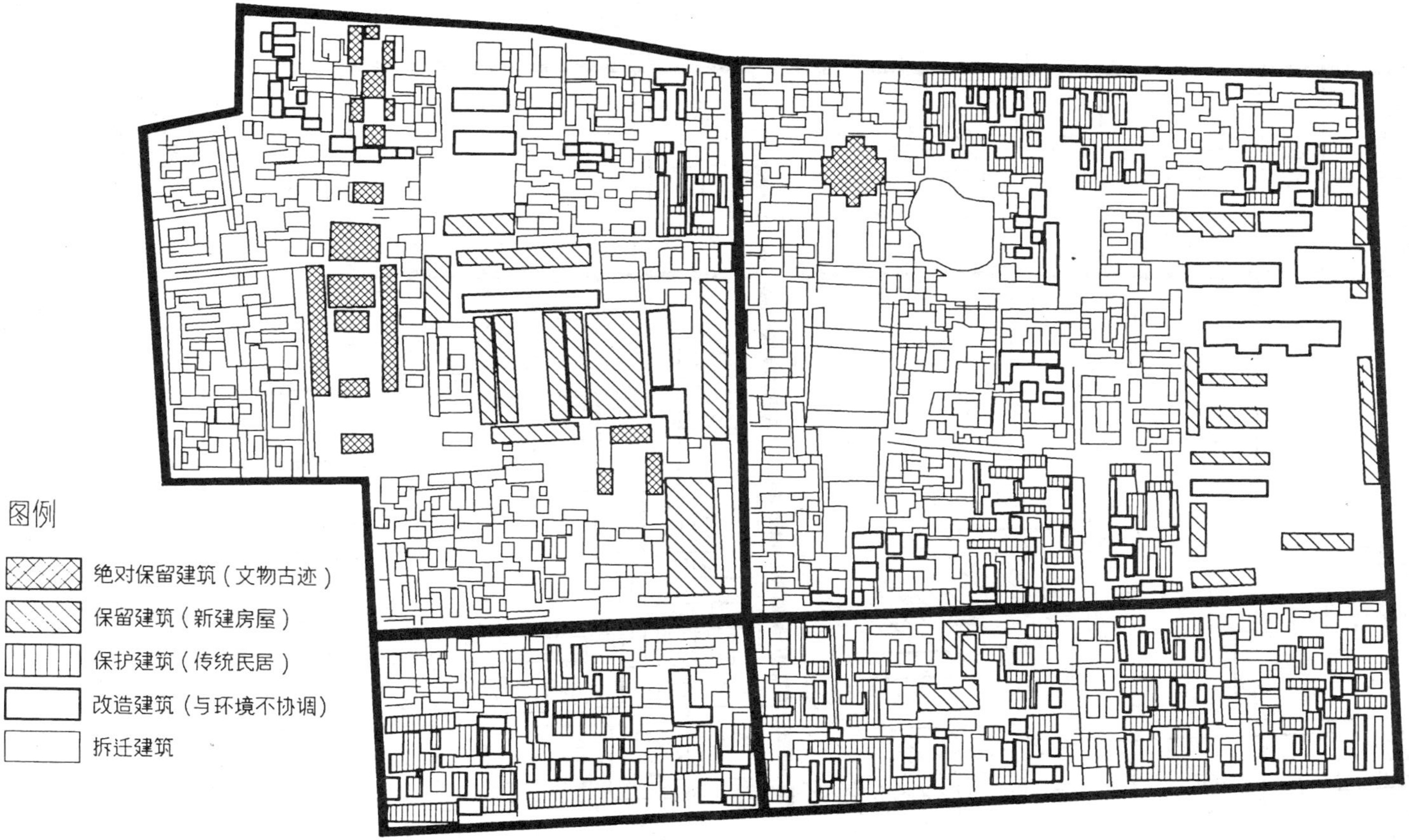

图例
绝对保留建筑（文物古迹）
保留建筑（新建房屋）
保护建筑（传统民居）
改造建筑（与环境不协调）
拆迁建筑

图 6-13 保护与整治分析图

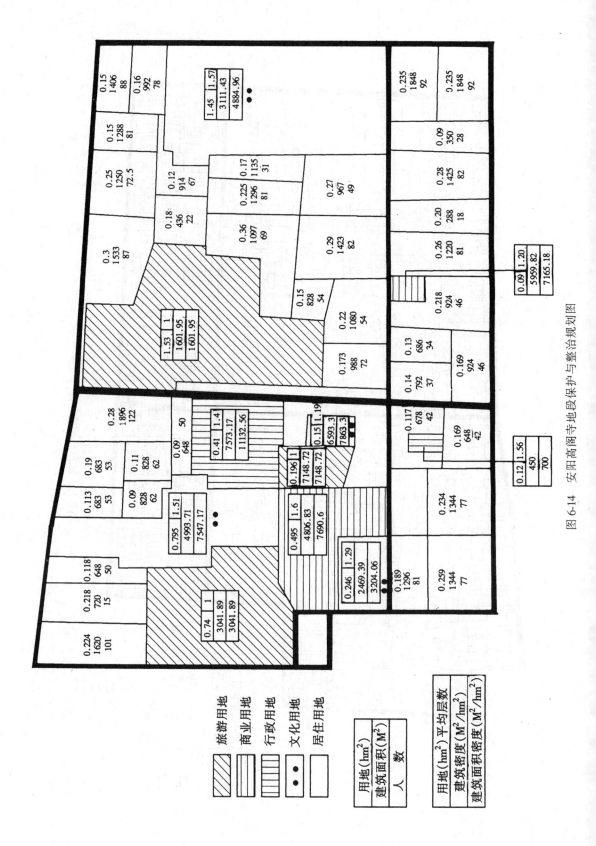

图 6-14 安阳高阁寺地段保护与整治规划图

用地 (hm²)
建筑面积 (M²)
人 数

用地 (hm²) 平均层数
建筑密度 (M²/hm²)
建筑面积密度 (M²/hm²)

旅游用地
商业用地
行政用地
文化用地
居住用地

表 6-6	高阁寺地段技术指标	
项　　目	现　状　值	规　划　值
建筑密度(m²/hm²)	3 009.8	2 646.4
容 积 率(m²/hm²)	4 016.9	4 656.1
居住密度(m²/hm²)	2 402.8	2 579.6
人口密度(人/hm²)	326.33	170.2
平均层数(层)	1.33	1.82

第八节　上海历史文化名城保护规划

上海是我国拥有近代历史文化遗产最多、价值最高的历史文化名城。上海历史文化名城保护规划在系统、全面地分析城市特色及其构成要素的基础上,针对城市所独具的古今中外文化交融、拼贴的海派特征,在中心城区划定了 11 处各具特色的历史风貌保护区,作为城市保护的核心。这 11 个保护区的确定,既从各自不同的侧面展现了上海近代不同时期、不同区域、不同风格的城市与建筑风貌;同时又共同构架起上海城市建设历史完整而多姿的整体画面。上海名城保护规划采用选择若干历史街区加以重点保护,以这些局部地段来反映名城风貌特色的作法,具有现实性与可操作性强的特点。各历史风貌保护区根据其价值及完好程度,实事求是地划定了具体的保护范围,很大程度地减少了保护与建设的矛盾,在探求建设国际现代化大都市与保持独特城市传统风貌的和谐兼顾之中,找到了一个好的切入点。

其中,外滩优秀近代建筑风貌保护区的规划,探索如何保护我国有艺术价值的近代建筑群及其天际轮廓线等方面,进行了有益的尝试。1996 年上海成立了房产置换公司,首先从外滩开始,进行了一系列的房屋使用产权的置换,使这些优秀近代建筑大多恢复了原来的使用功能,并由新使用单位对这些老房子按保护要求进行了全面的整修,国家也得到了一笔可观的资金。这就是保护规划所起到的重要先导作用。但是进入到 90 年代以后,在上海浦西老市区陆续修建了大量的高层楼房,竞相争雄,由于缺少完美的城市设计,对原有的特色风貌有了很大的影响。如何协调这新与旧、高与低的景观,是一个非常棘手的问题。

一、城市概况

上海自 1843 年 11 月正式开埠后,以其独特的经济地理位置,成为远东最大的城市,中国的经济文化中心。上海拥有丰富的近代历史文化遗产,鲜明的时代特征,体现出古今中外文化交汇的兼容性,以及长江三角洲地区文化特色和东方国际大都会的海派风格。

二、名城特色及其构成要素

1. 上海是近代大都市型历史文化名城

具体表现为:(1)丰富的近代革命史迹纪念地;(2)优秀近代建筑荟萃地;(3)近代产业经济崛起地;(4)近代金融、贸易和商业流通基地;(5)近代科学技术的引进地;(6)近代文化艺术发祥地;(7)近代名人富集地。即上海是以近代历史为主体的国际大都市,形成中原文化和吴越文化、内陆文化和沿海文化以及中西文化交流融汇的海派文化特色。

2. 上海具体独特的城市风貌

（1）上海位于长江冲积平原和长江三角州的河口要冲，独特的地理环境形成吴淞江、黄浦江、长江、杭州湾四水交汇于东海的这一特有的城市意象。（2）上海城市建筑形式丰富多彩，有传统的中国式殿宇建筑和明清时代城市民居；有正统的西方古典建筑，特别是由于租界发展而建造的不同风格的银行、办公楼、花园住宅和官邸建筑；也有中西融合互为借鉴的建筑流派和上海特有的里弄住宅，形成上海城市和建筑的海派文脉，对上海城市风貌特色的形成起着主导作用。（3）优美的城市轮廓线：以原百老汇大厦、中国银行、沙逊大厦、江海关和汇丰银行为主体的外滩优秀近代建筑群，组成了优美的城市滨江轮廓线，是上海独特的标志。加上新城饭店建筑群成为上海中心的主旋律。向西延伸，以原跑马总会、四行储蓄会大楼、西侨青年会等优秀近代建筑构成的人民广场空间轮廓线，成为上海城市空间的第二高潮。以锦江饭店为中心的茂名路优秀近代建筑群则是上海城市空间的第三乐章。经衡山饭店到徐家汇天主教堂则为令人赞叹的结尾。这高低起伏，富有节奏和旋律，与城市发展轴线相一致的丰富的轮廓线是上海城市建设文化的宝贵遗产。（4）城市道路格局的多样性：由于历史发展的因素，上海城市道路格局复杂，风格多样，主要有：市中心地区符合资本主义城市商业发展的小方格网格局；五角场地区反映30年代都市计划思想的环形放射道路格局；旧城厢地区中国传统的棋盘状道路结构系统；原法租界范围欧式斜线对景的道路形式；曹杨新村为代表的体现邻里单位规划思想的自由式道路布局。（5）各具特色的历史文化风貌区：由于历史发展的原因，上海形成了法租界、公共租界和老城三家（中方、外方）的历史格局，在城市风貌上得到明显的体现。上海城市发展的进程，即以旧城厢为依托，以外滩为中心向西向北的轴向发展，形成上海城市特色风貌。

3. 以海派文化为总代表的地方特色文化

（1）海派文化：纵观上海城市发展的历史，上海是八方聚会、中外交融的大移民区。近代上海的历史与商业经济分不开。反映在文化特征上，其兼容性与商业性比较突出。外来文化交融、吸收，形成既不同于原有文化，又不全是外来文化的创造性文化，成为海派文化的基本特征，反映在社会、经济、建筑、文学、生活、哲学、艺术审美等各个领域。反映在城市建设和建筑艺术领域则有"综合、宽容、继承、创新、实用"的特点。（2）地方特色文化：上海地方特色文化丰富多彩。有的是传统乡土文化发展起来的，如沪剧、滑稽、说唱、沪书等传统戏曲；露香园顾绣等传统工艺品制作；元宵灯会，重阳登高，庙会，婚丧喜事等民俗活动。有的则是外来文化形式在上海生根并融合了海派文化特色，成为上海地方特色文化。如评弹、昆剧、京剧、越剧等戏曲在上海得到空前发展并具有明显的海派特点。在饮食文化方面的特色菜肴、点心和风味小吃等大都来自外地而融合了上海口味形成上海饮食文化的特色。服饰文化则博采众长、融进上海欣赏习惯，形成上海服饰文化的特色。

三、上海中心城历史文化风貌保护区规划

历史文化风貌保护区（以下简称风貌区或保护区）是指上海中心城范围内明显区别于其他区域，具有独特历史文化景观价值的地区。在这些特定的区域中，传统的城市空间环境，

传统的街市生活精神面貌或其他方面特殊的价值,形成独特的城市历史文化意象。为保持风貌区的完整和协调,使风貌区内城市改造与开发有依据,必须对风貌区内的建设活动进行必要的控制。主要是确定风貌区的范围、性质和保护控制要点,如建筑密度、容积率、建筑高度和视线走廊、人口调整、交通组织、用地性质的调整与控制、环境整洁等。

风貌区内一般划分为保护区、建筑控制地带和环境协调区三个层次,保护区大小应严格控制,范围较小,一般是指文物保护单位本身及其相关设施。在保护区内不得增建拆建或任意改建,只能在名城保护部门的批准下修缮或原样修复。建设控制地带是对直接影响文物本身的环境控制,在此范围内可以从事建设,但不能影响文物的环境风貌,建设活动要得到名城保护部门的同意。环境协调区则以保护整个风貌区的完整与协调,不致破坏风貌区的基本特征,达到整体保护的目的。在协调区内的开发和建设应注意历史文脉的延续和发展,并需经名城保护部门的审查。根据《上海历史文化名城保护规划纲要》,在上海中心城规划11处历史文化风貌保护区,它们是:(1)外滩优秀近代建筑风貌保护区;(2)思南路革命史迹保护区;(3)上海古城风貌保护区;(4)人民广场优秀近代建筑风貌保护区;(5)茂名路优秀近代建筑风貌保护区;(6)江湾30年代都市计划风貌保护区;(7)上海近代商业文化风貌保护区;(8)上海花园住宅风貌保护区;(9)龙华烈士陵园与寺庙风貌保护区;(10)虹口近代居住建筑风貌保护区;(11)虹桥路乡村别墅风貌保护区。

四、外滩优秀近代建筑风貌保护区保护规划

1. 外滩在上海城市历史发展中的地位分析

(1)是上海对外开放的门户

外滩是旧上海的金融贸易中心,以金陵中路原法国领事馆延伸至南苏州路原英国领事馆,绵延1.2km。其中23幢主要大楼中有11幢是银行,几乎占了半数,其他多为海关、洋行、西侨俱乐部、旅馆、报馆等建筑。其建筑大多是在19世纪末至20世纪30年代建造的,这些风格多样、鳞次栉比的优秀近代建筑群和滨江绿化带,组成上海市中心区的一个城市独特风貌地段——外滩,它是上海城市的标志和象征。上海以港兴城,在开埠之前已是江南对外贸易的一个口岸,由于海关以及一系列对外贸易中枢机构均设于此,所以尽管外滩距吴淞口20km以上,却仍是上海真正的门户。

(2)是上海经济生活的中心

随着外滩第一块租界地的建立,外资洋商便把近代国际商贸金融活动的一系列机构带到了这里。以后,藉租界特权,银行、洋行相继设立,外滩逐步形成为上海金融贸易的大本营。

(3)是上海城市近代化的窗口

外滩作为租界的中心,西方殖民者一开始就按照其本土的面貌把它经营成“冒险家的乐园”,一方面把西方的游乐设施直接带了过来,另一方面也引进了西方先进的近代市政设施,促使上海城市建设在短期内从封建的农业手工业社会模式走上近代资本主义的发展道路。

(4)是上海近代文化的摇篮

西方文化的入侵上海首推西方宗教,但遗留下的建筑和其他科学技术,却成为近代文化传播媒介,促进了西方文化与东方文化的交流,特别是在与上海传统的吴越文化的碰撞、认同和排斥以后,逐渐形成了上海的“中学为体,西学为用”的近代新文化,并最终演变成独树一帜的"海派"文化,外滩是这方面的历史佐证。

2. 外滩保护区的划定及其意义

(1) 建立保护区的必要性及现实意义

① 外滩是上海乃至中国近代历史发展的见证。② 外滩是近代优秀建筑和市政建设研究的标本。外滩是上海也是我国近代外来建筑最集中的地区。③ 外滩是上海城市景观的重要而突出的标志。沿黄浦江的建筑轮廓线长期以来已成为上海整个城市的形象标志。④ 外滩是上海城市东西、南北两个发展轴的交汇点和重要交通枢纽。⑤ 外滩是上海旅游业的重要物质基础。由于外滩风貌特殊,中外游客莫不以"不到外滩不算到过上海"为信条,据估计每天到外滩观光、游憩人流不下几十万。⑥ 外滩连接浦东陆家嘴形成上海的中心商务区(CBD)。无论从未来发展的空间环境或是交通枢纽来看,外滩都是上海老市区连接浦东新区的一个枢纽。因此,外滩地区建立风貌保护区,其意义决不是为了单纯地保护一些历史陈迹而是为了能动地通过合理的综合性规划,在保护的基础上推动该地区的合理更新和发展,并以此为枢纽,带动整个上海城市的现代化发展。

(2) 建立保护区的迫切性

外滩近年来由于种种原因,个别历史建筑已遭拆毁,一些建筑、街道遭到破坏性改造,破坏了风貌的整体和谐。少数新建的超高层建筑损坏了外滩优美的天际轮廓线,外滩地区整体的环境逐渐恶化。因此编制外滩保护规划显得刻不容缓。

3. 外滩地区保护规划内容

(1) 保护区的划定

1) 范围:东起黄浦江,西至河南中路,南界新开河人民路,北抵苏州河(包括外白渡桥及其北块的上海大厦,苏联领事馆等保护建筑)占地约120余公顷。

2) 外滩用地格局分析:从各种用地比例的升降可以看出,居住和工业、仓库用地增加了,绿化用地减少,公建用地下降18.85%。特别引人注目的是公建中行政办公的比例从1939年6.4%猛增到25.84%,而金融商业则从55.36%暴跌为14.3%(1991年统计)。由此可知,外滩用地已由原来金融、商业为主的格局变为行政办公占首位的格局了。其次,从外滩地区不同性质用地的分布来看,现在变得比较混杂,居住和工业用地插在公建地段,而政府机关和金融商业机构又相互错杂。反映外滩地区特色的商业街,部分区段、街口被非工农业性建筑所打断,影响了商业街的面貌和功能要求的连续性。

3) 规划调整建议:① 由于外滩土地价值被定为上海市最高等级——特级,逐步恢复其金融、外贸和商业办公集中地的历史用地格局,对充分发挥土地使用价值将是十分有利的。外滩地区的地理条件和历史渊源将使这里的经济活动取得较高的效益,因此对上述机构的再开发的兴趣也会比较强烈。② 外滩一些行政办公建筑,本是外资银行等营业场所,在改革开放吸引外资的政策前提下,恢复其原有使用性质,能较好地发挥建筑的效能。有的可以调整为文化、博览性质的机构将更符合外滩这块旅游胜地的性质,并可以避免行政机构带来过分集中的人流与车流,为疏解外滩交通起到积极的作用。③ 严格控制居住用地的扩展,在可能条件下应逐步使居住人口向浦东等地疏解,结合地块的改造,使居住用地相对集中,并适当降低居住建筑密度。④现状工业与外滩用地性质格格不入,原商业大楼改为工场是一种浪费,又使交通及环境恶化,应尽早搬迁。⑤ 除现有绿地不受侵占外,应力求增加绿地面积,以改善外滩环境。

(2) 建筑风貌保护规划

1) 建筑物分级保护的确定:根据单幢建筑的社会、历史、艺术、科技等价值,确定以下五级保护对象及相应保护措施:① 一级——保存:原则上原样不动。如原汇丰银行(今市人民政府),其外观的仿古典的砖石结构和内部的古典主义格局与装修细部等均不允许轻易改动。② 二级——保护:基本上维持原貌,仅作必要的整修。如江西中路上海自来水公司是上海最早的公用设施办公机构,建筑有历史价值,但破损严重,要求在不改变使用性质和风貌原则下,由专家指导加以维修。③ 三级——维修:有一定保存价值的建筑,应予修复。如四川南路洋泾浜教堂在"文革"中作仓库,年久失修,内部结构和外观(现尚存有几块上海罕见的手绘彩色玻璃)均遭严重破坏。建议进行大修,仍恢复其教堂功能。④ 四级——改造:改造是对保存意义不大的建筑,结合地块改造更新。⑤ 五级——重建:对确实重要已遭毁弃的建筑,视其可能和必要在原址或易地重建。

2) 保护区的分级:以保护建筑分级划分为基础,将整个外滩保护区进一步划分成不同保护要求的区域,以分清各区域发展建设的不同重点,既使保护对象切实得到保护,又不因保护对象的存在而限制了现代化的建设:① 一级保护区(绝对保护区):指保护对象的本身应由保护单位全面负责,其建筑与环境都要严格地维持原有风貌,不允许随意更动。如需进行必要的修缮,也应在专家指导下进行,并要严格按审核手续进行。② 二级保护区(严格控制区):指在一级保护区外再划一道相对松动的保护范围,目的是控制该区域内的建设活动,确保在整体环境上不构成对一级保护区的损害。其建设活动也应经城建、文物管理和专设的名城保护机构的审核批准。应特别注意,在此保护区内的建筑和各项设施的性质和内容不能与保护对象有冲突。③ 三级保护区(环境协调区):指在二级保护区和非保护区之间的一个过渡区域。在此范围内的建筑和设施在内容、形式方面(体形、体量、高度、色彩等)应尽量与保护对象相协调,并取得合理的空间和景观过渡,以求较好地形成外滩保护区的整体环境。

3) 城市现代化建设与既有风貌特色的协调:① 历史名城保护的观念,应是城市整体环境的综合保护,不局限于单个孤立的保护对象。外滩地区整体环境保护的矛盾焦点是,历史发展所积淀形成的带有近代西方建筑文化特色的风貌街区,如何加以利用和改造,也就是说过去和现在、西方和东方、保存和发展如何协调的问题,这里矛盾的主要方面是发展更新。必须认识到只有更新才是积极的保护,才是使城市生活正常运转生机盎然的源泉,尤其像上海这样的特大城市和外滩这样的经济活动中心。② 用地格局和天际轮廓线是保护外滩风貌特色的重点。这就是说外滩地区的更新必须是受到原有风貌限制的,否则尽管可以创造一新天地,但已不再是人们心目中的外滩,这就是脱离了保护的更新。③ 外滩的更新必然会涉及新建筑的建造,控制新建筑的建设位置和高度是关键。根据对观赏人群相对聚集的固定场所(静观点)和观赏人群流动的路线和范围(动观线或面)的分析,可以确定出不破坏天际轮廓线的合适建筑位置和高度。④ 在新建筑位置和高度得到原则控制的前提下,建筑造型问题将成为发展更新中的最大难点。体型、立面和装饰在不同视距、视角下,各显其重要意义。

从外滩地区目前已建的若干新建筑以及国内外其他城市的更新来看,似可得出以下几点经验教训:第一,时代在前进,新建筑不应拘泥于 20 世纪初期的建筑构图手法和建筑装饰材料的表现,其外观应该明显有别于保护建筑,简单的仿古是不可取的。第二,新建筑应特别注意与邻接建筑的体形、体量协调,如相差较悬殊,应在基地空间上形成某种过渡。此外基地布置应反映现代生活的要求,如提供一定的公共活动空间,较大的停车场地和交通缓冲区以及绿地等。第三,形体单调,大面积混凝土或玻璃幕墙的盒式或板式超高层建筑,除非成片足以构成与原有风貌建筑有对比意味的背景,不宜孤立插建。第四,形体上部收束,轮廓有所变化,立面有古典三段式意象或其他后现代风格的建筑形式,较易和外滩的文脉取得和谐关系。保护建筑近旁的地块开发,更应注意此类造型手段的呼应。第五,保护区内新建筑造型设计要求高,一般应由有经验的专家担任,或由专家群从严审核。在绝对保护区内不允许有新建筑"喧宾夺主"的现象发生。

4. 建筑天际轮廓线保护规划
(1) 外滩沿江轮廓线的特征及形成分析

外滩轮廓线形成的近百年中,是阶段性变化生长着的,特色风貌建筑集中在中山东一路西侧,南起延安路口的冶金设计院(原亚细亚火油公司),北到苏州河畔的上海大厦(原百老汇大厦),整个建筑群连绵起伏,并形成三个明显的突起高潮:市政府(汇丰银行)、海关——和平饭店(沙逊大厦)、中国银行——上海大厦,这三个高凸部分,大体高出其他建筑轮廓线平坦部分的一倍,且形体均以不同样式向上收束。由于外滩黄浦江岸线明显弧形内弯,建筑布局也依势进退,从沿江地带无论是静观或动观这条轮廓线都非常生动而富于变化。

90年代后新建超高层建筑对外滩轮廓线造成严重干扰,其中最突出的有:① 联谊大厦——这幢建筑无论高度、体量、形态、表现手段、材料装饰等各方面均是以一种反文脉姿态呈现的,它以103m的高度傲视着周围所有的历史建筑,宏大的简单筒体,大面积玻璃幕墙的光洁轻盈与石头贴面的粗壮厚重形成强烈冲突。更由于其基地紧贴外滩沿江建筑,使得它非常容易从前沿建筑的顶端,从建筑缝隙或街道空隙处突现出来。② 文汇报大楼——榔头形上大下小的体形与风貌建筑向上收束的华丽格调很不和谐,更由于其位于外滩建筑较平坦稀少的北端,尤显孤立而缺少呼应。③ 此外海鸥饭店的板式外形风貌和在建的金陵大楼137m高度及其顶部斜切一刀的现代手法,都很少考虑与外滩整体的协调。

相对来说,华东电力调度大楼由于基地退离绝对保护区稍远,体型上通过微波通讯塔楼的收束以及立面上线脚凹凸的表现与外滩原有风貌建筑的特征呼应,色彩上用深色面砖与近旁建筑相协调,都反映了其注重地区文脉而没有带来消极影响的匠心,其成功创作是值得今后借鉴的(见图6-15)。

(2) 外滩建筑高度控制规划

从兼顾轮廓线保护和充分发挥外滩土地使用价值两方面出发,在初步简化地分析过外滩绿地及浦江游览的静观和动观区域,垂直和水平视角的基础上,自东向西将高度控制分为三区四级,大体为:四川路以东 <40m;江西路、四川路之间 40~80m(部分 40~60m,部分 60~80m);江西路、河南路之间 80~100m(见图6-16)。

(3) 外滩边缘及周围地区高层建筑布局的设想

外滩地区原有建筑密集,质量较高,又受风貌保护的制约,要在保护区核心地段大拆大建发展成片高层建筑可能性很小,但在其边缘和周围发展高层建筑群是完全可能的。首先是金陵东路以南地段,是联系外滩和南浦大桥的过渡地带,随着大桥建成,其区位经济效益

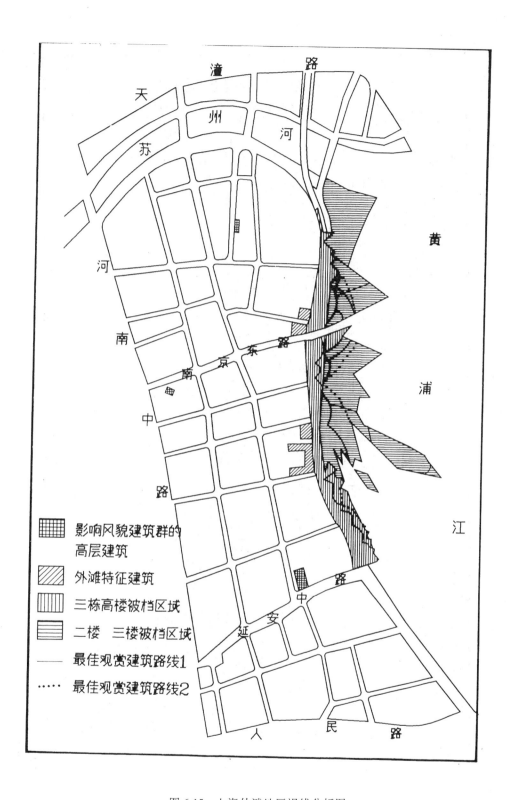

图 6-15　上海外滩地区视线分析图

将会大幅度提高,在这里建高层建筑可以不受原有风貌的制约,只要有个适当的过渡区(可在延安路金陵路之间)完全可以改造成一片超高层建筑林立的新外滩,这将和原外滩形成强

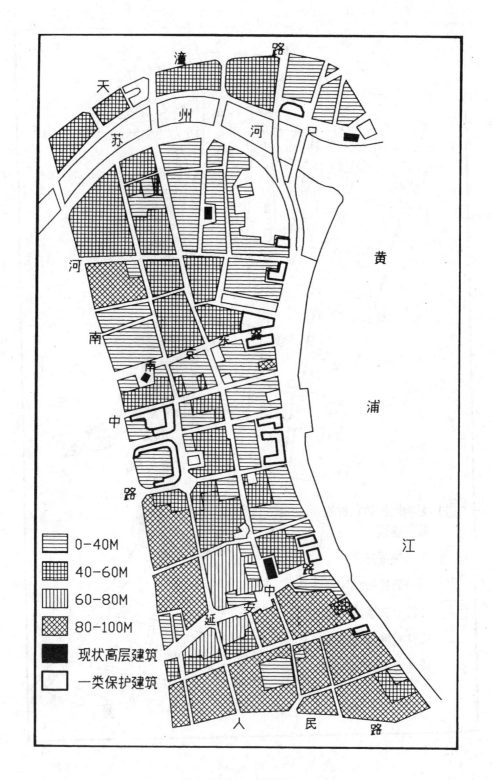

图 6-16　上海外滩地区高度控制规划图

烈反差,但由于其鲜明地呈现时代特征,可以彼此相得益彰。其次,河南中路已经拓宽,在道路两侧发展高层建筑对外滩风貌影响不大,而对形成河南路街景则十分重要。但如超过保护高度,则应注意对外滩轮廓线的干扰,如海伦饭店。若能在南京路等几条重要路口,建一些标志性的风貌建筑,已足可起到保护区西入口的点睛作用。第三,浦东陆家嘴已经规划为超高层建筑发展区,这是合理的,但应注意外滩与浦东互为观众席与舞台的关系,为此要特别注意两岸的江边设施,把堤岸和绿化作为建筑群有机组成部分来看待,并认真处理。

第九节 济南名城保护规划

济南历史文化名城以"一城山色半城湖"著称,且温泉密布,仅城区泉水就有百余处,泉水穿流于小巷、民居之间,构成独特的泉城风貌。1994年编制的济南历史文化名城保护规划就紧紧抓住了泉城这一特点,制定了专业性与保护性相结合的古城泉水保护规划。同时,保护规划还包括以下三项主要内容:(1)保持路网格局,调整道路宽度,改善交通。(2)调整用地结构,保护古城特色。(3)控制建筑高度,保护泉城环境。

在济南古城泉水保护规划的编制过程中,山东省专业水文地质大队不仅是调查了古城(3.26km²)内的有关情况,而且对3 960km²与济南泉水有关的地下水资源进行了各项内容的深入、细致地调查、观察和分析,获得了对济南泉水资源分布与流向情况的完整、宏观的认识,为济南的保泉供水提供了科学、合理的依据。

科学、细致、深入的专业规划为名城保护规划提供了科学的依据,而保护规划中专业规划的应用与结合,既丰富了名城保护规划的手法,又加强了保护规划的深度与力度。这是济南名城保护规划最突出的特点。

一、城市概况

济南这座历史文化名城是山东省的省会,也是一个市区拥有200万人口的大城市。济南历史悠久,这里有史前的文化遗址和殷商时期的遗址大辛庄。汉初始名济南,是为郡治之始,其后或为州为府都是一个地区的中心,手工业和商业相当发达。明洪武元年(公元1368年)置山东行省,治所设历城,从此济南作为全省的政治中心至今未变。

在济南市域范围内现有国家、省、市三级重点文物保护单位52处。其中如千佛崖石窟造像、兴国禅寺、灵岩寺等文物古迹为隋唐时期的遗存,距今已有千余年的历史。经明代大规模整修后的古城城墙已被拆除,但护城河及道路网格局尚存。济南古城南靠千佛山,北对黄河,城内有大明湖,形成了城外山水城河相依"一城山色半城湖"的大格局;城内"家家泉水,户户垂杨"泉水串流小巷民居的独特泉城风貌。济南同时又是一个综合性的工业城市,本世纪以来城市发展很快,新的建设主要在古城东西南侧发展。历次规划建设都比较注意保护这座历史古城的格局及环境,但是也存在有如古城内人口密集,交通拥挤,设施条件较差;土地利用失调,为整个城市服务的商业服务设施过于集中;有的传统街巷改造方式不当,古城区建筑高度失控。建筑造型与历史古城不协调等问题,严重影响了古城保护和环境景观。

二、城市保护规划

1994年编制的济南历史文化名城保护规划,以保护52处重点文物保护单位为制定保护规划的主要目标。把握历史文脉,对古城做出全面保护规划;对分布在市郊的各文物点、风景区做出重点保护规划,提出当前名城保护工作的重点应放在历史遗存及其环境的抢救和治理上,避免盲目复建而造成新的破坏。

1. 保护内容的确定

新的规划将济南历史文化名城保护的内容概括为:(1)一带,即千佛山到黄河南北的鹊、华二山这一风景文化带,在这条带上集中了山泉湖河,文物古迹等构成名城人文、自然诸要素和主要特征。(2)一片,即明府城,其范围与今环城公园所围绕的这一片大致相同,是集中体现古城风貌和名城保护规划的核心部分。(3)三街坊,即司马街——所里街、珍珠泉地区,剪子巷三片保存较好的历史地段。在旧城更新时要保持原有的风貌。(4)52点,即包括5处国家级重点文物保护单位在内的各级重点文物保护单位。(5)一个网,即将古城和市域内的风景名胜区形成网络。构成历史文化名城的大环境,主要如千佛山、灵岩寺等5处风景名胜区。

济南的历史文化名城保护规划针对城市的历史和现状特点,对古城和泉水保护两个重点也是难点问题进行了深入工作。

2. 保护规划的主要内容

古城保护规划突出了以下内容:(1)保持路网格局,调整道路宽度,改善古城交通。规划将建设环路和拓宽主要街道,形成游览性街道、商业性街道系统及小的街巷,并开辟8处停车场。(2)调整用地结构,保护古城特色。主要是恢复文物古迹用地,扩大商业和绿化用地,控制行政办公,调整工业和居住用地。包括恢复传统商业街,迁出18家企业。(3)控制建筑高度,保持环境特色,对古城区以及有关外延地区的新建筑构筑物的高度进行控制,限定主要文物古迹和景点一定范围内的建筑高度并保留视线走廊。(4)保护泉水,恢复泉水景象。泉水保护是恢复和保持济南历史文化名城特色的重要措施,规划在地区部门等的配合下,研究了地下水资源特别是泉水的成因和状况,提出合理调整地下水资源的利用,在市区停采地下水,减少西郊和东郊工业开采区的开采量,开发新的地下水,并采取有效补源措施,加强科学管理,使济南地下水位达到一定的高度、恢复和保障泉水终年涌流的景象。见图6-17。

3. 古城泉水保护规划

济南素以"泉城"著称,60年代初四大泉群总出流量在$(30 \sim 35) \times 10^4 \mathrm{m}^3/\mathrm{d}$。因此,具有很高观赏价值和科学研究价值。它与历史文化名城的形成与发展有着十分密切的关系,是济南的特色。但是,近一二十年来,随着城市规模的扩大和工农业生产的发展,地下水的开采量与日俱增,致使市区岩溶地下水位逐年下降。1972年枯水期趵突泉第一次出现断流,1988年又遇大旱,趵突泉及所有的泉池终年断流。为了恢复和保持济南历史文化名城的特色,对济南地区提出科学的、合理的保泉供水意见,已成为济南名城保护的关键。为此省水文地质大队自1985年以来,在3年多的时间内对$3\,960\mathrm{km}^2$进行了各种内容的调查、观察和分析。

(1)控制建筑高度,保持环境特色

济南古城位居千佛——大明湖——黄河几个自然要素所组成的风景文化带的中央区,

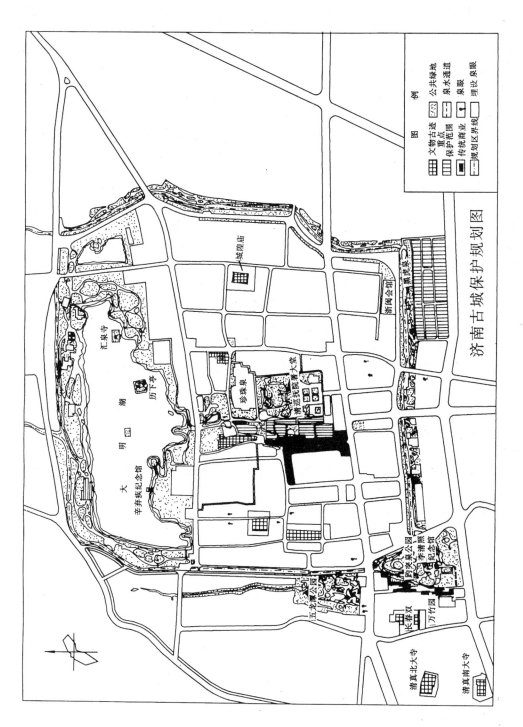

图 6-17 济南古城保护规划图

保持这条文化风景带的通视和地质地貌的完整,对保持古城特色和传统风貌都有重大意义。为此,本保护规划对古城区以及有关外延地区的新建构筑物、建筑物制定控制高度,控制原则是:① 价值较高的视点、视域和视廊不得被高大建筑物遮挡,应保持故有的城市景观构图,如"佛山倒影"、"齐烟九点"等。根据起来有一个环,两个点和三条线。一个环,即环城公园,需有良好的衬景;两个点,即大明湖、千佛山可以相互通视;三条线,即青龙桥——解放阁——千佛山;湖山路——千佛山;西门——趵突泉——千佛山,是"青山进城"的最佳通道。② 泉水是济南古城的特色,凡是泉水出露的地点、流经的街巷宅院、汇集的河湖池塘都要有适当的空间环境,周围的建筑高度必须严加控制,以免造成坐井观天的局促场面和高大建筑基础破坏泉水源脉。③ 古城区文物古迹比较集中,为使它们在城市中有较好的展露条件,保证其内部使用的方便和良好的视觉以及防火要求,四周的建筑高度以及与古迹的距离都应有一定的要求。

根据上述原则,古城区规划对建筑高度作如下规定:① 文物古迹四周留出防火间距,按古迹的性质和级别在 12~16m 之间酌定。再向外逐渐放高形成盆形空间,靠近文物古迹的建筑物高度不得超过 6m,再向外可增至 9m 左右,对于一般文物古迹,四周形成一个 35~50m 宽的控制建设区,在古建筑庭院中不得有空间恶劣的感觉。② 泉水风景,园林名胜四周建筑高度的控制,与文物古迹四周的高度控制原则相同。其目的使空间较为疏朗,或者能够为泉水景观组织较好的借景,不至于使人在泉水旁有井底之蛙的感受。③ 整个古城区的建筑高度控制原则是既要满足人们的视觉行为,即在大明湖、西门、南门、东护城河、解放阁附近可以观赏山景,又要考虑古城区用地紧张,节约土地。建筑物该放高的不苛求,该压低的不放高。

(2) 经 1988 年 5 月 9 日实地测量和反复计算,在基本上摸清地下水资源、地表水资源的基础上提出了如下济南市保泉供水的规划意见;依据山东省水文地质队科研成果表明:将济南市划分成四大泉域,它们分别是明水泉域、白泉泉域、济南市区泉域和长孝水源地,总计地下水可采资源量是 143.3 万 m³/d。直接影响古城泉水出流的为东梧断层以西、马山断层以东的济南市区泉域。影响市区泉水出流或流量减少的主要原因不能简单地认为是由于过量开采地下水所造成的,从总的情况说明城市和工业的发展,需水量增加以及气象因素的影响,地下水补给量相对减少。

在地表水资源方面:市区南部已建有大中型水库 9 座,小型水库 189 座,塘坝 818 处,可拦蓄 2 亿 m³。这是数量可观的补泉设施,也是部分可作城市供水的水源。黄河位于市北郊,在泺口水文部以上,汇水面积为 737255km²,占流域面积的 98.3%。市域内河长 51.24km,自平阴县到泺口段内有虹吸管提水站,引黄闸 15 处之多。1971 年底建成的田山电灌站,向济南供水的条件最为优越。田山电灌工程是济南市利用黄河水,保泉供水远期最为理想的水源地。

根据以上分析,具体的保泉措施是:① 合理调整地下水的水资源:在市区停采地下水,减少西郊和东郊工业开采区的开采量,开发老张庄——尹庄一带的地下水。② 开辟新水源:地下水资源的开辟当前可考虑开发长孝水源地。另外,拟对白泉泉域(市区泉域以东的又一个水文地质单元)作进一步勘察,估计可以增加开采量。地表水资源的开辟:济南市的保泉供水还应考虑多种水源供给。目前,引黄保泉工程总设计能力为供水 40 万 m³,最近经专家论证,1991 年先建设娘娘店引黄工程,设计规模为 60 万 m³,远期利用平阴县田山引黄灌站向济南市区供水,是个较好的方案。③ 补源:地下水的补给主要是大气降水以及地表水的渗透。由于玉符河、北沙河等上游修建了水库,对拦蓄洪水、防止迳流外汇以及解决山区农业灌溉等方面起到一定的作用,但减少了地下水的补给量,是影响泉水的重要因素之一。因此,合理调配好现有地表蓄水,增加地下水的补给源,也可减少水库水面蒸发的耗损。同时,在玉符河的南桥至崔马,北沙河的琵琶山至前大崖段修建一些拦水工程和渗井,在洪水期拦蓄地表水,增多渗漏补给地下水。再是在玉符河及北沙河冲积扇的首部挖掘分回灌井,利用引黄水源或将来西水东调的水源回灌补给地下水。第三,南山大力植树造林,涵养水份,有利于增加地下水的补给。④成立一个有权威的、科学管理水资源的决策机构。水资源的合理开发和利用是城市现代化的标志之一,特别是济南面临要扩大供水量又要保泉的艰巨任务,要解决这个矛盾,除了切实采取上述措施外,应当利用现代科学技术。建立济南水资源综合管理模型,能够经济、有效、合理、科学地开发、调配、管理、预测水资源,使之更好地为城市建设服务。⑤ 节流:保泉节水,是保护名城以至国计民生的大事,必须进一步采取切实可行的节流措施,提高水资源的重复利用率,降低工业万元产值耗水量和民用生活用水量,即使在将来泉水恢复后,亦应本着"先看后用"的原则充分利用。

以上措施在综合发挥效益之后,降水量在正常年份,济南的地下水位可达到海拔27.5m,济南的泉水将终年涌流。

第十节　张掖历史文化名城保护规划

张掖属一般史迹型的历史文化名城,城市范围较大,不可能进行完全意义上的"全面保护",为了在保护传统的同时,不阻碍城市的发展,并且保证城市景观的和谐、统一,在保护规划中将散布于城市各处的文物古迹从消极的保存,变成城市设计中的积极因素,通过分析城市的历史空间框架,将那些真正具有稳定性、积极意义的东西组织连接起来,并将历史发展的因素及城市未来发展的可能性结合起来,形成城市的保护框架,其目的是在保存真实历史物质遗存的同时保护张掖传统文化的内涵。

该城市保护框架的建立不同于传统城市空间框架的保护,它加入了现代城市发展的影响,以同时考虑保护和发展两个必然趋势作为框架建立出发点。张掖大佛寺地段保护详细规划,作为保护框架中的一个重要组成部分,在协助城市在较小尺度范围内解决有关保护与发展的实际问题上,也做了有益的尝试。

一、城市概况

张掖取"张国臂掖,以通西域"之意而得名,古称甘州,地处富饶的河西走廊中部,为汉时河西四郡之一,古丝绸之路必经之地,是我西北高原的一座历史文化名城。从张掖建郡的汉元鼎六年(前 111 年)起,张掖作为历代的行政或军事的政权机构的治所,已有 2 100 多年的历史,历经了中原与西域各民族间对抗、交流与融合的沧桑,也是汉文化向西域扩展的重要一驿。在张掖城中古迹文物遍布,有始建于西夏的大佛寺、始建于隋代的万寿寺,唐代的铜钟等。城外还有黑水国古城址、马蹄寺石窟等古迹。城内的民居、会馆等古建筑则充分反映了张掖城市生活的繁盛。

二、名城保护框架的建立

名城保护框架的组成,既要包括城市结构,又包括实体的要素;从城市的自然环境到值得保留的建筑;还包括空间结构、城市空间的组合变化、建筑物群的空间尺度、城市轮廓线以及城市氛围等等。张掖历史文化名城保护框架的建立包括框架结构的建构及框架主题的体现两部分内容。

1. 保护框架的结构的建构

(1) 要素的组成

1) 建筑:①甘州古塔——金、木、水、火、土五塔;② 寺庙——大佛寺、西来寺、万寿寺、道德观;③ 民居——南大街 57 号、东街交通巷 12 号等;④ 会馆——山西会馆、民勤会馆;⑤ 楼府——镇远楼、鲁班楼、总兵府、提督府、东仓。2) 道路、广场:① 县府街、民主西街为连接各古迹名胜点的主要道路,为今后旅游线所必经的道路。② 羊头巷、大佛寺巷、西来寺巷、东街交通巷等具有典型的胡同形式,且与古迹、民居关系密切。③ 万寿寺前的人民广场是全市的市民活动中心;甘州市场是以风味小吃为主的特色商业广场。3) 自然环境:① 城东、城北的芦苇荡是造成城市美好景观的重要材料;② 甘泉公园水面开阔,绿树成荫,且能与城外芦苇荡连成一体;③ 城中甘泉池,为张掖之渊源所在,意义深远。4) 城市空间的组织方式:① 以镇远楼为中心,以东、西、南、北四条大街形成的城市平面骨架;② 以木塔、土塔、镇远楼为视线焦点,统帅城市天际轮廓。5) 城市生活的组织:包括表达城市生活形态的传统生活方式、日常各种活动、习惯风俗、老城区内的社会网络、以及茶馆、小吃铺、电影院等集团活动场所。

(2) 空间布局的组构

以上这些要素以点、线、面的形态,构成城市的保护框架。框架的结构就是以运动的线连接起点和面形成的。这里的点包括古迹建筑物、广场公园,是城市网络中关于历史与文化信息的标志物;面包括自然景观,全城的城市空间形态和城市生活形态。作为连结体的线,包括以道路为载体的旅游路线和步行商业街等实线,还有"虚线"——视线通廊。

2. 保护框架主题的体现

建立保护框架最终是为了保护张掖的历史文化名城的内涵,所以保护框架的主题应着重体现张掖"塞上江南、边关重镇、丝路名城"的名城特色。

(1) 规划主题一 塞上江南

① 芦苇荡进行恢复、扩大,形成环城的风景区。② 甘泉公园扩大规模,并在园内恢复水塔,形成以水为主题的大型游园,作为全城市民游览、休憩的中心。③东仓进行维修后,保持原有粮仓的功能,辟一小部分作参观用。④ 甘泉池周围建一小游园,设碑亭详述甘州、甘肃与甘泉之渊源关系。

(2) 规划主题二 边关重镇

① 镇远楼,作为城市象征严格保护,并控制东、南、西、北四大街的视线,形成边关雄风的景观特征。② 总兵府,修复并扩大其规模,将主建筑作为军事博物展览和纪念历代名将用途,并保留原有的图书馆职能。

（3）规划主题三　丝路名城

由于这一主题较为综合,因此分成宗教、商业、贸易、民俗、建筑、艺术几部分加以综合体现。① 宗教:大佛寺扩大其规模,形成完整的寺庙建筑群,作为张掖主要的游览区。西来寺进行整修、扩大,作为张掖市的佛教研究中心。道德观进行整修、扩大,作为又一种宗教建筑供人参观。② 商业:将鲁班楼迁至民主西街羊头巷口,作为羊头巷传统商业街的入口,使羊头巷与民主西街形成以旅游商品为主的传统商业街。将甘州市场修缮、扩大,丰富其中风味小吃的品种,使之成为以风味小吃和土特食品为主的商业广场。③ 贸易:将民勤会馆修复完整,展示张掖作为丝绸之路上交通枢纽的贸易兴衰史。④ 民俗:将山西会馆与附近的民居进行修整之后,建成民俗博物馆,展示张掖的民情风俗。⑤ 将木塔寺规模扩大后,以木塔为中心,形成一个建筑艺术的展示场所。⑥ 艺术:将原张掖博物馆从大佛寺中迁出,在大佛寺附近形成一个以古玩、艺术品为主要展示对象的博物馆兼商场。

三、张掖大佛寺地段保护详细规划

1. 规划背景

大佛寺地段集中了张掖市的大部分有价值的文物古迹,是历史文化名城保护的重点地段;同时随着将来南大街与县府街等道路的拓宽,这里将是城市开发建设的重点地段之一;这一地段还是市民活动的中心——人民广场和张掖的行政中心——市政府的所在地,是张掖城市设计的重点地段之一。因此,对大佛寺这一地段进行详细的保护规划,将有助于在较小尺度上解决有关保护与发展的实际问题,也可以使之成为其他地段改建的参照,使历史文化名城保护能落到实处。

2. 指导思想

（1）在这一保护内容集中的地段,在规划中结合古迹的保护集中体现张掖历史文化名城的三个特色。（2）保护与旅游开发相结合,在古迹点的保护中,使其兼有游览娱乐的功能,同时兴建一些为旅游服务的项目,使这里形成相对集中的游览区。（3）这一地段古迹集中,可将其他的一些已无恢复与保护可能性的古迹建筑搬迁至此,一并实行保护措施,也便于旅游线的组织。

3. 规划内容

规划内容包括各古迹点的保护规划及地段的控制指标规划。

（1）各古迹点的保护规划

① 大佛寺:扩大大佛寺的现有规模,修建主殿两侧的庑廊,并在主要轴线建筑两边开辟两三个院落,形成典型的寺庙建筑格局。恢复金塔,并将提督府的建筑迁建到这一建筑群中。扩大后的大佛殿以游览为主要功能,原来的张掖博物馆至邻近地块,除陈列展览功能外,博物馆还将包括艺术品商店、古董商店等其他设施内容。② 山西会馆:山西会馆建筑群保存较完好,且邻近有两处典型民居,将会馆与民居结合处理,并将其他民居中的可利用部分搬迁于此,形成一处传统建筑群,作为民俗博物馆,展示地方民居构筑、民间工艺、地方风味小吃。③ 万寿寺:修缮原有的建筑群,并扩大范围,按其建筑风格形成一些小院落。由于隔马路正对万寿寺的是张掖市的人民广场,因此在邻街的扩大部分,可考虑设置一些市级文

娱内容或小商店以活跃广场气氛。在万寿寺内,除恢复寺庙的功能外,以木塔为中心,可形成一处展示地方传统建筑特色的场所,展示建筑施工、装饰工艺、典型建筑构件等,以体现张掖能工巧匠的智慧及传统建筑风格。④ 西来寺:将现有规模略为扩大,增建一些房舍,除寺庙、参观功能外,这里由于为佛教协会所在地,因此可以作为佛教研究中心。⑤ 总兵府:恢复原来的格局,另增一些房舍以保留原来的图书馆功能,在主要建筑中可安排历代抗击匈奴的名将纪念馆和战争军事博物馆,以体现张掖的边关重镇特色。(6)甘泉:将原来的民族小学搬迁另处,辟出一块小游园,设置碑亭、茶楼等建筑,将甘泉扩大成一处供人游憩、逗留的小园林。

(2)指标控制

对大佛寺地段的开发建设,既要很好地保护古迹,又要改进这一地段的环境质量和居民的居住质量,并且兼顾一定的经济效益。为了方便规划管理,在这一规划中制定了指标控制系统。具体指标有:用地性质、地块面积、建筑密度、容积率、建筑控制高度、绿地率。通过这些指标的控制将可使对古迹的保护和对旧街道的改建以一种科学的方式控制。

第十一节　武汉历史文化名城保护规划

武汉名城保护规划是严格按照 1994 年 9 月由建设部、国家文物局颁布的《历史文化名城保护规划编制要求》进行规划编制的名城规划实例。其自身的特点是分层次的体系保护,即将保护的内容进行了层次上的划分,并在此基础上建立各种保护体系,进而对每一保护体系的各类内容编制规划范围及保护内容与措施。这一做法使得整个规划在全面铺展的同时,层次清晰;在深入细致到每个保护的对象、实体的同时,又能够把握整体,明确其自身所处的位置与作用。即系统保护与重点保护相结合,使得不同的体系从各自的角度共同建构起历史文化名城的总体形象与整体风貌。

一、城市概况

武汉位于湖北省江汉平原东部,长江与汉水交汇处。武汉市由隔江鼎立的武昌、汉口和汉阳三部分组成。它是国务院公布的第二批国家级历史文化名城,有 2 500 年悠久的历史。文物古迹类别齐全,尤以革命史迹和近代优秀建筑最为突出,反映出武汉历史上既是一座具有光荣革命传统的城市,又是一座繁荣的近代工商业都会。

1. 城市格局

长江、汉水三分武汉,构成三镇鼎立的独特城市格局。三镇具有相对独立的历史发展过程和不同的城市职能这一特色,在国内外城市中较为少见。以龟蛇锁大江为中心的东西连绵的山轴与南北纵贯的长江构成了武汉天然的风景轴线和城市骨架。

2. 文物古迹

武汉市有国家级文物保护单位 3 处,省、市级文物保护单位 133 处,县(区)级文物保护单位 99 处。经武汉市人民政府公布保留的近代优秀建筑 102 处。它们由三个系统组成:
(1)悠久历史的、丰富的古代遗迹:全市分布有从新石器时期至唐宋时期的古文化遗址 32

处,古墓葬 11 处。其中全国重点文物保护单位盘龙古城是我国迄今发现的第二座最早的商代古城。(2)多姿多彩的近代优秀建筑:鸦片战争以后,汉口被辟为对外通商口岸,成为当时仅次于上海的经济繁荣的工商业都会。经武汉市人民政府公布保留的近代优秀建筑有 12 类共 102 项,涉及医院、学校、办公、住宅、宗教、银行、工业、会馆、商业、剧场、饭店,以及一些居住里弄等。尤以汉口沿江江汉路至黄埔路一带的原租界区最为集中和典型。(3)众多的革命旧址和纪念建筑:从辛亥革命、二七罢工、大革命直至抗日战争,武汉都是革命党人领导革命和开展革命活动的基地,留下了众多的革命旧址和纪念建筑。其中武昌起义军政府旧址(又称红楼),八七会议会址(汉口鄱阳街)为全国重点文物保护单位。

二、保护规划

1. 名城保护原则

(1)坚持"抢救、保护、继承、发展"的方针,抢救濒临毁坏的珍贵文物古迹,保护历史文化遗存,继承优秀历史传统,发展城市文化特色。(2)系统保护与重点保护相结合。将城市发展各个历史时期的遗迹,有机地组织起来,实施系统保护,使之从总体形象上体现武汉历史文化特色。特别注意保护历史上具有重要地位的革命史迹和近代优秀建筑集中地段的风貌。(3)历史文化名城保护与城市建设发展相结合,通过合理的城市规划布局、高水平的城市设计和科学合理的规划指标及其规划控制手段的实施,使保护与建设协调,在有利于城市社会经济发展的同时,促进历史文化遗产的保护与继承。(4)历史文化名城保护与自然景观的开发利用和城市文化景观特色的创造相结合,建设具有历史文化特色的山水城市。

2. 保护的内容与方法

规划将武汉城市保护的内容分为城市整体、城区及市域三个层次(见图 6-18)。

(1)第一层次——城市整体层次上保护措施

1)在城市总体规划中,严格控制旧城人口的增长,积极发展新城,适当限制主城用地发展规模,主城与新城之间保持一定的生态隔离地带,严格控制主城建设用地对山体水面的侵占,形成良好的生态环境,从整体上保护山水城市的风貌。

2)主城规划布局为"圈层—组团"的结构,并形成以水面和绿化为核心,以中环绿化为纽带,生态走廊及诸多公园穿插其间的生态框架,从整体上保护三镇相望的独特城市格局,创造良好的城市环境。

3)保护城市"十字型"的山轴水系,充分体现山河交汇、湖泊众多的城市特色。山轴从仙女山始至龙家山由西向东绵延十余公里,沿线聚集的文物、景点约 20 余处。规划加强对山体保护和绿化建设,控制望山视线。水系:长江纵置城市,岸线长达 145km,规划充分考虑沿江地带的城市设计,丰富沿岸景观,严格控制江河滩地的开发,保证留出绿化和开敞空间,形成优美的城市轮廓线。

4)保护"龟蛇锁大江"的城市意象中心,包括龟山、蛇山、长江大桥、黄鹤楼、晴川阁等及周围环境,新的建设必须符合高度控制和视廊控制的要求。

5)对体现城市文化的地方戏剧传统节目、饮食习惯、土特产品、传统工艺品等予以保护,例如汉正街、江汉路等传统商业街,有地方特点的老字号等,建设一些供市民进行传统文化活动的场所。

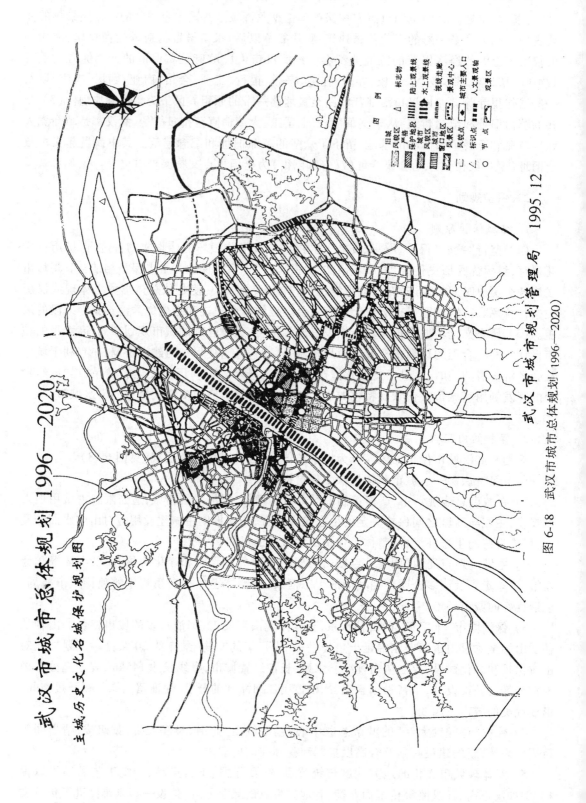

武汉市城市总体规划 1996—2020

主城历史文化名城保护规划图

武汉市城市规划管理局 1995.12

图 6-18 武汉市城市总体规划（1996—2020）

（2）第二层次——城区内的保护体系及内容

根据武汉市区内文物保护单位数量大、覆盖面广,各时期的文物单位较为集中、地段上较为分散的特点,对城区内保护划分为四个系统加以规划。

1）文物保护单位体系　规划中将市级以上文物单位及近代优秀建筑,按其级别、类别、区位等特征进行了统一编码,明确每个文物保护单位的名称、年代及所在地形图图号。并针对每个保护单位绘制其保护范围及建设控制地带详图,对保护单位进行严格保护。主要保护措施有:a. 在划定的保护范围和建设控制地带内,任何单位和个人都不得进行违反规定的建设,过去已有的不符合规定的建筑应予逐步拆除、迁移、改造。b. 任何单位和个人不得擅自更改文物保护单位保护范围和建设控制地带的界线,情况特殊、确需变更的,要经市文物办和市规划局审核同意,并报市人民政府批准。c. 不合理占用文物保护单位的部门,应限期退出。d. 多方面筹集资金,对文物保护单位进行修缮。e. 进一步完善《武汉市文物保护实施办法》,依法保护文物单位。

2）重点地段保护体系　规划选择文物分布密集、等级较高、保存较为完整、且特色突出的地段划定重点保护地段。对这些地段的开发建设实施控制,对新建建筑物在高度、形式、尺度、体量、色彩、功能及与文物单位之间距离上加以控制。以保持所在区段的环境特色及文物古迹、优秀建筑之间的协调关系,体现名城的精华。规划在对上述地段详细划定范围的同时,制定了各自的保护内容与措施;a. 保持该地段的原有功能特色。如保护江汉路片的商业金融功能,"八七"会址片的居住功能,以及洪山片的参观游览功能等特色。b. 保护原有街道景观,保持道路宽度、沿街立面风格,控制地段内新建建筑物的形式、色彩、体量,使之与原有风格特色相协调,立面装修及广告加以控制与引导。c. 整治地段的环境:拆除有碍观瞻的建筑物、限制地段主要视线走廊及周围建筑物的高度,保护加强地段绿化及环境。d. 加强对文物及优秀建筑的维护、修整与管理,并合理利用,恢复其活力与功能。如部分恢复江汉路片原金融建筑的功能,加强维修洪山片的宝通禅寺,恢复其宗教功能。e. 严格控制地段内的土地批租,对已批租的要进行方案造型、体量、色彩等的审查,使之与地段环境及建筑风格相协调(见图 6-19)。

3）旧城风貌区体系　旧城风貌区主要反映城市形态的历史演变,在风貌区内主要是整体格局上的控制,某些地段城市特有风貌的继承与发展。主要包括以下四个风貌区:① 以棋盘式道路网格为主骨架,西式建筑风格为特色的汉口原租界风貌区;② 以前店后坊的传统商业街布局方式,传统商业建筑与民居相结合形成的具武汉地方传统特色的汉正街传统商贸风貌区;③ 以归元寺为中心,西大街、显正街的具有武汉特色民居的汉阳旧城风貌区;④ 以黄鹤楼、红楼为中心,中山环路加之龟裂纹状街道格局为骨架,体现武昌城市革命传统的武昌旧城风貌区。

4）城区风景名胜区体系　山水等自然景观是风景名胜的主要内容,自然地理环境是形成城市文化景观的重要组成部分。因此,风景名胜区的保护重点在于保护环境,在保护好山水绿化等自然生态环境的基础上,适当开发,保护并创造丰富的人文环境,形成一个和谐的人与自然相结合的风景名胜区。武汉城区内规划有四个风景名胜区:龟山——月湖风景名胜区、东湖风景名胜区、墨水湖风景名胜区及南湖风景名胜区。

（3）第三层次——市域文物古迹保护与风景旅游区的规划

武汉市域共有市级以上文物保护单位45处,主要类型为古代遗迹,分布较为分散。规

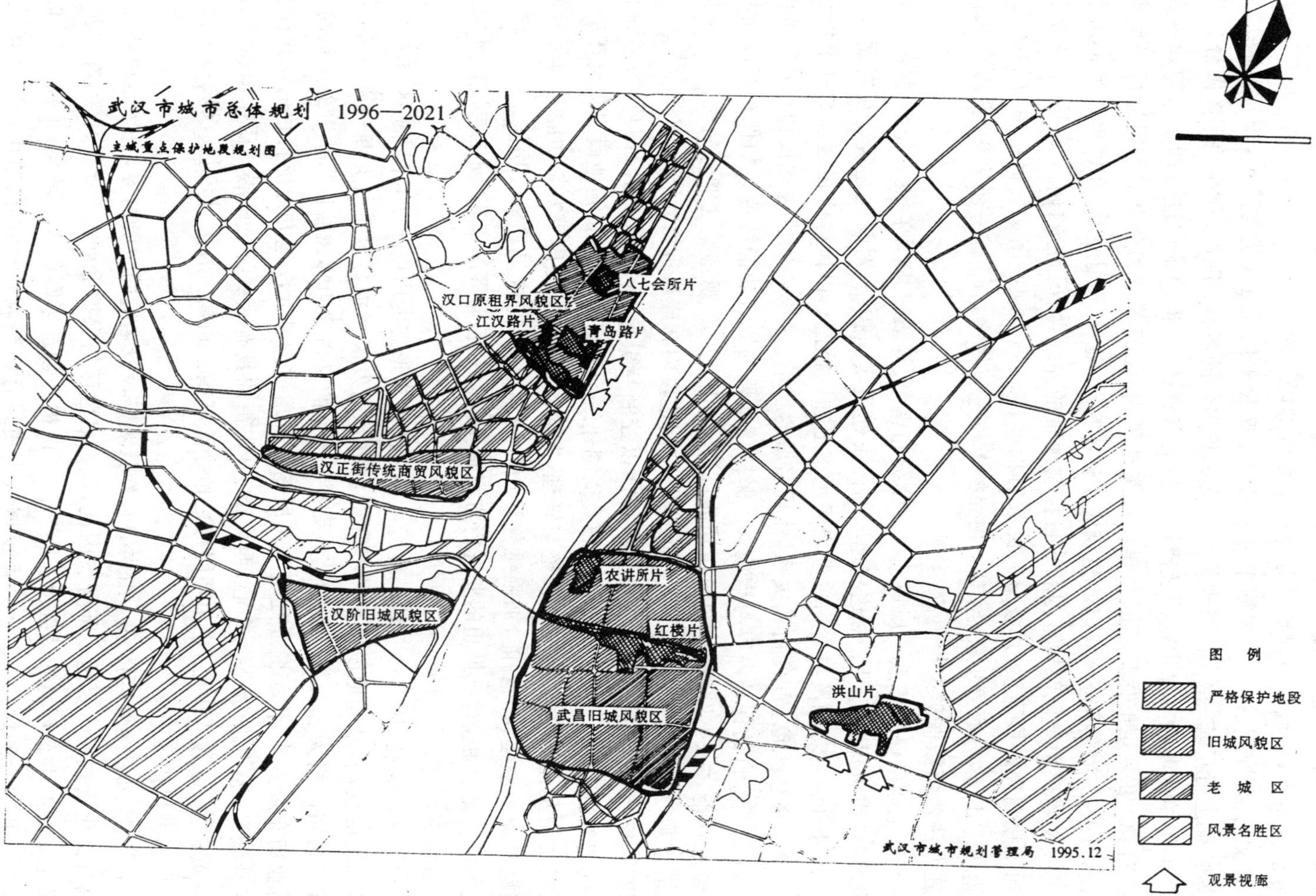

图 6-19 武汉市城市总体规划(1996—2021)

划考虑将文物古迹保护与风景旅游相结合,既有利于遗址的修整、利用和展示,又丰富了旅游区的内容。

文物古迹保护与风景旅游区的选址原则是:① 文物古迹相对集中,有一定游览价值;② 周围山水自然景观优美,具有风景旅游资源;③ 与主城交通联系方便,具有一定开发前景。在上述原则指导下,规划了以下古迹保护与风景区:木兰风景区、九真山索河风景区、龙泉山风景区、道观泉风景区、盘龙城风景区以及青龙山森林公园。这些景区规模较大,景点多且集中,知名度较高,交通条件也较好。

在保护与开发方面应采用下列措施:① 重点保护有关文物古迹,适当修建一些集中陈列、展示和宣传古文明的陈列博物馆;② 加强对自然景观的合理开发和组织,加强景点建设,保护自然生态环境;③ 开辟联系主城的快捷旅游交通方式,如盘龙城、青龙山公园距离市区较近,开辟能当天往返的专线旅游车和公交线路;④ 加强各类基础设施和旅游服务设施的建设。

另外,还有一些文物古迹分布相对集中,但尚不具备旅游开发的条件,规划中划定为古文化遗址保护区。保护的主要措施是防止盲目建设和破坏性开发,对地下埋藏区的建设坚持先勘探发掘后进行施工的原则;并配合文物的逐步发掘,对保护区有步骤有计划地适当开发和利用。

本章小结

中国历史名城的保护,从起步逐步发展到继续前进的阶段,本章选取了 11 个不同大小、类型及特点的名城作了简介,每个城市都用简练的文字作了综述分析,着重归纳其保护的特点及保护的经验,以期达到交流与借鉴的作用。

问题讨论

1. 试研究这些城市保护规划的特点与经验。
2. 试比较这些城市保护规划的方法与内容。
3. 结合你所进行的历史城市保护规划研究可借鉴之处。

阅读材料

有关杂志发表的保护规划实例介绍。

主要参考文献

[1] 王瑞珠．国外历史环境的保护和规划．台湾:淑馨出版社,1993

[2] 董鉴泓,阮仪三．名城文化鉴赏与保护．上海:同济大学出版社,1993

[3] 王景慧．中国历史文化名城的保护概念．城市规划汇刊,1997年第4期．上海:《城市规划汇刊》编辑部,1997～

[4] 王景慧．历史文化名城的保护内容及方法．城市规划,1996年第1期．北京:《城市规划》编辑部,1996～

[5] 阮仪三．中国历史文化名城保护规划．上海:同济大学出版社,1995

[6] 西山三卯监修,路秉杰译．历史文化城镇保护,北京:中国建筑工业出版社,1991

[7] 国家文物局法制处．国际保护文化遗产法律文件选编．北京:紫禁城出版社,1993

[8] 曹沛霖,徐宗士．比较政府体制．上海:复旦大学出版社,1993

[9] 耿毓修主编．城市规划管理．上海:上海科学技术文献出版社,1997

[10] 王景慧．日本的古都保存法．城市规划,1987年第5期．北京:《城市规划》编辑部,1987～

[11] 叶华．日本传统建筑群保存地区的概要与特点．国外城市规划,1997年第4期．北京:《国外城市规划》编辑部,1997～

[12] 董卫．城市制度、城市更新与单位社会．建筑学报,1996年第12期．北京:《建筑学报》编辑部,1996～

[13] 阮仪三,相秉军．苏州古城街坊的保护与更新．城市规划汇刊,1997年第7期．上海:《城市规划汇刊》编辑部,1997～

[14] 王景慧．历史街区保护的概念和作法．城市规划,1998年第3期．北京:《城市规划》编辑部,1998～

[15] 郑孝燮．我国城市文态环境保护问题八则．城市规划,1994年第6期．北京:《城市规划》编辑部,1994～

[16] 朱自煊．屯溪老街保护整治规划．建筑学报,1996年第9期．北京:《建筑学报》编辑部,1996～

[17] 孙平．从"名城"到"历史保护地段"．城市规划,1992年第6期．北京:《城市规划》编辑部,1992～

[18] 叶如棠．在历史街区保护(国际)研讨会上的讲话．建筑学报,1996年第9期．北京:《建筑学报》编辑部,1996～

[19] 孙施文．城市规划哲学．北京:中国建筑工业出版社,1997

[20] 吴良镛．北京旧城与菊儿胡同．北京:中国建筑工业出版社,1994

[21] 范耀邦．现代城市、文化古都——北京市区的调整、改造和保护规划．建筑师,1996年第6期．北京:《建筑师》编辑部,1996～

[22] Robert Holden. Post-industrial Landscape. London and the Aesthetics of Current British Urban Planning, Built Environment, Vol. 21 No. 1

[23] Johathan Barnett. The Fractured Metropolis, Icon Editions, 1996

[24] Eric Hitters. Culture and Capital in the 1990s. Built Environment, Vol.20 No.2

[25] John Punter. Design Control in England. Built Environment, Vol.18 No.2

[26] Sebastian loew. Design Control in France. Built Environment, Vol.18 No.2

后　记

80 年代初,全国城市正面临经济建设的新高潮,百废俱兴,历史文化遗产的保护还没有引起人们的重视,许多历史古城和文物古迹遭到了建设性的破坏,众多专家学者呼吁,借鉴了先进国家的经验,才有了历史文化名城的保护。如在 1980 年山西的平遥古城,按照当时一般的城市建设方针濒临拆毁城墙、开拓马路的前夕,我们及时地做了保护古城开辟新区的总体规划,使其免受摧残,1998 年平遥成为世界文化遗产。80 年代中期,苏南农村经济大发展,许多乡镇更新改造,我们运用了城市保护的合理规划,保住了江苏的周庄、同里、角直,浙江的南浔、乌镇、西塘等风光优美的江南水乡古镇,使其免遭破坏,现在这些古镇都成为引人入胜的旅游热点。我们先后做了苏州、扬州、绍兴、安阳、南阳、商丘、上海、福州、张掖、潮州、雷州、肇庆、临海、山海关、兴城等不同类型的历史名城的保护规划,不断地研究规划的方法与理论,并协助当地政府努力付诸实施,从中取得经验。

郑孝燮、罗哲文、吴良镛、周干峙、朱自煊、董鉴泓等专家、教授,对我国的历史文化名城保护有很多论述和精辟的见解,为保护历史文化名城、创建保护和规划的理论有重要贡献,本书也受惠其中。

王景慧多年来担任国家建设部城市规划司领导工作,参与了我国历史文化名城的审批和有关政策制定的全部工作。王林近年来也在我们的指导下致力于历史文化名城保护的理论研究工作,并以此为题获得了博士学位。这本书是我们这若干年来对我国历史文化名城保护与规划工作的经验总结和在理论上的探索。

围绕着历史文化名城保护理论与规划课题,我的研究生攻读硕士、博士学位进行研究,他们是:乐义勇、张樵、张松、王国恩、李亚明、王林、冯晓慧、顾新、邵甬、赵志荣、李宪宏、洪文迁、相秉军、王颖禾、晏大宁、彭建东、高伟、王骏等,这本书里也反映了他们的研究成果。博士生刘浩和他的助手帮助清绘本书的图纸。

本书初稿 1997 年写成后,曾作为教材在同济大学研究生班和局长班试用二届,今重新修改付印。

历史城市的保护与规划,虽然在国外已有较多的经验,但在中国还是一个新的课题,研究工作也只能说是方兴未艾。本书中肯定有不成熟与不妥之处,尚祈指正。这项事业很重要,需要我们努力去做,我们希望本书的出版能对我国的历史文化名城保护事业有所助益。

阮仪三　于同济大学

一九九九年春节

本书应出版社要求重印,修正了一些纰漏,在此要感谢中国城市规划设计研究院赵中枢高级工程师,他在仔细阅读本书(第 1 版第 1 次)后,提出了宝贵的意见。

阮仪三　于同济大学

二○○二年三月